KERSTIN GERNIG

WERDE, WAS DU KANNST

Kerstin Gernig

WERDE, WAS DU KANNST

Wie man ein ungewöhnlicher Unternehmer wird

MURMANN
MURMANN PUBLISHERS

Dieses Buch wurde klimaneutral produziert:

Print CO2 kompensiert
Id-Nr. 1440305
www.bvdm-online.de

Bibliografische Information der Deutschen Nationalbibliothek
Die Deutsche Nationalbibliothek verzeichnet diese Publikation in der Deutschen Nationalbibliografie; detaillierte bibliografische Daten sind im Internet über http://dnb.de abrufbar.

Lektorat: Evelin Schultheiß, Ahrensburg
Herstellung, Umschlaggestaltung, Layout und Satz: Murmann Verlag
Druck und Bindung: freiburger graphische betriebe, Freiburg
Printed in Germany

ISBN 978-3-86774-383-9

Besuchen Sie uns im Internet: www.murmann-verlag.de
Ihre Meinung zu diesem Buch interessiert uns!
Zuschriften bitte an **info@murmann-verlag.de**
Den Newsletter des Murmann Verlages können Sie anfordern unter
newsletter@murmann-verlag.de

Inhalt

Kreativer Imperativ

nen Kindheit erlebt hatten. Das wirkte nach, und es wirkt bis heute. Immer noch steht der Wert der »Sicherheit« in Umfragen in Deutschland auf der Prioritätenliste ganz weit oben. So habe auch ich erst die klassische Wegstrecke zurückgelegt: Studium, erstes Staatsexamen, zweites Staatsexamen, Auslandsaufenthalte, Promotion, Universitätskarriere. Aber wir Babyboomer waren überall die viel zu vielen. Wo wir auch hinkamen, hieß es: »Du hast keine Chance, aber nutze sie.« So entmutigend das klang, so ermutigend war es zugleich, einen eigenen Weg zu gehen: Man musste eben erfinderisch sein und manchmal auch den Sprung ins kalte Wasser wagen.

Für mich war das der Wechsel von der Universität in die Wirtschaft. Und nicht nur das: Als Geschäftsführerin des Kuratoriums Deutsche Bestattungskultur beim Bundesverband Deutscher Bestatter arbeitete ich in einem Bereich, der zu den letzten großen Tabus in unserer Gesellschaft gehört. Es war für mich erstaunlich zu erleben, wie stark der Umgang mit dem Tod in unserer sonst so aufgeklärten Gesellschaft immer noch verdrängt und stigmatisiert wird. Und es war genau diese Erfahrung in einer für eine Germanistin zunächst exotischen Branche, mit einem Thema, das jeden angeht, das aber niemand wahrhaben will, die zu meinem Interesse an ungewöhnlichen Lebensläufen und Querdenkern geführt hat. Und so habe ich selbst mit Ende vierzig den Sprung in die Selbständigkeit gewagt: neugierig, mutig, unvorbereitet.

Rasch wurde mir klar, dass all die Diplome, die ich erworben hatte, für die Selbständigkeit Makulatur waren. Was mir half, war die Fähigkeit, Neues zu lernen und zu erkennen, was ich lernen musste und wollte. Da ich kaum Selbständige kannte, beschloss ich, das zu ändern. Motiviert durch Brüche im eigenen Leben habe ich mich auf die Suche nach Menschen gemacht, die – wie ich selbst – den Mut hatten, vorgebahnte Pfade zu verlassen, um ihren eigenen Weg zu gehen. Die nicht als Erben in die Fußspuren anderer treten konnten, sondern die aus eigener Kraft ein Unternehmen aufgebaut haben. Und so beschloss ich, dieses Buch über ungewöhnliche Unternehmer zu schreiben, die mir in Interviews sehr persönliche Einblicke gewährt haben in ihr

Leben und Schicksal, ihre berufliche Entwicklung und ihre Erfolgsgeheimnisse, ihre Motive und Wünsche, aber auch ihre Probleme und Herausforderungen. Ich habe die Porträts um neun Trends unserer Zeit ergänzt, nicht mit dem Anspruch einer umfassenden Trendanalyse unserer Zeit, sondern als Ergebnis der Recherchen auf der Suche nach Modellen der beruflichen Selbständigkeit jenseits klassischer Ausbildungswege und Diplome.
Denn genau diese Trends waren für den Erfolg der Geschäftsmodelle der ungewöhnlichen Unternehmer ausschlaggebend: der Trend der Selbstermächtigung durch mentale Coaching-Techniken, der Trend der Renaissance der Handwerkskunst nach dem Industriezeitalter, der Trend der Digitalisierung aller Lebensbereiche, der Trend der zunehmenden Individualisierung der Lebenswelten, der Wellness-Trend von der Lust am Genuss über die Freude an der Entdeckung bis zur Suche nach Exotik, der Trend der Vernetzung durch Social Media & Co., der Trend der Nachhaltigkeit und sozialen Verantwortung, der nicht mit Verzicht und Verbot, sondern mit Ästhetik und Spaß verbunden ist, der Trend einer neuen »Humanität«, der in Zeiten der Effizienzsteigerung neue Verbindungen zwischen Menschlichkeit und Wirtschaftlichkeit schafft – und nicht zuletzt der Trend der abnehmenden Bedeutung traditioneller Institutionen zugunsten offener »Communitys«, die gewissermaßen voraussetzungslos zugänglich sind. Es sind diese Trends, die Abenteurer des Lebens und Abenteurer des Selbst ermutigen, ungewöhnliche Schritte zu wagen.
Das gelernte, tradierte Wissen verändert sich in rasanter Geschwindigkeit. Was bleibt, ist die flexible Anpassungs- und Lernfähigkeit des Menschen, die ihm dabei hilft, sich immer wieder neuen Herausforderungen zu stellen. Wer sich selbständig macht, braucht keine Zeugnisse, Diplome oder Titel. Was neben der Geschäftsidee zählt, sind Wissen und Erfahrung und die Fähigkeit, sich ständig auf neue Herausforderungen als selbstlernendes System einstellen zu können. Vielleicht kommen wir dann auch endlich dazu, dass unsere Informationslogik eines Tages nicht länger dem Motto folgt »bad news are good news«.

Was wir bräuchten, wäre eine Art Wiki ungewöhnlicher Unternehmer, die die Welt gestalten und zeigen, was alles möglich ist, die einladen zum Mitmachen und Mut machen zum Selbermachen.[1]

In seinem Buch *Die kreative Revolution. Was kommt nach dem Industriekapitalismus?* schreibt Wolf Lotter: »Wir leben (…) in Zeiten der Transformation: Es gelten sowohl die Regeln der alten Ökonomie als auch der neuen Wirtschaft.«[2] Diese neue Wirtschaft ist vor allem eine Wirtschaft kreativer Ideen. Die in diesem Buch porträtierten ungewöhnlichen Unternehmer verkörpern eine sich immer stärker entwickelnde »kreative Wirtschaft«[3]. Diese Ökonomie der Kreativen folgt nicht mehr der klassischen Logik, in der sich die Erwerbstätigen in traditionelle Muster der Arbeitswelt einfügen, sondern sie folgt der Idee, sich die Arbeitswelt nach den eigenen Maßstäben und Bedürfnissen, Werten und Vorstellungen zu gestalten.[4] Holm Friebe und Sascha Lobo haben in ihrem Buch *Wir nennen es Arbeit* diese neue Idee von Arbeit so auf den Punkt gebracht: »So arbeiten, wie man leben will, und trotzdem ausreichend Geld damit verdienen.«[5]

Viele halten das noch für unrealistisch. Das verwundert nicht, denn für fast 90 Prozent der Erwerbstätigen in Deutschland ist Arbeit gleichbedeutend mit einer angestellten Tätigkeit. Nur etwas über 10 Prozent arbeiten als Selbständige und Freiberufler.[6] Das spiegelt immer noch die Muster der alten Industrie- und Dienstleistungsgesellschaft, mit der immer mehr Menschen unzufrieden sind. Das zeigt sich nicht zuletzt daran, dass laut einer Gallup-Umfrage nur 16 Prozent der Beschäftigten in Deutschland bereit sind, sich freiwillig für die Ziele ihrer Firma einzusetzen. 67 Prozent leisten Dienst nach Vorschrift, und 17 Prozent sind emotional ungebunden und haben innerlich bereits gekündigt.[7]

Das bedeutet im Klartext, dass 84 Prozent nicht aus Leidenschaft arbeiten und damit auch nicht so, wie sie leben wollen. Die gute Nachricht: Es gibt Alternativen zu Routinen und Hierarchien, die häufig zu Mobbing und Frust, zu Langeweile oder Überforderung, zu Burnout, Unzufriedenheit oder auch innerer Emigration führen. Um diese

Alternativen ergreifen zu können, brauchen wir ein Umdenken. Stellen Sie sich folgendes Szenario vor: Arbeitslosigkeit wird nicht länger als »Katastrophe« wahrgenommen, sondern als Phase der Weiterentwicklung und Umorientierung. Sie wird von der Gesellschaft nicht länger stigmatisiert, sondern als Teil eines Wandels und eines lebenslangen Lernens begriffen. Wer seinen Job aufgibt oder verliert, betrachtet sich nicht länger als Opfer von »Systemen«, sondern als Gestalter seines Lebens. Die Chancen für ein solches Szenario sind gut. Denn die Arbeitsmärkte der Zukunft werden angesichts des demografischen Wandels vielfältiger und auch flexibler. Die Unternehmen bemühen sich stärker um hochqualifizierte Fachkräfte und stellen sich mit neuen Ideen den veränderten Herausforderungen der Zeit. Viele Menschen werden auch im Alter länger arbeiten, wenn sie etwas tun, das ihnen Spaß macht und sie erfüllt.[8] Immer mehr Menschen fangen in der Mitte des Lebens – wenn die Kinder aus dem Haus sind – noch einmal ein neues Leben an. Nicht umsonst spricht man heute schon von den »Midlife-Boomern«, von Menschen, die sich in der Mitte ihres Lebens noch einmal »neu erfinden«, viele davon mit dem Weg in die Selbständigkeit.[9]

Wir erleben einen Transformationsprozess, der es möglich macht, dass immer mehr Menschen einer selbstbestimmten Arbeit nachgehen, die mit Sinn, Erfüllung, Freude, Kreativität und Selbstverantwortung verbunden ist – und erlaubt, ausreichend Geld damit zu verdienen. Mit der gestiegenen Lebenserwartung und der Zunahme an individuellen Optionen werden die Berufsbiografien farbiger und abwechslungsreicher, aber auch kurviger und unvorhersehbarer. Nach der alten Logik der nahezu vollständigen Identifikation mit dem einmal erlernten Beruf macht das Angst, weil Identitäten damit ins Wanken geraten. Nach der neuen Logik der Selbstentfaltung macht das Mut, weil sich damit ganz neue Lebenserfahrungen und Möglichkeiten ergeben. 21 Anregungen dazu finden sich in diesem Buch.

Die meisten Porträtierten sind – wie die meisten von uns – mit klassischen Vorstellungen von Berufsbiografien groß geworden: Man macht eine Ausbildung, man studiert und steigt auf der Karriereleiter auf. Doch dann kommt manchmal alles anders als gedacht, wenn sich die Herausforderungen verändern. Die Theologin, die den wesentlichen Fragen auf den Grund gehen wollte und sich dann mit dem digitalen Erbe beschäftigt; der Psychologe, der erst dem Marketing und dann sich selbst auf die Spur kommt; der Bühnenbildner, der entdeckt, dass es Lebensformen auf noch ganz anderen Bühnen der Welt gibt; der Jurist, der den richtigen Riecher für neue Duftkreationen und Vertriebswege hat, oder auch der Dirigent, der sich als Qigong-Meister neu entfaltet. Worauf es ankommt, ist, einen Neuanfang nicht als Bedrohung, sondern als Versprechen wahrzunehmen. Es geht im Kern darum, seine Möglichkeiten zu erkennen und einen mentalen Perspektivenwechsel einzuleiten.

Die Unternehmerporträts zeigen, dass eine solche Umkehr der Perspektive keine Utopie und auch kein unrealistisches Wunschdenken ist. Die digitale Revolution und die zunehmende Individualisierung der Märkte ermöglichen es, mit neuen Geschäftsideen Geld zu verdienen. Man muss sich dabei nicht an den Erfolgsgeschichten eines Mark Zuckerberg oder Steve Jobs messen, die mit Facebook und Apple börsennotierte Unternehmen geschaffen haben. Aber es ist extrem hilfreich, die Chancen, die die Möglichkeiten des Internets bieten, auch zu nutzen, ob als Pop-up-Künstler, Lodge-Betreiber oder auch Transformationstherapeut. Denn dadurch lassen sich selbst für Einzelunternehmer in Nischenmärkten enorme Reichweiten erzielen, von denen man früher nur träumen konnte. Dafür braucht es aber auch den Mut, ungewöhnliche Wege zu gehen.

Wären die hier porträtierten Unternehmerinnen und Unternehmer von der Industrie- und Handelskammer aufgefordert worden, einen klassischen Businessplan zu erstellen, um einen Antrag auf einen Existenzgründerkredit zu stellen, wären sie vermutlich von der Bank mit einem Kopfschütteln abgewiesen worden. Denn wie soll man für etwas werben, das es noch nicht gibt, für das kein Referenzmodell vorliegt und das vielleicht auf den ersten Blick auch verrückt klingt wie zum Beispiel ein Online-Parfümeur oder ein Querdenkologe. Aber genau das ist der Reiz, dass sich die neue Ökonomie der Kreativen nicht mit konventionellen Maßstäben messen oder beurteilen lässt. Das bedeutet nicht, ein völlig neues Geschäftsmodell oder einen ganz neuen Beruf entwickeln zu müssen. Häufig genügt es schon, traditionelle Geschäftsmodelle mit neuen kreativen Ideen weiterzuentwickeln. So können, wie die Beispiele in dem Buch zeigen, auch Altenpfleger, Bestatter, Köche oder Täschner zu ungewöhnlichen Unternehmern werden.

Das Spektrum der kreativen Ökonomie ist nicht auf die klassischen Kreativbereiche wie Architektur, Design, Fashion, Handwerk, Kunst oder Kunsthandwerk beschränkt, sondern spielt in allen Bereichen der Gesellschaft eine zunehmende Rolle: ob Beratung oder Coaching, Pflege oder Bestattung, Gastronomie oder Tourismus, Internethandel oder Dienstleistungen, Spiritualität oder Wellness – überall tragen Kreativunternehmer zu einer Arbeitswelt der Zukunft bei.

Was die Unternehmer verbindet, ist die Suche nach dem Wesentlichen und nach dem Möglichen. Als Abenteurer des Selbst brechen sie auf zu neuen Ufern und begegnen dabei erstaunlich schnell Gleichgesinnten und Menschen, die sie unterstützen. Leidenschaft motiviert die Kreativen, die mit Ideen experimentieren, neue Produkte und Dienstleistungen erfinden, damit neue Märkte erschließen und Lösungen für Probleme entwickeln, die erfrischend anders sind. Was ihnen Rückenwind gibt: Noch nie war die Zeit so gut für Außenseiter und Individualisten, Erfinder und Entdecker, Innovatoren und Querdenker. Durch die Entwicklungen von Digitalisierung, Globalisierung und Individualisierung sind sie in ihrem Element. Im Mittelpunkt der neuen Zeit stehen Ideen, Informationen und Innovationen. Das heißt nicht, dass dieser Weg immer einfach ist. Viele verzichten auf klassische Karrieren und die damit verbundenen Privilegien, in der Gründungsphase oft auch auf Sicherheit, Komfort und materiellen Besitz. Aber die scheinbaren Umwege führen, wie die Porträts zeigen, oft viel direkter zum Ziel, Lebenszufriedenheit und Wohlstand zu erreichen. Das schein-

bare Paradox lautet also, wie es der Philosoph Georg Lukács treffend formuliert hat: »Wirf weg, damit du gewinnst.«
Ungewöhnlich an den Porträtierten ist, dass sie wagen, mit neuen Ideen neue Wege zu gehen. Dabei gehen sie von unterschiedlichen Voraussetzungen aus: Ob Highschool-Abschluss in Amerika oder Selbständigkeit in Zeiten des Sozialismus vor dem Mauerfall, ob Studium oder Ausbildung, ob aus einem Arbeiter- oder Akademikerhaushalt stammend – kein Leben gleicht dem anderen. Manche haben ihre Berufung als ungewöhnlicher Unternehmer früh gefunden wie Juliana Blanke, Thomas Klußmann, Matti Niebelschütz oder auch Martin Klüsener. Andere haben sich nach einer erfolgreichen Karriere als angestellter Manager, Direktor, Redakteur oder Geschäftsführer neu erfunden und für die Selbständigkeit entschieden wie Robert Betz, Axel Baudach, Mario Crisolli oder Dirk Müller-Remus.
Einige Unternehmer sind, bevor sie neu durchstarteten, durch persönliche Krisen gegangen: Ehekrisen, Sinnkrisen, Gesundheitskrisen. Andere mussten Krisen nach der Gründung bewältigen, die es in sich hatten, weil sie als Quereinsteiger Platzhirsche in etablierten Märkten gereizt haben oder auch weil sie ihrer Zeit mit ihrer Idee voraus waren. Entscheidend ist also nicht die Herkunft oder der Berufsweg, sondern vor allem die eigene Haltung: lieber zu gestalten, als Bestehendes zu verwalten, lieber zu verändern, was einem nicht gefällt, als darüber zu klagen, lieber unbeirrt den eigenen Weg zu gehen und damit vielleicht auch manche Regel zu brechen, als auf ausgetretenen Pfaden zu wandeln. Alle haben den Mut gehabt, tradierte, konventionelle Strukturen zu verlassen, um neue, eigene, unkonventionelle Ideen zu verwirklichen, und sind das Risiko eingegangen, damit auch scheitern zu können. Denn für sie war klar: Nicht das Scheitern ist das Problem, sondern es gar nicht erst versucht zu haben. Werde, was du kannst! Das heißt auch: Wage, was du kannst! Die Porträtierten sind keine Tagträumer, sondern Menschen, die ihren Traum verwirklicht haben, auch wenn das manchmal ganz schön anstrengend sein kann. Doch die selbst gewählten Anstrengungen lassen sich leichter bewäl-

Werde, was du kannst! – Das sagt sich so leicht. Aber wie setzt man das um? Viele werden denken: Ich muss mit meinem Beruf Geld verdienen. Und Geld bekommt man nun einmal nicht dafür, dass man sich selbst verwirklicht. Doch wer seine Talente und Fähigkeiten mit einer interessanten Geschäftsidee verbindet, bringt beides miteinander zusammen. Das zeigen die in diesem Buch porträtierten Menschen.
In 21 Porträts stelle ich ungewöhnliche Unternehmerinnen und Unternehmer vor, die aus eigener Kraft, als Aussteiger oder Umsattler, als Querdenker und Abenteurer des Selbst traditionelle Berufe vom Bestatter bis zum Parfümeur neu erfunden oder auch ganz neue Berufe erschaffen haben, vom Gedankendopingexperten bis zum Querdenkologen: 21 Ideen, die – mit viel Mut und Selbstvertrauen, gegen Widerstände und Bedenkenträger – unternehmerisch erfolgreich umgesetzt wurden. Dafür haben sie Trends genutzt, die in einer Zeit des rasanten Wandels ganz neue Chancen für ein selbstbestimmtes Leben und Arbeiten bedeuten. 21 Porträts, 9 Trends, 3 Gründe für ein selbstbestimmtes Leben: Wir leben in Zeiten, die nie besser waren, um ein selbstbestimmtes Leben zu führen – frei von verbindlichen Traditionen und Konventionen, Autoritäten und Normen. Wir leben so gesehen in einer neuen »Gründerzeit«.
Dieses Buch ist für all diejenigen geschrieben, die die Chancen und Trends dieser Gründerzeit nutzen wollen, die neue Wege suchen, die sich von ungewöhnlichen Menschen inspirieren lassen, die mehr Angst vor Routinen als vorm Scheitern haben, die ihr Leben und ihre Arbeit selbst gestalten wollen, die sich von mutigen Schritten faszinieren lassen und die vielleicht nur noch einen kleinen Anstoß brauchen, um die eigene Chance zu ergreifen. Und diese Chance ist heute – im Zeitalter der digitalen Revolution – greifbarer denn je.
Ich habe das Buch auch geschrieben, um Menschen zu begegnen, die dort waren, wo ich hinwollte. Ich komme aus einer Familie, in der berufliche Sicherheit immer an oberster Stelle stand. Kein Wunder: Als »Babyboomerin« hatte ich Eltern, die wie Millionen andere Deutsche die Schrecken und Verheerungen des Zweiten Weltkriegs in ihrer eige-

tigen als die fremdbestimmten. Und das ist genau das Geheimnis ihres Erfolgs. Sie sind konsequent dem kreativen Imperativ gefolgt: Werde, was du kannst!

Die neuen Möglichkeiten der Digitalisierung treffen auf die Chancen von hochgradig individualisierten Ego-Märkten in Zeiten, in denen Menschen keine 08/15-Produkte und -Dienstleistungen mehr wollen. *Werde, was du kannst!* ist kein Ratgeber, wie man ein ungewöhnlicher Unternehmer wird, sondern ein Mutmachbuch, das zeigt, dass jeder aus seinen individuellen Fähigkeiten und Talenten etwas Außergewöhnliches machen kann, in alten oder neuen Berufen, mit oder ohne akademische Ausbildung, als digitaler Eingeborener oder digitaler Immigrant, als Handwerker oder IT-Experte, mit Anfang zwanzig oder auch in der Mitte des Lebens. Mut wird belohnt. Werde, was du kannst!

I ALLES EINE FRAGE DER GEDANKEN BERATUNG, COACHING, THERAPIE

1 / Vom Topmanager zum Transformationstherapeuten

Wie Robert Betz jährlich Tausende aus den Tiefen führt, durch die er selbst gegangen ist

Als erfolgreicher Manager in einem amerikanischen Industriekonzern für Ladendiebstahl-Sicherung war er auf der Karriereleiter weit oben angekommen. Er war als »Vice President Marketing Europe« die rechte Hand vom Chef, hatte die Verantwortung für das europäische Marketing, gehörte zu den Topverdienern, fuhr einen schnittigen Dienstwagen und arbeitete täglich bis spät in die Nacht. Seine Erfolge motivierten ihn zu Höchstleistungen, und so steckte er seine ganze Energie in die Arbeit. Er war jung, wollte zeigen, was in ihm steckte, und beweisen, dass er das Geld wert war, das er verdiente. Ein Leben im Rausch von Endorphinen und Adrenalin. Doch auf dem Höhepunkt seiner Karriere setzten plötzlich nächtliche Panikattacken ein. Mitten in der Nacht wachte er schweißgebadet auf und fühlte sich von Ohnmachtsgefühlen wie ge-

lähmt. Er war neununddreißig und fühlte sich dem über die Jahre gewachsenen Druck in seiner Firma mit einem Mal nicht mehr gewachsen. Was macht man als erfolgreicher Manager in einer Situation, auf die man nicht vorbereitet ist? Robert Betz tat einen beinahe unvorstellbar radikalen Schritt.

Wie alles anfing

Nach seiner Ausbildung als Industriekaufmann hatte Robert Betz ein Studium als Diplompsychologe abgeschlossen. Schon während seines Studiums jobbte er im Bereich Marketing und arbeitete anschließend einige Jahre in PR-Agenturen. Nach dem Wechsel in das amerikanische Industrieunternehmen im Jahr 1986 ging seine Karriere steil nach oben. Er führte ein Leben, das ihm damals normal erschien. Bei seinen Kollegen war er beliebt, denn mit seinem Interesse am Menschen gehörte er zu denjenigen, die genauer hinschauten und auch einmal hinter die Fassaden blickten. Sein ausgeprägtes Interesse am Menschen und an den Zusammenhängen menschlichen Handelns konnte er jedoch in seiner Funktion nur bedingt ausleben.
Und so verwundert es nicht, dass jemand wie Robert Betz, mit der Vitalität und Leidenschaft, mit der er heute wirkt, als Manager in einer Diebstahlschutz-Sparte irgendwann an den Punkt kam, an dem er den Eindruck hatte, nicht mehr im richtigen Film zu sein. Fast drei Jahre führte er mit eiserner Selbstdisziplin eine Doppelexistenz: Tagsüber funktionierte er, so dass ihm niemand etwas anmerkte, nachts stand er innerlich am Abgrund. All das theoretisch erworbene psychologische Wissen nutzte ihm in seiner Situation wenig. So suchte er professionelle Hilfe bei einem Psychoanalytiker, der ihm jedoch auch nicht weiterhelfen konnte. Panikattacken und Ohnmachtsgefühle blieben und führten bis zu Selbstmordgedanken.
Im Jahr 1995, mit 42 Jahren, beschloss er, eine vierwöchige Auszeit in der Natur zu nehmen, und wusste damals noch nicht, wie schicksalhaft diese Entscheidung für sein weiteres Leben werden würde. Vor

seiner Abreise hatte ihm ein Journalist vom *Handelsblatt* ein Buch über Reinkarnation in die Hand gedrückt, das er im Reisegepäck hatte. So zog sich Betz in die Eifel zum Wandern zurück. Bei den Wanderungen kam er wieder zu sich, und ihm wurde klar, was er vorher nicht wahrhaben wollte: dass er kündigen musste, und zwar so schnell wie möglich, egal wie es weitergehen würde.

In der Natur hörte er nicht nur die Stimmen der Vögel, sondern endlich auch wieder die eigene innere Stimme. Er spürte, dass das Leben noch etwas anderes mit ihm vorhatte, als einen Industriekonzern erfolgreich zu managen und fand in der Natur den Mut, daran zu glauben, dass er seinen neuen Weg – auch ohne konkrete Ziele oder Businessplan – schon finden würde, wenn er sich nur auf den Weg machte. Und das tat er. Die Lektüre des Buches über Reinkarnation tat ein Übriges, denn sie berührte etwas, das bereits in ihm schlummerte. Und so führten die bei der Wanderung getroffenen Entscheidungen dazu, dass Betz seine scheinbar sichere Existenz in Düsseldorf aufgab, sich von seiner Frau trennte und nach München zog. Radikaler kann man sein Leben kaum von einem Tag auf den anderen umkrempeln. In München besuchte er Therapiesitzungen, meditierte und beschloss, angeregt durch seine Reiselektüre, eine Ausbildung als Reinkarnationstherapeut zu beginnen.

Vom BMW zurück aufs Fahrrad

Betz hatte den Mut, noch einmal von vorn anzufangen, vom BMW aufs Fahrrad umzusteigen, die Rolle des Managers aufzugeben und die Ausbildung als Reinkarnationstherapeut zu wagen. Mit dem Fahrrad radelte er durch die Stadt, um für seine ersten Vorträge die Plakate selbst aufzuhängen. Es dauerte kein Jahr, bis seine Vorträge zu Themen wie »Mich selbst lieben lernen«, »Pinke, Kohle, Mäuse« oder »Lebe dein Leben, sei du selbst« ausgebucht waren. Und so suchte er größere Veranstaltungsorte. Auf die Vorträge in Fachbuchhandlungen folgten Vorträge in immer größeren Sälen in ganz Deutschland.

Seine saloppe Einladung »Bring nächstes Mal Freunde mit, wenn es dir gefallen hat« blieb nicht folgenlos. Die Zuhörer kamen in immer größeren Scharen, und sein Traum, einmal vor tausend Leuten zu sprechen, ging in Erfüllung.
Damals hatte er noch keine Ahnung von der Esoterikszene, spürte aber, dass er dorthin musste, um bekannt zu werden. Denn wenn sich irgendwo jemand für Reinkarnation interessieren würde, dann dort. So ließ er eine Broschüre drucken und besuchte die ersten Esoterikmessen. Um einen Vortrag halten zu dürfen, musste er damals noch einen Stand mieten und über 1000 Mark pro Messe investieren. Heute freuen sich Messeveranstalter, wenn sie ihn als Publikumsmagneten gewinnen können. Egal ob kleines oder großes Publikum, bei Vorträgen ist Betz in seinem Element. Das spüren die Zuhörer rasch. Und er gibt den nach Orientierung Suchenden, was sie brauchen – eine neue Einstellung zu ihrem Leben.

In Kontakt mit anderen Sphären

Das Selbstverständnis, mit dem der bodenständig wirkende, humorvolle, charismatische Betz von geistigen Welten spricht, zeigt, dass die Beschäftigung mit der Esoterikszene für ihn nicht folgenlos blieb. Er spricht über seine Verbindung zu seinem geistigen Bruder Philippo, als würde er über einen leiblichen Bruder sprechen, der ihm durch die Stimme einer Frau vieles auf den Kopf zugesagt habe und seitdem sein ständiger Begleiter sei. Woran mancher zweifeln mag, ist für Betz selbstverständlich – dass es Menschen gibt, die Botschaften der geistigen Welt übermitteln. Auch bei seinen Vorträgen auf großer Bühne spricht er beiläufig immer wieder einmal seine geistigen Begleiter an.
Seit 2008 veröffentlicht er Monatsbotschaften aus der geistigen Welt auf seiner Homepage, die täglich von Tausenden von Menschen besucht wird. Die von ihm aus der Reinkarnationstherapie abgeleitete Transformationstherapie bewegt sich an der Schnittstelle von Psychologie, Spiritualität und Esoterik. Betz sagt, dass ihm alles Guruhafte

oder Missionarische fremd sei. »Meine Arbeit handelt nur von Liebe. Ich erinnere die Menschen daran, dass sie aus dem Göttlichen, aus der Liebe selbst heraus geboren sind. Was zählt, ist Liebe zu geben und die Liebe zu sein, die wir von Natur aus alle sind.« Sein Anliegen, Menschen in ein erfülltes, glückliches Leben zu begleiten und die Energie wieder in den Fluss zu bringen, kommt an. Der enorme Zuspruch zeigt, dass es daran einen Bedarf gibt und dass er eine Methode entwickelt hat, die wirkt.

Eine überforderte Gesellschaft

Das Schicksal, das Robert Betz am eigenen Leib erfahren hat, ist kein Einzelschicksal. Die Anforderungen im Leben werden größer, und der Druck, sich in einer komplizierter werdenden Welt zu behaupten, steigt teilweise bis ins Unerträgliche. Betz betrachtet Körper und Firmen als Energiesysteme und zugleich als Bühnen der Transformation, auf denen sich die Krisen so lange zuspitzen, bis die Veränderungen unausweichlich werden. Die Zunahme von Depressionen oder Burnout, aber auch von Demenz, Alzheimer, Parkinson, Hüftoperationen, Krebs und anderen Krankheiten ist für ihn Ausdruck einer gesellschaftlichen Krise, die immer mehr Menschen erfasst. Menschen klappen reihenweise zusammen, können nicht mehr und machen sich auf die Suche nach einer Veränderung. Viele von ihnen landen eines Tages in Betz' Vorträgen und Seminaren. Betz kennt ihre Situation aus der Innenperspektive. Zehntausende hat er begleitet und festgestellt, dass die Bereitschaft wächst, Sicherheiten und Karrieren aufzugeben, um ein anderes, erfüllteres Leben zu beginnen. Die Ursachen für die Überforderung sind für Betz offensichtlich. »Wir haben uns zu sehr aufs Tun, Haben und Besitzen konzentriert und dabei die Balance von männlichem und weiblichem Prinzip verloren und das feinstoffliche Zusammenspiel von Körper, Geist und Seele aus dem Lot gebracht.« So wie andere die Welt in Gut und Böse, Schwarz und Weiß aufteilen, könnte man nach Betz' Bestseller *Willst du normal sein oder glücklich?*

die Menschen in Normale oder Glückliche einteilen. Er prangert den Wahnsinn der sogenannten Normalität an. Der Normalmensch lebe wie ein Vogel in einem Käfig, der von einem Leben außerhalb des Käfigs träume, während die Käfigtür offen steht. Diesen Normalzustand des Käfigdaseins führt er auf eine Erziehung zur Anpassung an die Norm zurück, die er selbst durchlebt hat.

Ein Unternehmen expandiert

Betz hat einen Nerv der Zeit getroffen und innerhalb von zehn Jahren aus einer Einmannfirma ein kontinuierlich expandierendes Unternehmen mit 25 festen und zahlreichen freien Mitarbeitern aufgebaut. Mit seinen Vorträgen, Seminaren, Schulungen, Büchern, CDs und Meditationen hat sich Robert Betz als Marke am Markt positioniert. Nach seinem geistigen Bruder Philippo hat er seinen Verlag Roberto & Philippo genannt, den er für die Publikation seiner Bücher und CDs kurzerhand gegründet hat, nachdem er sich über die Verlagskonditionen für seine Bestseller mit den Verlagen nicht einigen konnte. Beides, sowohl seine Managerqualitäten als Macher als auch seine Marketingexpertise als Stratege, hat Betz in den Aufbau seines Unternehmens eingebracht. Rasch hat er das enorme Marktpotenzial erkannt und eine Therapeutenschule gegründet, in der er seit 2002 Transformationstherapeuten nach seiner patentierten Methode ausbildet, zurzeit 200 Therapeuten im Jahr.

Seine Seminare finden nicht nur in Deutschland, Österreich und der Schweiz, sondern auch auf der griechischen Insel Lesbos und auf Segelschiffen in der Ägäis statt. Da Betz selbst erfahren hatte, dass er Abstand vom Alltag brauchte, um wieder zu sich zu kommen, hat er im Jahr 2000 angefangen, Seminare auf Lesbos anzubieten. Die Verbindung von Urlaub und Seminar als Reise zu sich selbst kam so gut an, dass im Jahr 2011 fast tausend Leute auf Lesbos an seinen Seminaren teilgenommen haben. Der im Zeichen der Entschleunigung stehende alternative Tourismus mit kleinen Seminargruppen unter offenem Himmel, Eseltouren und Wanderungen auf Lesbos kommt an. Betz schwärmt von Lesbos als Ort der Kraft mit Kapellen, Wallfahrtsorten und Heilquellen, wo er von seinen Vortragstourneen auftanken kann. Zurzeit baut er sich ein Haus auf der Insel und plant als nächsten Schritt ein Seminar- und Therapiezentrum.

Betz hat seine Berufung gefunden – als Seminarleiter, Unternehmer, Autor, Speaker, Therapeut, Ausbilder, Unternehmer-Coach, Verleger und seit kurzem auch noch als Olivenbauer. Rund ums Jahr ist er als Vortragsnomade unterwegs und spricht vor ausgebuchten Sälen. »Willst du normal sein oder glücklich?«, »Lieber Freude bei der Arbeit als Frust im Job?«, »Krisen bewältigen und daran wachsen«. Er spricht über Themen, die die Menschen im Alltag, im Beruf und in der Partnerschaft bewegen und belasten, und die Zuhörer spüren, dass hier jemand aus eigener Erfahrung spricht. Für Betz sind all die Sorgen, Ängste, Nöte, Krankheiten, Probleme, Krisen und Schwierigkeiten, mit denen die Menschen zu ihm kommen, nicht normal, sondern Ausdruck einer tiefgreifenden Transformation, in der sich unsere gesamte Gesellschaft befindet.

Was jetzt ist, darf jetzt sein

Betz gelingt es mit seiner Transformationstherapie, den Menschen Lebensmut und Lebenslust zurückzugeben. Er unterstützt die Teilnehmer seiner Seminare dabei, über alte Grenzen hinauszuwachsen und zu neuen Ufern aufzubrechen. Da er selbst erlebt hat, was passiert, wenn die Stimme der eigenen Seele nicht mehr wahrgenommen wird, hat er Methoden entwickelt, um das feinstoffliche Zusammenspiel von Körper, Geist und Seele wieder in den Fluss zu bringen. Doch wie schafft er das? Um das herauszufinden, habe ich an einer seiner Transformationswochen in Sonthofen im Allgäu teilgenommen. Die Woche hatte es in sich.

Das Seminar war mit 170 Teilnehmern ausgebucht. Das Panoramafenster des großen Seminarraums empfing die Teilnehmer mit einem atemberaubenden Ausblick auf eine wolkenverhangene Bergkulisse. Wer an dem Seminar teilnahm, hatte sich zu einer Reise zu sich selbst aufgemacht.

Fünf Tage lang werden die individuellen, ganz unterschiedlichen Probleme von 170 Menschen wahr- und ernst genommen. Betz gelingt mit seiner Ausstrahlung etwas ziemlich Unglaubliches: Nach kürzester Zeit sprechen Menschen vor einer Gruppe ihnen vollkommen Unbekannter offen über ihre persönlichsten Anliegen und Verletzungen – Krankheiten, unter denen sie leiden, der Ehebruch, über den sie nicht hinwegkommen, Behinderungen, mit denen sie leben müssen, Missbrauch, dem sie in der Kindheit ausgesetzt waren, Sexsucht, Ordnungswahn oder auch sein Gegenteil. Die Teilnehmer stellen sich eine Woche lang ihren Ängsten, Problemen, Fragen und Lebensthemen in einer Offenheit, über die jeder Beichtvater nur staunen könnte. Betz hat nicht die Rolle eines Beichtvaters, doch er strahlt die Autorität eines Menschen aus, der weiß, wo es langgeht und wie Menschen ihre Lebenswirklichkeit erschaffen. Und damit spricht er sie alle an – ob Handwerker, Unternehmensberater, Hausfrau oder Ärztin.

Doch um die Krise als Chance wenden zu können, braucht es nicht nur das Prinzip Hoffnung, sondern auch Menschen, die wissen, wie man die Selbstheilungskräfte des Körpers stärkt und die eigenen Kraftquellen wiederbelebt. Robert Betz gelingt es, Menschen eine ihnen aussichtslos erscheinende Situation aus einer neuen Perspektive betrachten zu lassen. Dafür ermutigt er die Anwesenden, erst einmal alles im eigenen Leben so anzunehmen, wie es ist. Das ist leichter gesagt als getan, die eigenen Gefühle und Gedanken anzunehmen, ohne sie zu bewerten. Vom Opferbewusstsein zum Schöpferbewusstsein lautet Betz' Devise. Er bringt einen Großteil der Anwesenden nicht nur zum Reden, Weinen und Meditieren, sondern auch zum Tanzen, Lachen und Umdenken. Wer sich auf den Weg der Transformation macht, lernt in der ersten Lektion anzunehmen, was ist.

Eine Woche lang findet die Auseinandersetzung mit dem eigenen Ich in einem Wechsel von Vorträgen, Übungen, Meditationen, Tanz, Gesang, Qigong, Massagen und Einzeltherapiesitzungen statt. Betz' Anliegen ist, dass die Menschen die Schöpferverantwortung für ihr Leben übernehmen und nicht permanent andere für das eigene Glück verantwortlich machen. Jeder entscheidet für sich zwischen Hast oder Ruhe, Unglück oder Glück, unbewusstem oder bewusstem Tun. »Wer jammert, hat sich fürs Jammern entschieden, wer sich verändert, hat sich für Veränderung entschieden.« Insofern ist der Titel seines Bestsellers Programm: *Raus aus den alten Schuhen! Dem Leben eine neue Richtung geben.* Viele Übungen drehen sich um die schöpferische Kraft der Gedanken und Einstellungen, die als positive oder negative Energie wesentlich zur Ausstrahlung und Anziehung eines Menschen beitragen.

Klagt jemand, dass er keine Wertschätzung erfahren würde, konfrontiert Betz ihn mit der Frage, ob er sich selbst wertschätzen würde. Betz ist überzeugt, dass jeder, der sich selbst Entspannung, Leichtigkeit, Zeit, Lebensfreude, Wertschätzung, Achtsamkeit und Glück zubilligt, all das auch empfangen wird. Der Schlüssel zur sich selbst erfüllenden Prophezeiung sind die eigenen Gedanken, Werte und Einstellungen. Betz vermittelt die Fähigkeit, unterdrückte und abgelehnte Gefühle wie Angst, Trauer oder Wut anzunehmen und zu verwandeln. Viele sind mit hängenden Ohren gekommen und nach einer Woche mit gestärktem Rücken zu neuen Ufern wieder aufgebrochen.

Doch wie nachhaltig sind die in einer Seminarwoche angestoßenen Veränderungsprozesse? Gewohnheiten und Verhaltensmuster lassen sich nicht wie ein Schalter von heute auf morgen umlegen. Um tief sitzende Denk- und Verhaltensmuster zu verändern, braucht es nicht nur den Entschluss, etwas ändern zu wollen, sondern auch die Kraft für die notwendigen Übungen, um in einem andauernden Prozess alte Muster und Gewohnheiten aufzubrechen. Auch dafür hat Betz ein Angebot im Programm. Er bietet zu unterschiedlichen Themen Meditations-CDs an, die wieder und wieder gehört werden können: *Der Vater meiner Kindheit, Befreie und heile das Kind in dir, Mich selbst lieben lernen, Erkenne dich in den Spiegeln des Lebens.* Über eine halbe Million CDs hat er verkauft und schätzt, dass ein x-Faches kopiert im Umlauf ist, da er dazu ausdrücklich ermuntert. Es ist faszinierend zu sehen, wie viele Kanäle Betz erfolgreich bespielt. So nutzt er die klassischen und die Neuen Medien von Facebook bis YouTube, um Live-Meditationen übers Internet für Tausende von Teilnehmern anzubieten, ebenso wie YouTube-Videos oder Sendungen über den Radiosender Lotusblüte.

Eine Gesellschaft im Umbruch

Wie viele Menschen leiden und Hilfe suchen, erlebt Betz täglich. Sein Erfolg zeigt, dass er einen Nerv der Zeit in einer Gesellschaft im Umbruch trifft. Tausende von Menschen besuchen täglich seine Website, Zehntausende haben bereits an seinen Seminaren in Deutschland und auf Lesbos teilgenommen. Seine Bücher *Raus aus den alten Schuhen* oder *Willst du normal sein oder glücklich?* sind monatelang auf den Bestsellerlisten, und seine Meditations-CDs begleiten viele Menschen durch zentrale Phasen ihres Lebens. Betz gibt Suchenden eine neue Orientierung. Das kann er, weil er selbst durch eine Lebens- und Sinnkrise gegangen ist.

Betz ist erfüllt von dem, was er tut, und das strahlt er auch aus: Menschen heilen, zur eigenen Schöpferkraft führen, zum Lächeln bringen und ein paar Schritte in ein glückliches Leben hinein begleiten. Wer die euphorischen Rückmeldungen seiner Seminarteilnehmer erlebt, erfährt, dass Betz die richtigen Fragen stellt und mit seinen Impulsen etwas in Bewegung bringt.

ERFOLGSGEHEIMNISSE

Hard Facts: Der Manager Betz hat seinen Erfolg systematisch und ebenso beharrlich wie geduldig aufgebaut. Er hatte den Mut, noch einmal von vorn anzufangen, die Bescheidenheit, am Anfang vieles selbst zu machen, die Offenheit, Anregungen aufzugreifen, die Neugierde, sich auf neue Wege einzulassen, und die Systematik, um ein therapeutisches Konzept zu entwickeln und patentieren zu lassen, bei dem alle Rädchen wie bei einem Uhrwerk ineinandergreifen.

Soft Skills: Der christlich-spirituell orientierte Transformationstherapeut führt seinen Erfolg schlicht darauf zurück, dass er der Stimme seines Herzens gefolgt sei. »Alles, was mit Liebe geschieht, führt zum Erfolg. Meine Arbeit handelt im Kern nur von der Liebe.« Er möchte die Menschen dazu führen, sich wieder an die Liebe in ihnen selbst zu erinnern, die Liebe wieder zu erleben, auszustrahlen, zu teilen und weiterzugeben.

Chance: Der Bestsellerautor Robert Betz schreibt, wie er spricht, und berührt damit die Herzen der Menschen. Psychologisch geschult, aber ohne akademische Allüren, spirituell, aber ohne Esoterikslang. Er trifft die wunden Punkte aller, da er selbst erlebt hat, womit man sich lahmlegen kann: Selbstverurteilungen, begrenzende Glaubenssätze, Verletzungen aus der Kindheit, Unfrieden mit zentralen Bezugspersonen, Ängste, Gefühle von Scham und Schuld.

www.robert-betz.de

2 / Gedankendoping mit Eugen Simon

Wie Millionen Menschen die Kraft ihrer Gedanken entdecken

Kann man in Australien leben und in Deutschland arbeiten? Ist es denkbar, nur drei Monate im Jahr zu arbeiten und den Rest des Jahres davon zu leben? Kann man lernen, wie man Millionär wird? Die Antwort lautet dreimal: Ja. Deshalb anders gefragt: Leben Sie schon das Leben Ihrer Träume? Wenn Sie jetzt nein sagen, fragen Sie sich einmal, warum eigentlich nicht. Wie oft machen Sie sich Ihre Gedanken bewusst, die Sie wie geheime Einflüsterungen ununterbrochen in Ihrem Unterbewusstsein beeinflussen? Dieser oft unbewusst bleibende Strom Ihrer Gedanken bestimmt nicht nur, was Sie fühlen, sondern auch, was Sie tun. Er entscheidet darüber, ob Sie Ihre Träume verwirklichen oder ob Sie sich selbst davon abhalten. – Ein schlichter Satz, der es in sich hat. Denn wer gern die Erziehung oder die Umstände für sein Leben verantwortlich macht, ist jetzt selbst in der Verantwortung. Auch Sie können das Leben Ihrer Träume leben. Allerdings ist das mit Arbeit an den eigenen Werten und Einstellungen verbunden.

Die Kraft der Gedanken hat Eugen Simon am eigenen Leib in einer großen Umbruchsituation seines Lebens erfahren und bietet heute »Gedankendopingsprungbrettseminare« an, in denen er zeigt, wie sich Menschen selbst zum größten Feind werden können, wenn sie ihre Gedanken dazu missbrauchen, sich selbst außer Gefecht zu setzen, anstatt sie dafür zu nutzen, die eigenen Stärken zu stärken, um Visionen und Wünsche zu verwirklichen. Die Folge dieser erschreckend weit verbreiteten mentalen Autoimmunschwäche ist ein Heer an Menschen, das im Gleichschritt ausgetretenen Pfaden folgt – oft als Angestellte in »Nine-to-five-Jobs«, die nur noch eine Perspektive am Leben erhält: Feierabend, Urlaub oder Rente.

Wer an einem Gedankendopingsprungbrettseminar von Eugen Simon teilnimmt, bekommt einen ganzen Werkzeugkoffer, um seine Träume bereits in diesem Leben umzusetzen. Simon öffnet die Flügeltüren zwischen den Räumen, in denen die mentalen Frührentner sitzen, und den Räumen, in denen die Selbstdenker an ihren Visionen arbeiten. Die Türen werden bei den Seminaren weit geöffnet, den folgenreichen Schritt vom einen in den anderen Raum muss jedoch jeder selbst machen. Deshalb müssen die Teilnehmer auch vor dem Seminar unterschreiben, dass sie für sämtliche Risiken und Nebenwirkungen die Verantwortung übernehmen.

Wer einmal ein Gedankendopingsprungbrettseminar besucht hat, kann darüber nicht schweigen, und so verbreitet sich eine erfolgreiche Methode zu einem erfüllten Leben durch Mundpropaganda weiter. Allein der Begriff Gedankendoping hat eine magische Anziehungskraft. Als ich ihn das erste Mal höre, fast beiläufig von einem Teilnehmer erwähnt, werde ich hellhörig. Noch am gleichen Abend sehe ich mir die Internetseite an, auf der das Buch *Erfolg im Leben ist kein Zufall* zum kostenfreien Download angeboten wird. Downloaden und Lesen steht auf dem Abendprogramm. Ich entdeckte einen faszinierenden Lebensunternehmer mit einem außergewöhnlichen Business, buche das nächste Gedankendopingsprungbrettseminar, das der in Australien lebende Eugen Simon bei seiner Deutschlandtournee in Berlin anbietet, und verabrede mich mit dem Spitzenpotenzialentwickler zu einem Skype-Telefoninterview.

Wie wird man Gedankendopingexperte?

Warum machen Menschen, was sie tun? Wie wird man Spitzenpotenzialentwickler? Eugen Simon ist freiheitsliebend und unkonventionell, was sich bereits früh zeigte. Mit 17 Jahren zog er bei seinen Eltern aus und schlüpfte bei einem Freund unter. Das Verhältnis zu seinem Vater war nicht das beste, aber seine Mutter unterstützte ihn mit 100 Mark im Monat. In den 1970er Jahren reichte das gerade so fürs Überleben bei Abzug von 40 Mark Mietzuschuss. Das war für Simon eine der ersten wichtigen Lektionen in seinem Leben, zu erfahren, mit wie wenig Geld man auskommen kann. Seine erste Berufswahl hatte noch nichts mit seinen Neigungen zu tun. Da sich sein Freund als Energieanlagenelektroniker bei VW, dem größten Ausbilder in Wolfsburg, bewarb, machte Simon das Gleiche. Simon wurde angenommen und wurde Elektriker.

Da er das nicht für den Rest seines Lebens bleiben wollte, reiste er nach der Ausbildung erst einmal durch die Welt und jobbte als Taxifahrer, bis er sich nach vier Jahren dazu entschloss, das Abitur auf dem zweiten Bildungsweg nachzuholen. Mit dem Abitur in der Tasche studierte er Germanistik und Geschichte in Hamburg und gründete nebenher eine Firma. Nach einem halben Jahr legte er die erste Firmenpleite hin und fuhr wieder Taxi. Das war die zweite wichtige Lektion in seinem Leben, dass zum Hinfallen das Aufstehen gehört. Er stand wieder auf und nutzte die Gründungswelle privater Radio- und Fernsehsender Mitte der 1980er Jahre, um Sportjournalist zu werden, ein Beruf, der ihn viele Jahre begeisterte. 1989 holte ihn der damalige Sportchef von RTL, Uli Potofski, zu Deutschlands TV-Sender Nummer eins nach Köln. Simon entwickelte sich zu einem der gefragtesten Sportjournalisten Deutschlands. Er kommentierte Tennisspiele in Wimbledon, Melbourne und New York, Fußballspiele der Bundesliga und der Champions League. Er machte Karriere, kaufte ein Grundstück mit 7000 Quadratmetern in der Nähe von Köln und richtete ein großes Haus mit Designermöbeln ein. Doch kaum war das Haus fertig, trieb ihn seine Freiheitsliebe und das Gefühl, dass es im Leben mehr geben müsse, als RTL-Sportreporter zu sein, weiter. Simon war bereit, zu kündigen und alles, was er erreicht hatte, wieder aufzugeben. Er wollte etwas Neues, und er wusste, dass das seinen Preis haben würde. Sicherheit oder Weiterentwicklung, das war die Alternative.

Wie hoch der Preis sein würde, das wusste er allerdings noch nicht. Um herauszufinden, wo er mit seiner Frau und zwei Kindern leben wollte, unternahm die Familie ein Vierteljahr lang eine Weltreise. Der Jüngste war gerade drei Jahre alt. Noch heute schwärmt Simon: »Das

war ein einzigartiges Erlebnis.« Bei dieser Reise fiel die Wahl für den neuen Lebensmittelpunkt auf Australien.
Ein mutiger Schritt folgte: Zur Jahrtausendwende kündigte Simon mit 44 Jahren seinen Job, um mit der Familie nach Australien auszuwandern und von dort zunächst als freier Journalist und Auslandskorrespondent über die Olympischen Spiele zu berichten. Da die Dauer der Olympischen Spiele absehbar war, gründete er 2001 seine zweite Firma für Fernsehproduktionen. Doch der Neuanfang konfrontierte ihn mit einer Vielzahl an Herausforderungen. Simon hatte eine aufwendige Ausstattung für seine Fernsehproduktionen vorfinanziert und zeitgleich mit Derivaten seine gesamten Rücklagen verspekuliert. Ein Unglück kommt selten allein. Ohne Rücklagen und mit einem Berg an Verbindlichkeiten stand er plötzlich mit dem Rücken zur Wand, als sich auch noch sein größter Auftraggeber zurückzog. Für ein Start-up ist das eine Katastrophe. Mit dieser Pleite hatte die Familie Simon nicht gerechnet. Trotz der dauerhaften Aufenthaltserlaubnis fürchteten sie, wieder aus dem Land ausgewiesen zu werden. Hier half nur die Flucht nach vorn, und die bestand darin, Hilfe zu suchen. Seine Frau schenkte ihm ein Ticket für ein Business-Seminar von Brandon Nichols, nicht ahnend, welche Folgen das haben würde. Simon lernte nicht nur viel in dem Seminar, sondern durch das Seminar auch die High-Potential-Coaching-Szene um Christopher Howard und Tony Robbins kennen.
Die Entwicklungspyramide von Christopher Howard veränderte Simons Perspektive auf sein ganzes Leben. In weniger als einem Jahr führte er seine Fernsehproduktionsfirma wieder in die Gewinnzone, die inzwischen Produktionen in 16 Länder sendet. Parallel dazu fing er an, bei Christopher Howard mitzuarbeiten und erste Seminare in Australien zu geben. Doch rasch merkte er, dass er in Australien immer ein Ausländer bleiben würde und im Grunde seines Herzens Deutscher war. So adaptierte er kurzerhand die Entwicklungspyramide Howards für den deutschsprachigen Markt und brachte 2005 sein Buch *Gedankendoping – Erfolg im Leben ist kein Zufall* bei Simon & Simon

Enterprises heraus, dem familieneigenen Unternehmen. Durch die Beschäftigung mit persönlicher Weiterbildung und Spitzenpotenzialentwicklung fand Simon einen neuen Weg, der ihn ins Coaching-Business führte.

Was ist der Unterschied zwischen Doping und Gedankendoping?

»Selfdevelopment« ist ein Thema, das in Amerika und Australien einen anderen Stellenwert hat als in Europa. Während in Europa rasch mit negativ besetzten Schlagworten wie Guru, Esoterik oder Sekte Abwehrhaltungen aufgebaut werden, ist ein persönlicher Coach in Australien für die Persönlichkeitsentwicklung viel selbstverständlicher. In diesem Sinne war Simons Ausbildung zum NLP-Coach quasi eine Art Akkulturation in Australien. Im Jahr 2005 entstand der Begriff Gedankendoping. Doping war bei der Tour de France ein großes Thema. Als sich Simon mit dem Thema als Ex-Sportreporter und frisch ausgebildeter NLP-Trainer beschäftigte, wurde ihm klar, dass unser Gehirn die größte Apotheke ist. Nachdem er das Dopingpotenzial der eigenen Gedanken erkannt hatte, ging es nur noch um die Entwicklung der Methode, mit der die eigenen Ressourcen entsprechend genutzt werden können. Inzwischen ist der Begriff Gedankendoping beim deutschen Markenpatentamt geschützt, und Hunderttausende haben an den Sprungbrettseminaren bereits teilgenommen. Simon hat es sich zur Aufgabe gemacht, Menschen dabei zu unterstützen, ein erfülltes, glückliches und selbstbestimmtes Leben zu führen.

Wie wird man Millionär?

Von nichts kommt nichts. Wer seine Träume verwirklichen möchte, hat einen Weg vor sich, der auch mit Arbeit verbunden ist. Am Anfang hat Simon eine einfache Website ins Netz gestellt. Er bekam Zuschriften von Menschen, die sein Buch gelesen hatten und davon begeistert waren. Durch Blogeinträge begann eine virale Marketingkampagne für Gedankendopingseminare, die Simon bestätigte, dass seine Angebote einen Nerv der Zeit getroffen hatten. Er erkannte zugleich, dass das Internet neue Vertriebswege zur Verfügung stellte, und begann, diese kontinuierlich auszubauen. Die Zahl der Leser und der Zuschriften nahm zu, bis er im Jahr 2007 täglich E-Mails von Menschen bekam, die Hilfe suchten.

Da wusste er, dass er seine Berufung gefunden hatte: Menschen zu zeigen, was sie aus ihrem Leben machen können. Inzwischen hat Simon ein pyramidales Coaching-System entwickelt, bei dem Schritt für Schritt am eigenen Erfolg auf der Basis von NLP gearbeitet wird – durch Bücher und Hörbücher, CDs, DVDs, Seminare, autogenes Training, Meditation, Thai Chi und last, but not least seine Mastermindgruppen. Während Thai Chi und Meditation der mentalen Fokussierung und geistigen Frische dienen, werden in den Mastermindgruppen Erfolgsstrategien für die zentralen Bereiche des Lebens vermittelt: Beziehungen, Gesundheit, Finanzen, Karriere, Lebensfreude und innere Ausgeglichenheit. Ausgeglichenheit ist dabei ein zentraler Begriff. Denn wer Millionär werden möchte, kann das mit der Methode von Simon im Prinzip erlernen. Doch alles hat seinen Preis. Deshalb gilt es zu prüfen, ob der Preis für ein Leben als Millionär für einen selbst stimmt. Aus seinen Seminaren sind bereits einige Millionäre hervorgegangen, über die zurzeit ein Buch entsteht.

Wie die Social Media transnationales Arbeiten ermöglichen

Ohne die Möglichkeiten des World Wide Web und der Social Media hätte sich das Geschäftsmodell des On- und Offline-Coaching von Eugen Simon weder in der Geschwindigkeit noch mit der immensen Reichweite entwickeln können. Seit 2007 stellt Simon Videos auf YouTube ein, die tausendfach angesehen werden, und bietet ein onlinebasiertes Coaching an, in dem ein Jahr lang alle zwei Wochen eine homöopathische Dosis Gedankendoping übermittelt wird, um die Eckpfeiler des persönlichen Erfolgs kennenzulernen. Die modernen Medien machen es möglich, dass Simon in Australien leben und Menschen in Deutschland coachen kann. Seit 2008 bietet er Life-Coaching-Seminare an, die das onlinebasierte Angebot ergänzen. Permanent entwickelt Simon neue »Powertools« wie »Minddoping Repattering®« oder »Minddoping Control System®«, die so erfolgreich sind, dass er neue Klienten nur noch auf Empfehlung annimmt.

Ihm geht es um die nachhaltige Umwandlung von blockierenden in erfolgsfördernde Gedankenmuster. Denn auch wenn sich die eigene Vergangenheit nicht rückgängig machen lässt, lässt sich doch die Einstellung dazu verändern. Und auf die Einstellung zu den Dingen kommt es an. Allerdings ist es mit Arbeit verbunden, negative Gefühle und Gedanken mit einem »Emotionszerstörer« oder einem »Emotionsradierer« loszuwerden, um nicht wieder und wieder in die eigenen Gedankenfallen zu tappen.

Was läuft in unseren Gesellschaften schief?

Was läuft in unseren Gesellschaften schief, dass es den Menschen so schwerfällt, ihren Weg zu einem glücklichen und ausgeglichenen Leben zu finden? Simon ist davon überzeugt, dass es einerseits mit der Fülle an Optionen zusammenhängt, wodurch die Menschen wesentlich mehr Entscheidungen als noch in Zeiten einer Agrar- oder Industriegesellschaft fällen müssen. Zugleich konzentrieren sich die Menschen nicht mehr auf das Wesentliche, schlicht und ergreifend dankbar zu sein für das Geschenk des Lebens, die eigene Gesundheit und das eigene Potenzial. Im Gespräch mit Simon spüre ich, dass es ihm um ethische Werte beim Coaching geht, auch wenn der Begriff Doping auf den ersten Blick etwas reißerisch klingen mag.

Was manchem banal erscheinen mag, den Tag mit einem Dank zu beginnen, ist eine Übung, die in allen Religionen eine große Bedeutung hat. Wer nicht zu danken in der Lage ist, krankt an mangelnder

Wertschätzung. Doch Wertschätzung ist ein knappes Gut in unserer Gesellschaft geworden, dem Nächsten gegenüber, dem Erreichten oder auch dem Leben in Frieden und Freiheit gegenüber. »Die Menschen haben keine Vision, keine Bestimmung mehr, auch weil der Blick zu sehr nach außen gerichtet ist«, sagt Simon. Seine Vision ist, dass das Leben für alle menschlicher und lebenswerter wird, und er weiß, dass dafür jeder bei sich selbst anfangen muss. Vergleicht er die Genussfähigkeit der Deutschen mit der der Australier, hält er die Australier für eindeutig überlegen. Simons eigenes Mantra lautet: »Warum sollte ich unglücklich sein, wenn ich auch glücklich sein kann?!«
Simon gehört zu den Menschen, die als Selbstdenker ihre Träume verwirklichen. Sein Lebensmittelpunkt ist in Australien, ein Vierteljahr ist er in deutschsprachigen Ländern auf Seminartournee unterwegs. In dieser Zeit arbeitet er einen extrem dichten Terminkalender ab. Es ist beeindruckend zu sehen, mit wie viel Vitalität, Lebensfreude und Charisma Simon die Bühne betritt. Er fällt absichtlich hin, sinniert am Boden liegend über Fallen und Aufstehen und beginnt mit einem federnden Sprung in die Senkrechte sein Gedankendopingsprungbrettseminar. Er hat seine Berufung gefunden, das spürt jeder der 350 Teilnehmer, die am Pfingstwochenende zwei Tage bei strahlendem Wetter an dem Seminar teilnehmen. Wenn er nicht auf Deutschlandtournee ist, spielt er Tennis, läuft Marathon, meditiert, liest, erfindet neue Projekte und genießt das Leben mit seiner Familie.

ERFOLGSGEHEIMNISSE

Hard Facts: Dem Erfolgscoach Simon ist es wichtig, sich an den Erfolgsmethoden von Vorbildern zu orientieren, zu denen er persönlich neben seinem eigenen Mentor Christopher Howard und dem Selbstentwicklungsexperten Tony Robbins den Dalai-Lama, Franz von Assisi oder auch Mahatma Gandhi zählt sowie »alle unabhängig denkenden Menschen, die etwas zu sagen haben, das aus dem

Herzen kommt«. Deshalb empfiehlt er, Biografien von außergewöhnlichen Menschen zu lesen.

Soft Skills: Der Linkshänder und Nonkonformist Simon weiß, dass zum Hinfallen das Aufstehen gehört. Und so vermittelt er in seinen Coachings, konsequent eigene Ziele zu verfolgen und sich von Hürden und Herausforderungen nicht von seinem Weg abbringen zu lassen. Für den Marathonläufer Simon gehören das Durchhalten zum Ankommen und das Üben zum Erreichen des Ziels. Deshalb geht es bei der persönlichen Karriereplanung darum, den Weg zum Erfolg in Etappen aufzuteilen, die eine optimale Kräftebalance zwischen Anspannung und Entspannung ermöglichen.

Chance: Als Selbstdenker ist Simon überzeugt, dass wir selbst die Veränderung sein müssen, die wir in der Welt sehen wollen. Deshalb motiviert er dazu, mit positiven Gedanken zu beginnen und mit smarter Arbeit weiterzumachen.

www.gedankendoping.de

TREND I
BEWUSST SELBSTERMÄCHTIGT

»Es ist das Wissen um die Vergänglichkeit des gegenwärtigen Lebens, das immer wieder den Anstoß gibt zu einem bewussten Gebrauch der Zeit.«[10]

In einer Welt der Wahlmöglichkeiten steigt die Notwendigkeit, sich zu orientieren und herauszufinden, was man wirklich will. Ausbildung oder Studium, angestellt oder selbständig, Tellerwäscher oder Millionär, Status oder Abenteurer, sesshaft oder Nomade? Bewusst selbstermächtigt bedeutet, sich nicht fremdbestimmen zu lassen, sondern selbstbestimmt zu entscheiden. Dabei geht es um die Befreiung von Autoritäten und Denkmustern, die dem eigenen Glück im Weg stehen, ebenso wie um die Entfaltung der eigenen Potenziale. Der durch Immanuel Kant berühmt gewordene Leitgedanke der Aufklärung »Sapere aude« – »Habe Mut, dich deines eigenen Verstandes zu bedienen« hat seine Gültigkeit bis heute bewahrt.[11] Doch bei der Selbstermächtigung kommt es nicht nur auf die Sprache des Verstandes, sondern ebenso auf die Sprache des Herzens an. Bei der Frage, was man wirklich will, gehört die Intuition mit in die Waagschale.

In Zeiten einer historisch einmaligen Vielfalt an Optionen suchen und finden immer mehr Menschen den Weg in die Freiheit. Das wird bei der Berufswahl besonders deutlich. Die hier Porträtierten haben vorgegebene Bahnen verlassen, sind aus- und aufgebrochen, um eigene Wege zu gehen. Die Abenteurer des Selbst, die Aus- und Umsteiger, Gründer und Unternehmer repräsentieren den Trend der Selbstermächtigung, der Teil, der Lebenskunst ist. Wilhelm Schmid, einer der renommierten Glücksphilosophen der Gegenwart, schreibt in seiner *Einführung in die Lebenskunst*: »Lebenskunst ist das, was übrig geblieben ist nach dem Ende der großen Entwürfe zur Beglückung der Menschheit: Die Rückkehr zum Selbst, zum einzelnen Individuum, das neu damit beginnt, sich selbst zu gestalten, das Leben zu gestalten und nicht die alten Illusionen zu hegen.«[12]

Noch nie war die Zeit so gut, bewusst selbstermächtigt seinen eigenen Weg zu gehen, seine Potenziale zu entfalten und sich frei von Autoritäten, Normen, Konventionen und Traditionen selbständig zu machen, als Selfmademan oder auch als Selfmadewoman. Doch wer frei von Vorgaben und frei zur Selbstgestaltung seines Lebens ist, braucht dafür nicht nur Selbstbewusstsein und Selbstdisziplin, sondern häufig auch die Kraft zur Selbstbefreiung und Selbstbehauptung. Diese Kraft hat zwei zentrale Motoren: Leidensdruck oder auch Leidenschaft.

Der Leidensdruck fängt bei dem Leistungsstress bei Kindern an und reicht bis zur Selbstüberforderung der Erwachsenen. Der Sozialwis-

senschaftler Meinhard Miegel schreibt über die Hybris der modernen Gesellschaften: »Die Folgen anhaltender Überforderung sind allgemein bekannt. Dennoch bewegen sich große Teile der Menschheit, allen voran die Völker der frühindustrialisierten Länder, zügig auf sie zu – individuell, kollektiv und global. Überforderung ist weithin zu einem Dauerzustand geworden, den viele ertragen und manche erleiden, gegen den aber auch immer mehr aufbegehren.«[13] Dieses Aufbegehren ist der Trend zur Selbstermächtigung, bei dem sich Menschen von vermeintlich alternativlosen Umständen mit Herz und Verstand emanzipieren. Wir leben in einer Gesellschaft, die nicht in Balance ist, sondern um Balance ringt, in einer Phase der Transformation, in der alte Denkgewohnheiten auf neue Denkweisen treffen. Ob Über- oder Unterforderung, Bur-nout oder Langeweile, Stress oder Frustration – das sind Alarmsignale des Körpers, die gehört werden wollen. Und wenn sich auch nicht immer die Umstände verändern lassen, so lassen sich doch fast immer die Einstellungen und Haltungen zu den Umständen verändern.
Da immer mehr Menschen aufbegehren und sich auf Transformationsprozesse einlassen, boomt auch der Coaching-Markt. Das ist kein schlechtes, sondern ein gutes Zeichen. Denn Coaching ist ein Teil des modernen Health Style, der das Bedürfnis nach Fitness, Wellness und Gesundheit von Körper, Geist und Seele spiegelt.[14] Auf dem Weg zur Selbstermächtigung reichen die Themen von der Frage nach der eigenen Berufung über persönliche Erfolgsstrategien bis zum Umgang mit individuellen Anforderungen. – Wer bin ich? Was kann ich? Wie will ich leben? – Wer aus Leidensdruck handelt, will alte Gewohnheiten und Haltungen überdenken, um sein Leben bewusst neu zu gestalten. Coaching ist mentales Training, um Macht über sich selbst und das eigene Leben zu bekommen. Der Trend zur Selbstermächtigung lässt sich an dem boomenden Coaching-Markt ebenso wie an der Flut an Glücksliteratur und Ratgebern zu Selbstfindung, Selbstentfaltung oder auch Selbstcoaching ablesen.[15] Es sind nicht einige wenige, die sich aufmachen, um ihre Potenziale zu entfalten, sondern

Tausende, die ihrem Leben durch Gedankendoping oder Transformationstherapie, Mentaltraining oder Motivationscoaching in Großveranstaltungen eine neue Richtung geben wollen. Die neuen Denkstrukturen bei solchen Veranstaltungen heißen dann: Bewusstsein statt Gewohnheit, kreative Verunsicherung statt Komfortzone, Entschleunigung statt Beschleunigung, Gesundheit statt Krankheit, Freude statt Frust, Achtsamkeit statt Konsum oder auch Zeit statt Geld.

Bewusst selbstermächtigt. Was so leicht klingt, ist nicht immer leicht umzusetzen. Denn dafür müssen einige Hürden überwunden werden wie die Macht der Gewohnheit beim Handeln und Denken. Und kaum etwas ist schwerer zu überwinden als die eigenen Denkstrukturen und Glaubenssätze.[16] Ob Achtundsechziger, Babyboomer oder Generation Y – jede Generation folgt eigenen Denkstrukturen und bewegt sich im Spannungsfeld der Erfahrungen und Erwartungen von Eltern und Lehrern sowie der Vorstellungen der eigenen Peergroup. Damit gehen für jede Generation unterschiedliche Chancen und Möglichkeiten, Freiheiten und Entfaltungsspielräume, aber auch Anforderungen und Herausforderungen, Zweifel und Unsicherheiten einher. Unabhängig von den äußeren Umständen heißt die positive Energie der Veränderung Leidenschaft. Die ungewöhnlichen Unternehmer sind ihrer Passion gefolgt – die einen früher, die anderen später im Leben. Sie repräsentieren den Trend zur Selbstermächtigung durch ihre Selbständigkeit, die – auch wenn sie bei nur 12 Prozent der Erwerbstätigen liegt – in den letzten 25 Jahren stark zugenommen hat.[17] Viele von ihnen haben gewagt, mitten im Leben noch einmal von vorn anzufangen, indem sie ihrem Denken eine neue Richtung gegeben haben. Es ist das eigene Denken, das Haltung und Verhalten verändern kann. Die von Wilhelm Schmid beschriebene Lebenskunst ist genau diese Arbeit an der eigenen Autonomie, um sich in der Welt zu orientieren, mit den Umständen der eigenen Zeit zurechtzukommen, das Leben selbst in die Hand zu nehmen, es bewusst zu führen, das rechte Maß zu finden und die eigenen Fähigkeiten zu entfalten.

Bewusst selbstermächtigt bedeutet: die eigene Innenperspektive durch eine Außenperspektive zu erweitern; die eigene Existenz in übergreifenden Zusammenhängen wahrzunehmen; mit den eigenen Ressourcen bewusst umzugehen; die Verantwortung für das eigene Leben zu übernehmen; die Perspektive auf die eigenen Handlungsspielräume zu richten; die eigenen Gewohnheiten des Denkens, Urteilens und Handelns zu reflektieren; den Geist ebenso wie den Körper zu pflegen; die eigenen Fähigkeiten und Talente zu entfalten und das rechte Maß in einer Kultur der Entgrenzung für sich selbst zu finden. Wer die Kraft der eigenen Gedanken und ihren Einfluss auf die Gefühle kennt, weiß, dass »Self-fulfilling prophecy« mehr ist als ein geflügeltes Wort. Die Entwicklungen der positiven Psychologie, der Gehirnforschung und der Neurowissenschaften haben diese Zusammenhänge von Gedanken und Gefühlen sichtbar gemacht, mit denen sich Menschen selbst ausbremsen oder auch motivieren können. Niemand muss im Teufelskreis der *Anleitung zum Unglücklichsein* gefangen bleiben.[18] Körperpflege gehört für uns selbstverständlich zum Alltag. Die Pflege des Geistes – in Form von Coaching, Gedankendoping, Meditation, Neurolinguistischer Programmierung oder auch Transformationstherapie – entwickelt sich als neue Selbstdisziplin, bei der es darum geht, aus dem eigenen Ich ein Projekt zu machen. Robert Betz und Eugen Simon stehen stellvertretend für diesen Trend der bewussten Selbstermächtigung auf großen Bühnen vor Hunderten von Teilnehmern mit unterschiedlichen Methoden der Selbstmotivation und Transformation.

Bewusst selbstermächtigt heißt, das eigene Leben lebenswert zu gestalten durch die Arbeit an sich selbst, am eigenen Leben, am Leben mit anderen und den Verhältnissen, die dieses Leben bedingen. Die geistigen Übungen sind die Exerzitien der Moderne, allerdings ohne Gewähr. Denn der Preis der Freiheit ist die Selbstverantwortung für das eigene Leben. Nur wer weiß, was er will, kann sein Ziel erreichen. Nur wer tut, was er kann, wird sein Potenzial entfalten. Werde, was du kannst!

II ALLES EINE FRAGE DES KÖNNENS HANDWERK, KUNST, KUNSTHANDWERK

3 / Seelenleuchten Wie Günther Wiegand Licht ins Dunkel bringt

Es gibt Dinge, die eine magische Anziehungskraft ausüben: Materialien, Formen, Kunstwerke. Die filigranen Seelenleuchten von Günther Wiegand haben eine magische Aura. Ihr Licht strahlt Hoffnung, Verheißung und Geheimnis aus. Aus Naturmaterialien wie getrocknetem Mohn oder Gräsern gestaltet Wiegand Leuchten für die Seele.

Welche Wirkung seine Seelenleuchten auf Menschen entfalten, hat der Künstler auf den Kunsthandwerksmärkten beobachten können, wo er sie zum ersten Mal nach Monaten der Arbeit in seiner Werkstatt öffentlich ausgestellt hat. Stunden, Tage, Wochen vergehen, bis ein Prototyp entsteht, an dem gefeilt wird, bis alles stimmt. Es ist ein spannender Moment, wenn die Arbeit das erste Mal das Licht der Welt erblickt. Die Arbeit hat sich gelohnt. Viele Menschen wurden magisch von den Leuchten angezogen. Sie blieben stehen, schauten, staunten, stellten Fragen und wagten kaum, die zarten Objekte in die Hand zu nehmen.

Seelenleuchten – Günther Wiegand hätte keinen besseren Namen für seine filigranen Kunstwerke finden können. Ihr Licht scheint nicht von dieser Welt zu sein, es scheint aus einer anderen Welt zu uns herüber. Es strahlt verhalten, es leuchtet, ohne zu blenden, es birgt ein Geheimnis, es spricht an und lädt zum Innehalten und bewussten Wahrnehmen ein. Und ehe der Betrachter es sich versieht, ist er in seine Betrachtung versunken.
Die Seelenleuchten tragen klangvolle Namen wie »Wiegender Grashalm« oder »Leuchtmohn«. Sie berühren die Seele der Menschen und finden ihren Weg fast von allein zu beseelten Orten. Die ersten Lampen stehen inzwischen in Arztpraxen, Kunstgalerien, Meditationsräumen und Seminarräumen für spirituell-geistige Entwicklungen. Ohne Werbung finden die Seelenleuchten ihren Weg. Menschen, die für spirituelle Erfahrungen offen sind, werden von den Seelenleuchten angesprochen, die die Beschäftigung mit der Wahrnehmung und Achtsamkeit durch ihre Ausstrahlung fördern.
Auf manchen Kunsthandwerksmärkten wie dem am Ludolfinger Platz in Berlin-Frohnau müssen sich die Künstler und Kunsthandwerker bewerben, um dort ausstellen zu können. Mit der Zusage war für Wiegand die erste Hürde auf dem Weg zum eigenen Unternehmen genommen. Dort wurde auch ich vom Licht der Seelenleuchten angezogen und habe Günther Wiegand kennengelernt. Mit der Resonanz des Publikums ist er zufrieden. Der Verkauf der ausgestellten Objekte und die Vorbestellungen bestätigen ihm, dass es ein Publikum für seine Kunstwerke aus Naturmaterialien, Pflanzen und Licht gibt.

Alles hat seine Zeit

Der Schritt in die Selbständigkeit ist immer ein Wagnis. Wenn er gelingt, wird der Mutige belohnt. Die erste, damals noch namenlose Seelenleuchte hat Wiegand als Geschenk angefertigt. Rasch stieg die Nachfrage im Kreis der Beschenkten. Bekannte fragten ihn, ob er sich damit nicht selbständig machen wolle. Solche Fragen und Sätze wir-

ken weiter, und es dauert manchmal ein wenig, bis ihre Zeit gekommen ist. So war es auch bei Wiegand.
Die Idee zu den filigranen Objekten war für ihn wie ein Samenkorn, das sich langsam zur Blüte entwickelt hat. Nachdem er 25 Jahre lang als Geschäftsführer einen Kita-Träger geleitet hat, der kontinuierlich expandierte, brauchte er eine Auszeit, um sich auf das zu besinnen, was ihm im Leben wichtig ist. Wie das chinesische Schriftzeichen für Krise zugleich Chance bedeutet, konnte auch Wiegand erst durch diese Phase des Innehaltens seine künstlerisch-kreative Seite entfalten. Nach einem Vierteljahrhundert vertraute Gewohnheiten aufzugeben ist kein leichter Schritt. Doch er ist für viele Menschen in der Mitte des Lebens folgerichtig. Wiegand sagt über sich, dass er immer auf der Suche ist, nach Wahrheit, nach Weisheit und auch nach dem, was in ihm selbst zur Entfaltung angelegt ist.
Durch die Beschäftigung mit Achtsamkeitslehren hat er sich auf zwei Bereiche konzentriert, die ihn schon immer fasziniert haben: Licht und Bewegung. Kinetische Objekte faszinieren ihn einfach. So hat er ein Chaos-Lichtpendel entworfen, bewegliche Seelenleuchten und Mobiles. Der Firmen- und Markenname Seelenleuchte ist durch die Beschäftigung mit der Verbindung von Körper, Geist und Seele entstanden. »Die Seele ist etwas ganz Zartes, Filigranes, Leichtes, das von innen heraus leuchtet und den Menschen zum Strahlen bringt«, sagt Wiegand. »Wenn ein Mensch staunt, wenn er sich freut, wenn er neugierig ist, überträgt sich das.«
Naturmaterialien wie Holz, Papier oder Gräser symbolisieren für Wiegand das Vergängliche in seiner ganzen Schönheit, das er nun bewusst dem vermeintlich Ewigen aus Metall, Kunststoff oder Beton entgegenstellt. »Wenn etwas bleibt in diesem unendlichen Universum, das sich ständig verändert, sind es Geist und Seele.«
Mit den Seelenleuchten bringt Wiegand das spirituelle Licht, das in den Religionen eine zentrale Rolle spielt, als Hoffnung zurück. Die Seelenleuchten spenden Trost, wo Menschen auf der Suche nach Licht sind, in Meditationsräumen, in Alten- und Pflegeheimen, in Kranken-

häusern und Hospizen oder auch in Abschiedsräumen von Bestattungsinstituten. Am Anfang war das Licht – und am Ende des Tunnels ist das Licht.

ERFOLGSGEHEIMNISSE

Hard Facts: Als ehemaliger Geschäftsführer kennt sich Günther Wiegand mit dem Führen von Geschäften aus. Das handwerkliche Talent war ihm in die Wiege gelegt und musste nur entfaltet werden.

Soft Skills: Das Erfolgsgeheimnis von Günther Wiegand ist, dass er wider den Zeitgeist in einer weitgehend materialistisch orientierten Gesellschaft die spirituelle Dimension des Lebens sucht und vermittelt. Seine Kunstobjekte haben eine Seele, die sich wortlos vermittelt, ebenso wie sein ästhetischer Sinn und sein handwerkliches Geschick.

Chance: Für die Mitarbeit am Projekt der Seelenleuchten konnte er auch seine Schwester gewinnen.

www.seelenleuchten.eu

4 / Pop up!
Wie Peter Dahmens Papierkunst Millionen fasziniert

Der kleine Saal des Restaurants »Cum Laude« in der Humboldt-Universität in Berlin ist brechend voll. Die Allianz Deutscher Designer, kurz AGD, die dort einmal im Monat Vorträge organisiert, hat den Pop-up-Künstler Peter Dahmen eingeladen. Der Vortrag hält, was die Ankündigung verspricht: eine den Künstler im Rückblick selbst noch immer überraschende Erfolgsgeschichte.

Wie kommt jemand dazu, in zahllosen Stunden Pop-ups zu entwerfen? Wenn Peter Dahmen seiner Leidenschaft nachgeht, ist er im Flow. Er gehört zu der kleinen Schar der Pop-up-Experten in Deutschland. Verrückt ist, wie es dazu kam. Nach seinem Studienabschluss als diplomierter Kommunikationsdesigner war er erst selbständig und dann für einige Jahre bei dem Unternehmen Heyda-Werk in Hagen fest angestellt. Schulhefte, Umschläge, Sammelmappen, Bastelpapiere, Transparent- und Motivpapiere hat er dort gestaltet. Grafik in einem speziellen Segment. Durch Umstrukturierungen des Unternehmens hat sich Dahmen im Jahr 2008 erneut selbständig gemacht. Und schon nach kurzer Zeit kam sein Durchbruch zum Erfolg mit Pop-ups – für ihn selbst überraschend.

Eine Studienarbeit mit Potenzial

Die Beschäftigung mit Pop-ups begann für Dahmen im dritten Semester seines Studiums. Die Studenten sollten dreidimensionale Objekte aus Papier und Karton anfertigen. Dahmen erinnert sich noch genau an die aufwendigen Entwürfe seiner Kommilitonen, die allein schon durch ihre Größe beeindruckenden Objekte: Möbel, Hüte und ganze Abendgarderoben aus Papier. Da Dahmen kein Auto hatte und mit der Straßenbahn zur Fachhochschule fuhr, wählte er aus pragma-

tischen Gründen eine kleinere Arbeit, die jedoch nicht minder anspruchsvoll war. Er entschloss sich, sogenannte Pop-up-Skulpturen aus Papier und Karton anzufertigen. Klappt man die schlichten Doppelkarten auf, entfaltet sich zwischen zwei Pappdeckeln ein faszinierendes filigranes dreidimensionales Kunstwerk: Blüten, Vögel, Bauwerke oder auch abstrakte geometrische Gebilde in perfekter Symmetrie.
Wenn diese zarten, hoch komplexen Wunderwerke scheinbar aus dem Nichts aufklappen, fragt man sich verblüfft: Wie macht er das bloß? Die Objekte sind ästhetisch faszinierend wie Bilder von M.C. Escher, in denen sich der Betrachter im Labyrinth einer in sich verschlungenen Symmetrie verlieren kann. Die Objekte bestechen durch ihre handwerkliche Kunstfertigkeit ebenso wie durch ihre perfekte Harmonie.
Der Erfolg mit diesen Pop-up-Karten kam aber erst 20 Jahre später, ausgelöst durch eine Postkarte. Dahmen hatte im Studium zwar eine gute Note für seine Klappobjekte bekommen, sie dann aber zwei Jahrzehnte lang in Schubkästen aufbewahrt, ohne sie groß herumzuzeigen. So haben die Pop-ups unaufgeklappt und ungesehen Umzüge überstanden und die Zeiten überdauert. Dahmen konnte sich damals nicht vorstellen, dass sich jemand – außer dem Professor – für die Objekte interessieren könnte.

Eine Postkarte mit Folgen

Als eine Freundin aus Berlin ihm eine Postkarte mit dem Farbkreis von Goethe schickte, inspirierte ihn das Motiv dazu, wieder einmal eine Pop-up-Karte zu entwickeln. Gesagt, getan. Als die Karte fertig war, schickte er das nun dreidimensionale Motiv der Freundin zum Geburtstag nach Berlin zurück. Die Karte löste Faszination und Begeisterung aus. Doch war es nicht ganz einfach, Dahmen davon zu überzeugen, dass er aus seinen Fähigkeiten etwas machen müsse. Er hielt die Pop-up-Karten für private Spielerei und konnte sich nicht vorstellen, dass sich jemand für die Objekte interessieren würde, geschweige denn, dass es dafür einen Bedarf gäbe. Und selbst wenn – die Herstellung wäre viel zu teuer. Aus dieser negativen Einstellung rissen ihn seine begeisterten Kollegen heraus, die überzeugt von der Einmaligkeit seiner Pop-ups waren: »Das kann kaum einer! Das ist wirklich etwas Besonderes!« Genau dieser Ermutigung aus professionell berufenem Munde bedurfte es, um die ersten Schritte auf dem neuen Weg zu gehen.

So entschloss sich Dahmen, eine der wichtigsten Papiermessen, die Paperworld, dafür zu nutzen, um neue Kunden aus der Papierbranche zu gewinnen. Mit seinen Pop-up-Karten, die er zur Kundenakquise ursprünglich in einer Kleinserie von 100 Karten anfertigen wollte, hoffte er, in dem Heer der Messebesucher und Bewerber aufzufallen. Doch nicht nur der Prototyp hatte es in sich, sondern auch die Fertigstellung jeder Karte. Die ersten Modelle entstehen immer in Handarbeit. Skizzen anfertigen, schneiden, kleben, falten. Erst wenn die Maße und jedes Detail stimmen, wird die Vorlage im Computer digitalisiert. Dafür werden viele Entwürfe angefertigt, verworfen und verändert.

Für die Akquise entwickelte Dahmen eine Pop-up-Karte in Form einer Spirale, die nicht einfach nachzuahmen war. Die Einzelteile für die Serienproduktion ließ er per Laserschnitt anfertigen. Eine Woche später hatte er 100 linke und 100 rechte Spiralen sowie 100 Cover. Die Investition war überschaubar, im Gegensatz zur Handarbeit, die ihn erwartete. Eine Viertelstunde dauerte das Zusammensetzen jeder Karte. Daraufhin entschloss er sich, anstelle von 100 Karten nur acht anzufertigen, nicht zu streuen, sondern ausgewählte Unternehmen gezielt anzusprechen. Weniger ist manchmal mehr: Alle Empfänger der außergewöhnlichen Pop-up-Karte haben persönlich geantwortet und einen Messetermin mit ihm vereinbart.

Eine Messe mit Aufträgen

Nach der Messe hatte er zwei Neukunden gewonnen, einen aus dem Bereich Papierdekore und einen aus dem Bereich der Pop-up-Karten. Dahmen war überglücklich und stolz. Doch fehlten ihm noch jegliche Erfahrungen für Verhandlungsgespräche. So ließ er sich darauf ein, mit seinen aufwendigen Arbeiten in Vorleistung zu gehen, nahm keinen Einfluss auf die Produktion und akzeptierte, erst nach dem Verkauf der Karten vergütet zu werden, so dass das gesamte unternehmerische Risiko bei ihm lag. Dank seiner überzeugenden Präsentation hatte er ein renommiertes Unternehmen gewonnen. Die im Jahr 2010 in Auftrag gegebenen Karten wurden in Asien produziert und waren im Jahr 2012 das erste Mal auf der Paperworld zu sehen. Poesiekarten mit Begriffen wie Carpe Diem, Glück, Leben, Engel, Zeit und Liebe, die auf einem Grund von Zitaten aufklappen.

Ein Film auf YouTube mit Klicks

Ein Kurzfilm, den Dahmen drehte, um seinen potenziellen Auftraggebern einen Eindruck seiner dreidimensionalen Karten auf seiner Homepage zu geben, sorgte für weltweites Aufsehen. Der auf YouTube Mitte 2010 eingestellte Spot brachte innerhalb weniger Monate 34 000 Klicks. Die Klicks beflügelten Dahmen. Doch es kamen nicht nur Klicks, sondern auch viele Kommentare: »Toll!« »Mach doch mal was Buntes.« »Wo kann man deine Pop-ups kaufen?« »Wie machst du das?«

Dahmen tüfftelte an neuen Pop-ups und drehte weitere Filme. Einen Monat später waren drei Filme online. Bei 44 000 Klicks dachte Dahmen: »Jetzt werde ich berühmt.«

Nachdem über seine Filme auf verschiedenen Blogs berichtet wurde, hatte er plötzlich 700 000 Besucher auf seinem YouTube Channel. Für diesen Endorphine freisetzenden Motivationsschub bedankte er sich bei seinen Fans, die ihn mit Fragen löcherten, mit einem Tutorial »How to make a Pop Up Card«. Er gewährte einen Blick hinter die Kulissen

seiner Werkstatt. Die Arbeit von Stunden wurde in drei Minuten gerafft – entwerfen, schneiden, kleben, falten –, faszinierende Perfektion in Slapstickformat.
Die Klickraten auf YouTube kletterten in zwei Jahren auf vier Millionen. Das hatte Folgen für die Besucherquote auf seiner Homepage und auch für sein Suchmaschinen-Ranking bei Google. Es erschienen Artikel über seine Pop-ups in Blogs, Videoberichte im Internet, Artikel in Zeitungen, Magazinen und Büchern. Die Zahl seiner Fans bei Facebook stieg, und er legte sich zusammen mit seinem Kollegen Jens Gollnow einen eigenen Blog zu: popupkarten.de. Durch die Videos auf YouTube erreichten Dahmen plötzlich Anfragen von Firmen aus aller Welt. Er bekam Aufträge ohne Akquisition!

Das größte Pop-up der Welt auf der IAA

Den ersten Anruf einer Firma aus München, die auf den Bau von Fernsehkulissen und Messeständen spezialisiert ist, wird Dahmen nicht vergessen. Sie suchten Unterstützung für den Auftrag einer Werbeagentur: Der Designer sollte die Klapptechnik für eine riesige Pop-up-Karte konstruieren, die auf der IAA, der Internationalen Automobilausstellung 2011, gezeigt werden sollte. Ob er das könne? Dahmen sagte zu und nahm die Herausforderung an, eines der weltgrößten Pop Ups zu seinem üblichen Tagessatz zu entwerfen. Nach der Unterzeichnung einer Geheimhaltungserklärung bekam er ein »finales Layout«, das bis zur Endabnahme dann allerdings noch etliche Male verändert wurde. Final ist manchmal eben ein dehnbarer Begriff. Immer wieder musste er mit den Teamkollegen abstimmen, was technisch möglich war und was nicht. Das Pop-up wurde etwas mehr als zehn mal fünf Meter groß und zwei Tonnen schwer. 3-D-Pop-up-Elemente: Astronaut, Tiger, Löwe und Stier klappten auf, im Hintergrund Sambatänzerinnen, Radfahrer und Hunde. Alles klappte bei der Eröffnung. Das war ein magischer Moment – auch für Peter Dahmen. Und es ging weiter.

Ende 2011 meldete sich der Schweizer Zauberkünstler Marco Tempest aus New York bei ihm. Er plante eine Bühnenpräsentation über Nikola Tesla bei der berühmten TED-Konferenz und wollte sich dafür ein Pop-up-Buch anfertigen lassen. Peter Dahmen konnte sein Glück kaum fassen. Beim TED-Kongress, bei dem die Zuschauer eine Teilnahmegebühr von mehreren tausend Dollar bezahlen, um dabei zu sein – dort sollte er mit seinen Pop-ups vertreten sein?! Alles, was besprochen werden musste, besprachen der Zauberer und der Pop-up-Experte über Skype. Die Präsentation verzauberte das Publikum, und Dahmen hatte das Glück, dass alles gefilmt wurde.

Peter Dahmen ist noch nicht so berühmt, dass er von Museen exklusiv für Peter-Dahmen-Pop-up-Ausstellungen eingeladen wird. Doch das ist wohl nur eine Frage der Zeit, nachdem ihn die Werbewelt und einer der gefragtesten Bühnenkünstler bereits entdeckt haben. Aus einer liebevoll hergestellten Geburtstagskarte entwickelte sich die Idee zu einer ersten Akquiseaktion, und aus kleinen Grußkarten wurden große Sonderanfertigungen. Peter Dahmen hat sein Alleinstellungsmerkmal in der Papierkunst als Grafikdesigner gefunden, was sich weltweit zunehmend herumspricht. So hat er eine Anfrage aus Dubai bekommen, ob er 3000 Pop-ups als Einladungskarten zu einer königlichen Hochzeit anfertigen könnte. Hätte er gekonnt, aber nicht innerhalb der Kürze der Zeit, in der Layouts abgestimmt und Muster verschickt werden sollten.

Das Erfolgsgeheimnis von Peter Dahmen ist, dass er die Gunst der Stunde zu nutzen wusste, als die Zeit für seine Pop-ups gekommen war. In Zeiten technischer Perfektion und digitaler Möglichkeiten geht eine neue Faszination von der Kunstfertigkeit handwerklicher Produktion ebenso wie von dem Zusammenspiel von Handwerk und digitaler Technik aus. Einzelstücke werden nach wie vor von Hand geschnitten, kleine Auflagen mit dem Laser.

Zwanzig Jahre früher hätte Dahmen mit seinem Nischenprodukt nicht die für die eigene Existenz notwendige kritische Masse erreichen können. Durch die sozialen Medien hat Dahmen in der Kürze der

Zeit eine weltweite Aufmerksamkeit erzielt. Doch ohne die Ermutigung durch Freunde und Kollegen hätte er nie gewagt, renommierte Kartenhersteller überhaupt anzusprechen, für die er inzwischen Grußkarten und Merchandisingobjekte entworfen hat.

ERFOLGSGEHEIMNISSE

Hard Facts: Durch Filme auf YouTube konnte er die Reichweite der Wahrnehmung für das eigene Produkt enorm steigern. Die Social Media von der eigenen Homepage über eine Fanpage bei Facebook bis zu Blogs hat er konsequent bespielt.

Soft Skills: Dahmens Erfolg hängt auch mit seiner Ausdauer zusammen, mit der er immer kompliziertere Strukturen so lange ausprobiert, bis sie funktionieren.

Chance: Umgeben von Menschen, die Sinn für das Besondere haben und Mut machen, hat Dahmen die eigene Skepsis, die ihm anfangs zum Erfolg im Weg stand, überwunden.

www.peterdahmen.de

5 / Auf weibliche Leidenschaften spezialisiert Wie die Täschnerei Zebra Fetischen des Alltags neuen Glanz verleiht

Ob Prada, Furla, Vuitton, Hermès, Chanel oder auch heiß geliebter Fake – in der Berliner Täschnerei Zebra landen die unersetzbaren Lieblingsstücke. Alles, was auf Frauen eine schier magische – für Männer nicht immer ganz nachvollziehbare – Anziehung ausübt, wird hier gerettet, wenn Not am Mann ist. Handtaschen und Reisetaschen, Schuhe und Handschuhe, Gürtel und Handytaschen, kurz: Fetische des Alltags.

Die bewegte Firmengeschichte der Täschnerei Zebra in Berlin-Mitte spiegelt die bewegte Geschichte Berlins. Gegründet hat Juliana Blanke ihr Unternehmen im Jahr 1985 noch zu DDR-Zeiten. Es war damals nicht einfach, sich selbständig zu machen, aber sie wusste, was sie wollte, und hatte das nötige Quäntchen Glück. Sie wollte etwas Kreatives machen. Damit war sie nicht allein. Da Lehrberufe »im Osten« gefragt waren, riet ihr die Berufsberatung zu dem wenig nachgefragten Beruf des Täschners. Gesagt, getan. Doch die ersten Erfahrungen in einem kleinen Betrieb entsprachen überhaupt nicht ihren Vorstellungen: Anstelle von Kreativität war Fließbandarbeit gefragt. Da stand für Juliana Blanke fest: Ausweg Selbständigkeit. Das war in der DDR alles andere als einfach. Widerstände waren für die junge Frau, die ein klares Ziel vor Augen hatte, eine Herausforderung. Als zur 750-Jahr-Feier der Torstraße ungewöhnliche Vorzeigeideen gesucht wurden, war sie sofort dabei und bekam ihren ersten Gewerberaum, und die Meisterschule durfte sie auch besuchen. Mehr ging nicht! Seitdem ist die Arbeit mit feinem Leder ihr Metier.

Wie kommt ein Zebra nach Berlin?

Da es zu DDR-Zeiten nur schwarzes und weißes Material gab, machte ihr Grafiker aus der Not eine Tugend und entwarf für die junge Täschnerin ein Zebra als Logo. Der Entwurf war so gut, dass er den Einzug der Farben nach der Wende überlebt hat. Im Keller lagern die Lederhäute, im Lager die reparierten Kostbarkeiten, und in den Werkstätten wird gereinigt, gefärbt, restauriert, entworfen und genäht.
Für Blanke ist Leder der schönste »Stoff« der Welt. Sie liebt ihren abwechslungsreichen Beruf, der sie jeden Tag vor neue Herausforderungen stellt. Tausende von Taschen landen jedes Jahr in ihrer Werkstatt. 80 Prozent der Aufträge sind Reparaturen. Die Restauration von Lieblingsstücken betrachtet Blanke als Königsweg der Täschnerei, »da man dafür Erfahrung braucht, die selten geworden ist«. Das ist ihre Chance.

Taschen mit 30 Jahren Garantie

Zu Beginn ihres Unternehmens hat Juliana Blanke neue Taschen entworfen und alte repariert. Doch nach der Wende war plötzlich alles anders. »Keiner wollte mehr etwas reparieren lassen, und alle wollten Westprodukte.« Mit dem Kredit eines Onkels aus dem Westen konnte sie auf Messen italienische und französische Designertaschen kaufen und sich damit vorübergehend auf den Verkauf konzentrieren. Das waren keine einfachen Jahre nach dem Mauerfall. Dann kam die Firma Eastpak auf die Täschnerei zu, die auf ihre Rucksäcke und Schultaschen 30 Jahre Garantie gab. Die Täschnerei Zebra wurde zum Reparaturexperten. Die Reparaturen schnellten aufgrund der Größe des Unternehmens Eastpak so in die Höhe, dass die Täschnerei Zebra kräftig expandierte und in eine größere Werkstatt ein paar Häuser weiter in der Torstraße umzog. Als Eastpak seinen Sitz nach Polen verlegte, musste das Zebra wieder abspecken. So zog Blanke ein drittes Mal in der Torstraße um. Einige Mitarbeiter ließ sie zurück, ihre Expertise nahm sie mit.

Hippe Taschen als Statussymbol

Seit einigen Jahren sieht die Lage am Markt des Taschenkults wieder ganz anders aus. War das Markenzeichen Berliner Jugendlicher lange Zeit eine Plastiktüte oder »eine richtig olle Lottertasche«, stieg die Designertasche plötzlich zum Statussymbol auf. Blanke staunt, wie viel Geld junge Leute heute für eine Tasche ausgeben. »Taschen sind zurzeit wichtiger als Schuhe.« Die kostbaren Stücke werden mit teurem Pflegemittel kultisch behandelt und schon beim leichtesten Kratzer zur Reparatur gebracht. Worüber Blanke als Handwerksmeisterin nur den Kopf schütteln kann: »Dass die meisten jungen Leute nicht mal einen Knopf vernünftig annähen können, von schwierigeren Operationen ganz zu schweigen.«

Taschen für die Berliner Fashionweek

Neben aufwendigen Reparaturen übernimmt Blanke spannende, abwechslungsreiche Aufträge. Für die Fashionweek in Berlin fertigt sie Mustertaschen an. »Die Designer kommen zwei Tage vor der Modenshow mit einer verrückten Zeichnung oder einem für Leder nur bedingt tauglichen Schnitt, und dann soll alles ganz schnell gehen.« Die Filmstudios in Potsdam-Babelsberg lassen in der Täschnerei Zebra besondere Taschen für die neuesten Filme anfertigen: Für den Film *Spur des Bernsteinzimmers* hat sie eine auf alt getrimmte Reisetasche angefertigt, für den Film *Wolkenatlas* von Tom Tykwer wurden zwei gleiche Taschen bestellt, von denen die eine 40 Jahre älter aussehen musste als die andere.

Auch ungewöhnliche Sonderwünsche werden hier erfüllt. Für die Charité wurden Gürtel für Pferde, Schweine und andere Tiere mit eingearbeiteten Messinstrumenten angefertigt, um das Futterverhalten der Tiere beobachten und messen zu können. Für mobile Würstchenverkäufer hat Blanke Gürtel angefertigt, in die Grills griffbereit vor dem Bauch für den Verkauf der berühmten Berliner Bratwurst eingehängt werden.

Neben Rinds-, Schweins- und Ziegenleder verarbeitet Blanke auch seltenere Materialien wie Rochen- und Fischleder, Krokodil- und Schlangenleder oder auch Straußenfußleder und Zebrafell. Sie bedient den Kult der Taschen – ob Reise-, Hand- oder Handytasche – mit besonders ausgefallenen Stücken.

In ganz Berlin bekannt

Nach drei Umzügen in der Torstraße ist die Täschnerei inzwischen in ganz Berlin bekannt. Ob KaDeWe, Karstadt oder Kaufhof, Schuster oder Mister Mint – Kunden mit kaputten Taschen werden in die Täschnerei Zebra geschickt. Vor allem nach den Ferien landen ramponierte Koffer und Reisetaschen direkt vom Kofferband am Flughafen zur Reparatur bei ihr. Bei aussichtslosen Fällen wird ein Wertgutachten für die Versicherung erstellt. Juliana Blanke ist *die* Berliner Expertin für Lederreparaturen. So einen Ruf muss man sich erst einmal erarbeiten. Da zählt jahrzehntelange Erfahrung, um Stiefel, die vom Schuster schon längst aufgegeben wurden, oder Taschen, die bereits auseinanderzufallen drohen, doch noch zu retten. Aus Prinzip liegt die Arbeit bei Blanke in Frauenhand. »Frauen sind einfach pingeliger.« Und genau darauf kommt es bei den heiß geliebten Taschen an.

ERFOLGSGEHEIMNISSE

Hard Facts: Das Erfolgsgeheimnis von Juliana Blanke ist, dass sie als Täschnerin ungewöhnliche Kooperationen eingeht: von der Kooperation mit einer Straußenfarm über ein großes Unternehmen wie Eastpak bis hin zu den Babelsberger Filmstudios.

Soft Skills: Dass sie sich wider kommende und gehende Trends zwischen Wegwerfgesellschaft und Nachhaltigkeit mit Ausdauer auf ihre Kernkompetenz konzentriert hat, um Menschen durch ihre Reparaturen ihre teuersten Stücke zu erhalten, hat bei allem Wandel Bestand.

Chance: Sie macht Mut, die alte Handwerkskunst zu bewahren, und zwar unabhängig von den sich wandelnden Produktionssystemen.

www.zebra-lederreparaturen.de

TREND II
WIEDER HANDGEMACHT

»Der erste intelligente Schritt in Richtung Entrepreneurship ist nicht, wo wir Geld verdienen könnten, sondern herauszufinden, welche eigenen Ideen und Visionen in einem stecken.«[19]

Der Industrialisierung verdanken wir Wohlstand und Wirtschaftswachstum in einem historisch einmaligen Ausmaß. Die Industrialisierung hat die Demokratisierung des Luxus ermöglicht. Wohlstand für alle, das wurde möglich – vom Auto bis zur Waschmaschine. Doch alles hat seinen Preis. Mit der Industrialisierung ist die alte Handwerkstradition zwar nicht verschwunden, aber sie hat sich verändert. Über Jahrhunderte hat der Mensch mit seiner Hände Arbeit alles angefertigt, was er brauchte: gesät und geerntet, gesponnen und gestrickt, getöpfert und gebaut, genäht und gekocht. Die Hand war und ist unser wichtigstes Werkzeug. Der Einsatz unserer Hände spiegelt historisch gewachsene Kulturtechniken von der Handarbeit über den Werkzeuggebrauch bis zum Schreiben und Musizieren. Mit der Notwendigkeit der Handarbeit ging zugleich die Freude über das technische Können, die eigene Leistung und das fertige Produkt einher.
In der Folge der Industrialisierung ist das Handwerk zunehmend zum Luxus oder auch zum neuen Hobby geworden. Die aufwendig hand-

gefertigten Produkte wurden teurer als die maschinell standardisierten. Doch in zunehmend gesättigten Märkten, in denen die Menschen von der Einrichtung bis zur Elektronik vielleicht nicht immer das neueste Modell, aber dafür vieles gleich in mehrfacher Ausführung besitzen, verändert sich das Verhältnis zur Handarbeit erneut. In einer Gesellschaft der Not und des Mangels mussten Not und Mangel überwunden werden. In einer Gesellschaft des Überflusses können sich immer mehr Menschen handwerkliche und kreative Tätigkeiten wieder leisten.

Der Zukunftsforscher Matthias Horx konstatiert: »Wir sind von einer Gesellschaft der Bauern zu einer Gesellschaft der Fabrikarbeiter und schließlich zu einer Gesellschaft der Wissensarbeiter und Dienstleister geworden. Und nun geht es weiter voran zu einer Gesellschaft der Kreativen, der Muster-Erkenner, der Meinungsmacher, der Empathieproduzenten, der neuen Handwerklichkeit und wiederentdeckten Würde des Produkts.«[20]

Und genau darum geht es bei dem Trend »wieder handgemacht«, eine neue Handwerklichkeit, verbunden mit der Freude an der Einzigartigkeit des Produkts. Warum entscheidet sich jemand, als Täschner, Pop-up-Karten-Designer oder Seelenleuchten-Künstler zu arbeiten? Aus Freude an der eigenen Handarbeit, aus kreativer Lust am Umgang mit Materialien, Formen und Farben, aus sinnlichem Vergnügen an Ästhetik und aus dem Bedürfnis nach individueller Gestaltungsfreiheit. Was ist diesen Menschen wichtig? Sich selbst durch ihre Kreationen auszudrücken, etwas Einzigartiges und Originelles zu erschaffen, das es vorher so noch nicht gegeben hat, und damit im Zeitalter der technischen Reproduzierbarkeit etwas zur Vielfalt der Gestaltungsmöglichkeiten beizutragen.

Während die technische Reproduzierbarkeit ermöglicht, dass Kunstwerke als Poster, Postkarten und Kopien zum Massengut werden, erobert sich das Zeitalter der Individualität die Aura der Handarbeit und der Einzelanfertigung zurück. Kreativität und handwerkliches Können sind zentrale Gaben des Menschen. Wer kreativ ist, wird um ein wesentliches Potenzial beraubt, wenn er das nicht ausleben kann. In vielen Unternehmen wird das kreative Potenzial der Mitarbeiter eher verwaltet als für die Gestaltung des Unternehmens genutzt. Wer kreativ ist und es liebt, einen Unterschied zu machen, gehört zur kreativen Klasse, die in den meisten Nine-to-five-Jobs nicht richtig aufgehoben ist.

Der Industrialisierung verdanken wir neben Wohlstand und Wachstum aber auch ein Heer an Angestellten. Anstatt in die eigene Werkstatt zu gehen, führen die Angestellten eine Büroexistenz, im besten Fall in einem schicken Einzelbüro, im schlimmsten Fall in einem unruhigen Großraumbüro. Die Arbeit der Hände beschränkt sich dabei weitgehend auf die Arbeit an der Tastatur des Computers. Die meisten Menschen sind nicht mehr mit der konkreten Produktion von Dingen und Waren beschäftigt, sondern erbringen vor allem Dienstleistungen. Im Verhältnis zu dieser Form der entsinnlichten Arbeit wächst die Sehnsucht nach sinnlichen Erfahrungen und sinnvollen Erlebnissen. Manuelle Tätigkeiten und haptische Erlebnisse liegen im Trend. Das fängt beim Basteln an und hört im Garten nicht auf. Der neue Trend zur Handarbeit hat viel mit den modernen Lebensbedingungen einer zu großen Teilen verwalteten Welt zu tun.

Wie viele Menschen in Deutschland Lust auf Handgemachtes und Lust an der handwerklichen und künstlerischen Herstellung haben, hat Claudia Helming, die Gründerin von DaWanda, mit ihrem Internetunternehmen für Selbstgemachtes sichtbar gemacht. Auf dem 2006 gegründeten Online-Handelsplatz werden Kreationen von Designern, Künstlern und Handwerkern verkauft. Über 150 000 Artikel hat DaWanda im Sortiment. Bedenkt man, dass DaWanda bei jedem Umsatz mit 5 Prozent Vermittlungsprovision und einer Gebühr im Centbereich für jedes Produkt nur Kleckersummen verdient, spricht der Umsatz im mittleren einstelligen Millionenbereich Bände. Millionen Deutsche begeistern sich für Handarbeit. Während einige nur zum Spaß basteln, haben zahlreiche Kreative, die sich in der Anfangsphase keinen eigenen Laden leisten konnten, über DaWanda eine

Existenzgrundlage gefunden. Während auf Weihnachtsmärkten und Kunsthandwerksmessen die Besucher zwar zahlreich, aber überschaubar sind, zählt DaWanda 18 Millionen Besuche pro Monat. 18 Millionen Interessenten treffen auf rund vier Millionen handgefertigter Produkte von ungefähr 250 000 Kreativen. Der Trend zum Handgemachten manifestiert sich hier zu einer auch ökonomisch relevanten Gegenbewegung zur industriellen Massenproduktion.

Was zählt, ist die Freude am Handgemachten, die Ästhetik des Materials, die Einzigartigkeit jedes Produkts und die Faszination am handwerklichen Können. Peter Dahmen, Günther Wiegand und Juliana Blanke zeigen, was sie können: Peter Dahmen mit Pop-up-Karten von ganz klein bis riesengroß, Günther Wiegand mit Seelenleuchten von einer einzigen bis zu ganz vielen Mohnkapseln und Juliana Blanke mit ihrer Täschnerei von der Reparatur von alten bis zur Anfertigung von neuen Taschen. Sie sind mehr als Bastler. Sie sind Künstler und Kunsthandwerker, die von ihrer Hände Arbeit leben können und wollen. Bei ihnen bedeutet Kreativität Lebenselixier und Existenzgrundlage zugleich. Sie sind Künstler und Lebenskünstler, Kreative und Individualisten, Überzeugte und Widerspenstige. Arbeit bedeutet für sie vor allem Gestaltung der Welt, Ausdruck des Selbst und Produktion von Sinn. Ihre Produkte sind nicht unbedingt notwendig, aber sie sind auch nicht ersetzbar. Und genau diese Einzigartigkeit macht ihren Mehrwert aus. Entsprechend einzigartig sieht ihre Arbeitsumgebung aus. Sie arbeiten nicht in Büros, sondern in Werkstätten, in inspirierenden Räumen, die sie selbst kreativ gestaltet haben. Sie gehören zur kreativen Ökonomie, die Arbeitszeit, Arbeitsort und Arbeit selbst bestimmt.

Handarbeit ist »in«. Gegen das maschinell beliebig oft Reproduzierbare wird wieder authentisch-ursprüngliche Handarbeit gestellt. Der Trend ist Teil einer »Do-it-yourself-Bewegung«, die der Kunstfertigkeit der eigenen Hände, der Kreativität der eigenen Ideen und dem Gedanken der Nachhaltigkeit Raum gibt. Dafür interessieren sich aber nicht nur die Produzenten, sondern zunehmend auch die Konsumenten. Wer Handarbeit kauft, interessiert sich häufig für die Art der Entstehung und die persönliche Geschichte dahinter. Diese Geschichten werden auf Messen und Märkten, auf Blogs und bei Begegnungen erzählt. Anhand von Handarbeit wird der Luxus der Industrialisierung ebenso wie die damit verbundenen Arbeitsformen neu überdacht. Die Zeit der Kleinunternehmer ist angebrochen, der Menschen, die aussteigen, um umzusteigen, die Büros verlassen, um Werkstätten zu gründen. Immer nach der Devise: handgemacht, hochwertig, einzigartig. Was zählt, ist das Unikat.

Durch die Möglichkeiten des Internets ist aus der Lust an der Handarbeit aber nicht nur eine eigene Szene und Bewegung geworden, sondern ein ökonomisch relevanter Trend. Unternehmen wie DaWanda in Deutschland oder Etsy in Amerika sind Online-Plattformen, die sich diesen Trend nicht nur zunutze gemacht haben und Umsätze im Millionenbereich erwirtschaften, sondern Kreativen auch eine Marketing- und Vertriebsplattform bieten, die ihnen eine Existenzgrundlage als Kleinunternehmer ermöglicht. Kunst- und Handwerkermessen von der »Creativa« über »handmade« bis »handgemacht« verbinden die Online-Plattformen mit den Orten der Begegnung mit Menschen und Produkten. Handarbeit in Verbindung mit den Möglichkeiten des Internets eröffnet ganz neue berufliche Möglichkeiten, bei denen das Hobby zum Beruf und die Passion zur Existenzgrundlage werden kann. Ob Mode oder Accessoires, Kunst oder Kunsthandwerk, Kochen oder Gärtnern – selbst Hand anlegen ist wieder voll im Trend.

III ALLES EINE FRAGE FÜR PIONIERE
AKKUS, APPS, ACCOUNTS

6 / The Electric Hotel
Einfach genial, wie Sebastian Fleiter ein Problem löst, das jeder kennt

Spätestens wenn der Akku des Smartphones oder Laptops seinen Geist aufgibt, wird uns bewusst, dass zu unseren Grundbedürfnissen neben Schlaf, Essen und Sex auch Strom gehört. Das digitale Zeitalter hat neue Abhängigkeiten und Suchtphänomene geschaffen, die es vor der Erfindung des Handys noch nicht gab. Unsere Gesellschaft hat die Ressource Strom zu ihrer Existenzgrundlage gemacht. Diese Abhängigkeit fasziniert den Künstler Sebastian Fleiter, seit er denken kann, ebenso wie das Szenario eines flächendeckenden Stromausfalls. Deshalb hat er sich mit den Mitteln der Kunst mit regenerativen Energien auseinandergesetzt und ein Business an der Schnittstelle von Kunst, Wissenschaft und Wirtschaft entwickelt, das bei Musikfestivals und anderen Großveranstaltungen zum Einsatz kommt, wenn der Strom knapp wird.

Was passiert, wenn keine Anrufe mehr ankommen, keine E-Mails, keine SMS, kein mobiles Internet und stattdessen Funkstille herrscht? Plötzlich und unerwartet ohne Empfang dazustehen löst bei mehr und mehr Menschen Entzugserscheinungen aus. Sie leiden unter diesem kommunikativen Strömungsabriss mit der Außenwelt und können sich kaum noch auf etwas anderes konzentrieren als darauf, irgendwo die nächste Steckdose ausfindig zu machen, um wieder Energie zu tanken.

Diese Abhängigkeit von der digitalen Vernetzung mit der Welt gilt inzwischen als anerkanntes Krankheitsphänomen. Der entsprechende Fachbegriff heißt »Nomophobia« und ist im digitalen Nachschlagewerk Wikipedia verzeichnet. Nomophobia steht für »No Mobile Phone« und bezeichnet die Angst, mobil nicht erreichbar zu sein.

Bei Veranstaltungen wie Kongressen, bei denen häufig nur die VIPs, die »Very Important Persons«, eine Steckdose an ihrem Premium-Class-Platz haben, oder bei mehrtägigen Musikfestivals suchen spätestens nach einem Tag Hunderte Nomophobiker hilfesuchend nach der nächsten Steckdose, meist vergeblich. Sebastian Fleiter hat diese energetische Dienstleistungswüste bei Musikfestivals am eigenen Leib erfahren. Als er am zweiten Tag mit leerem Smartphone dastand, entdeckte er bei seiner verzweifelten Suche nach einer Steckdose ein Schlaraffenland an Currywurst und Bier, aber keine einzige Steckdose. Diese Erfahrung saß so tief, dass er nach einer Lösung suchte und in Kooperation mit Wissenschaftlern, Technikern und Künstlern »The Electric Hotel« erfand.

Wo Hightech und Retro eine aufsehenerregende Symbiose eingehen

Wer vor dem silbernen Gefährt mit den bunten digitalen Leuchtbuchstaben auf dem Dach steht, will wissen, was hier los ist – selbst wenn der Akku des Handys noch nicht leer ist. Und so ging es auch mir, als ich »The Electric Hotel« vor dem Henry-Ford-Bau der Freien Universität Berlin bei den von Professor Günter Faltin organisierten Entrepreneurshiptagen entdeckte. »The Electric Hotel« ist ein zu einem mobilen Stromerzeuger umgebauter Airstream-Wohnwagen mit integrierter Hotelrezeption, der Besuchern von Großveranstaltungen 100 Prozent regenerativ erzeugte Elektrizität für die Aufladung von Handys, iPhones und anderen technischen Begleitern mit Akkus zur Verfügung stellt. Das Wohnmobil erregt Aufsehen, weil hier Erfindungen aus verschiedenen Zeiten eine kunstvolle Symbiose eingehen: klassisches Design und digitale Technik.

Das Zugfahrzeug ist aus dem Jahr 1978, der umgebaute Wohnwagen aus dem Jahr 1960. Die Neonbuchstaben aus Firmenreklamen der 1950er Jahre auf dem Dach wurden mit LED-Technik hochmodern umgerüstet. Das Kassensystem aus den 1930er Jahren mit einer integrierten Stechuhr ist mit einem computerbasierten Kassensystem mit QR-Code-basierter Geräteverwahrung und fotografischen Protokollen verbunden. Das hinzubekommen, ist eine Kunst. 400 Ladefächer stehen hinter der Hotelrezeption zum Aufladen von Handys, Smartphones und Co. zur Verfügung. In Echtzeit lässt sich ablesen, wie viel Strom die Anlage gerade produziert und wie viel Strom der Kassencomputer verbraucht. Hightech und Kreativität sind hier auf geniale Art und Weise miteinander verbunden. Die Akkus werden mit Solar- und Windkraftanlagen aufgeladen oder mit dem Einsatz der eigenen Muskelkraft an einem Generator-Bike.

Bei Musikfestivals und anderen Großveranstaltungen wird »The Electric Hotel« rasch selbst zu einem Event. Aus der Schicksalsgemeinschaft der um das Electric Hotel herum versammelten Akku-Notleidenden entwickelt sich rasch eine Live-Kommunikationsplattform. An einem Tisch mit 18 Steckdosen, der eine Anziehungskraft wie ein modernes Lagerfeuer hat, treffen sich Menschen, um über Gott und die Welt miteinander ins Gespräch zu kommen. An der Rezeption des Wohnwagens herrscht ständiges Kommen und Gehen wie in der Lobby eines Hotels. Fleiters Erfindung verbindet auf geniale Weise den Strombedarf der Menschen mit ihrer Neugier und ihrem Spieltrieb.

Das Gesamtkunstwerk aus recycelten Leuchtschriften, horizontal laufenden Windrädern, antiquarischen Kassen und modernster digitaler Technik wirft bei allen Umstehenden Fragen auf. Wie funktioniert das? Wie kommt man auf eine solche Idee? Wie viel Strom kann man in einer Stunde mit einem Generator-Bike produzieren? Und so entstehen, während die Akkus aufladen, Gespräche über Wasserkraft, Solar, Windenergie, den Energieverbrauch unserer Gesellschaft und die elektrische Leistung eines Menschen auf einem Generator-Bike.
Fleiter ist Künstler, Grenzgänger und Lebensphilosoph mit einer Passion für die Ressource Strom und unser Bewusstsein im Umgang damit – von der elektrischen Zahnbürste am Morgen bis zu den letzten Online-News am Abend. Es ist eine Kunst, das vermeintlich Selbstverständliche so spielerisch zu thematisieren, dass es Spaß macht, sich damit zu beschäftigen. Fleiter hat weit mehr als nur eine Lösung für ein energetisches Problem bei Festivals erfunden. Ob jung oder alt, Mann oder Frau – er setzt sie alle unter Strom, auch mental. Er verfolgt keine Mission, will die Leute weder bekehren noch pädagogisch belehren. Doch wie die Leuchtdiode des Anglers die Fische anlockt, so zieht seine Erfindung die Menschen magisch an. Er hat mit »The Electric Hotel« ein regeneratives Minikraftwerk, ein Gesamtkunstwerk und eine mobile Kommunikationsplattform geschaffen. Als Dienstleistung auf Großveranstaltungen wird so der Akkupegel der Medienjunkies und Nomophobiker wieder normalisiert. Für zwei Euro pro Stunde ruhen die Handys im Electric Hotel und werden dort aufgeladen und aufbewahrt. Wer am Generator-Bike selber in die Pedale tritt, zahlt nichts.

Wie aus Idealismus und Ideen Innovationen entstehen

Zwei Jahre lang hat Fleiter gemeinsam mit einem Team aus Idealisten an der Erfindung gearbeitet. Gemeinsam mit einem Elektroingenieur, Softwareentwickler und Zimmermann wurden Ideen, Arbeit, Liebe, Herzblut, Zeit und Geld investiert, und zwar nicht gerade wenig. Ungefähr eine halbe Million Euro sind an Entwicklungskosten in das Projekt geflossen. Doch darüber haben die von der Idee Besessenen anfangs nicht nachgedacht, so dass sie angesichts der Summe auch nicht in Schockstarre verfallen konnten. Den alten, ziemlich runtergerockten Wohnwagen hat Fleiter für 500 Euro bei eBay ersteigert. Nachdem er vor der Ateliertür abgestellt war, begann die Geschichte des Umbaus, um schließlich auf einen Aluwohnwagen aus den 60er Jahren aus Kalifornien umzusteigen. Auf der Suche nach finanzieller Unterstützung wurde er von der Kulturförderung zur Wirtschaftsförderung und von der Wirtschaftsförderung zur Kulturförderung geschickt. Da er sich für sein Thema noch vor der Energiewende und ohne die Verwendung der Zauberworte Nachhaltigkeit oder Ökostrom einsetzte, war die Finanzierung dieser vermeintlich randständigen Innovation anfangs nicht ganz einfach. Doch Not macht erfinderisch. So wurde die Erfindung mit Privatkrediten von Freunden und Verwandten, durch die Gewinnung von Sponsoren, die Beteiligung von Netzwerkpartnern und durch Crowdfunding-Events finanziert.

Mit der Begeisterungsfähigkeit kindlicher Neugier wird »The Electric Hotel« permanent weiterentwickelt. Zurzeit lässt sich Fleiter eine Miniturbine konstruieren, um das weltweit kleinste Wasserpumpkraftwerk zu entwickeln. »Das wird ein Riesenspektakel«, sagt der von den sommerlichen Freilichtveranstaltungen braun gebrannte Fleiter mit strahlenden Augen. »Aus energetischer Sicht ist ein Wasserkraftwerk angesichts der geringen Fallhöhe völliger Quatsch. Aber hier geht es nicht um Effizienz, sondern darum, energetische Prinzipien auf kleinstem Platz nachzubilden.« Mit solchen Ideen tritt Fleiter an klassische Firmen heran, denen er so lange von seinen Projekten berich-

tet, bis sie Feuer fangen und anfangen, eigene Ideen einzubringen.
So hat sich aus der ersten Idee eines »elektrischen Wanderzirkus« mit vielen Modulen, an denen die Leute Strom produzieren können, inzwischen ein energetischer und kommunikativer Kosmos entwickelt. Und dann beginnt Fleiter zu philosophieren: »Demokratie lebt von Kommunikation. Die globalen Kommunikationsströme unserer Gesellschaften hängen vom Strom ab. Wenn der Strom ausfallen würde, wäre das eine Katastrophe.« Fleiter fordert die Menschen auf hinzusehen und sucht pragmatische Lösungen für die Herausforderungen des ständig steigenden Energiekonsums in den erneuerbaren Energien: Wind, Solar, Muskelkraft. Es geht nicht darum, den Energiekonsum zu reduzieren, sondern ihn intelligenter zu gestalten.
»The Electric Hotel« definiert Fleiter als Band, die auf Tournee geht. Unter dem Motto »Voltage Art & Rock 'n' Roll« geht es Fleiter nicht um eine klassische Dienstleistung bei Musikfestivals, die jede konventionelle Handyladestation erfüllen könnte, sondern um den gesamten energetischen und kommunikativen Kosmos, das Drumherum, die Weiterentwicklung. Obgleich er expandieren könnte, indem er, dem Bedarf entsprechend, den Prototyp nachbauen lassen würde, um sämtliche Festivals zu bespielen, interessiert ihn das Phänomen als Bewegung mehr als die Expansion – so werden jetzt weitere stationäre Satelliten entwickelt. Da er selbst Rock 'n' Roll liebt, bietet er stattdessen in Kooperation mit internationalen Musikern lieber ein Zwei-Mann-Konzert auf dem Trailerdach mit Verstärkern an, die natürlich mit Solarstrom elektrifiziert werden.

Wer preisverdächtige Projekte auszeichnet

»The Electric Hotel« ist inzwischen das ganze Jahr über deutschlandweit bei 30 bis 40 mehrtägigen Veranstaltungen im Einsatz. Veranstalter von Musikfestivals, Messen oder Freilichtausstellungen schlagen gern zwei Fliegen mit einer Klappe: eine tolle Dienstleistung für ihre Besucher und ein echter Hingucker. Und so verwundert es nicht, dass die aufsehenerregende Erfindung bereits mehrfach preisgekrönt wurde. Beim nationalen Wettbewerb Kultur- und Kreativpiloten Deutschlands des Bundesministeriums für Wirtschaft und Technologie im Jahr 2010 wurde Fleiters Konzept mit dem zweiten Preis ausgezeichnet und er selbst zum »Kreativpiloten Deutschland« ernannt. Beim Businessplan-Wettbewerb Promotion Nord-Hessen im Jahr 2011 zum Thema erneuerbare Energien erhielt er den Sonderpreis erneuerbare Energien. Im Jahr 2012 gab es von 800 Teilnehmern am Wettbewerb die höchste Auszeichnung im Bereich Design, den Designpreis der Bundesrepublik Deutschland in Gold, für das Kommunikationsdesign.

Wie Fleiter auszog, das Leben zu lernen

Da Fleiter gerne Dinge erschafft, stand für ihn nach dem Abitur fest, dass er etwas Kulturelles machen wollte. Und so startete er als Bühnenbildassistent und ging anschließend nach London, wo er an verschiedenen Bühnen arbeitete. Für das Abenteuer war er mit einer kleinen Reisetasche, ausreichend Mut und einer Menge Leichtsinn ausgestattet. Doch als Bühnenbildner geriet er eines Tages in eine Krise. Er konnte sich nicht vorstellen, für den Rest seines Lebens ein Bühnenbild nach dem nächsten zu gestalten.

Wer sucht, der findet. Und so lernte er in dieser Zeit Professor Rob Scholte für freie Kunst aus Kassel kennen. Diese Begegnung war so einschneidend, dass er ein Studium der Bildenden Kunst und der Visuellen Kommunikation begann und mit einer Spezialisierung auf Neue Medien abschloss. Fleiter bewundert Menschen, die sich ihr Leben lang weiterentwickeln. Nach diesem Lebensmodell sucht er selbst immer wieder neue Herausforderungen, ob als 20-jähriger für drei Monate im Kloster oder bei seinen Aufenthalten in China, Russland und Kanada. In der Fremde hat er erfahren, dass manche Dinge an anderen Orten ganz anders funktionieren als gewohnt, aber genauso gut. Deshalb vergleicht er gern unterschiedliche Ansätze und

Prinzipien, um die Neuen Medien für die Herausforderungen unserer Zeit zu nutzen.

Nach dem Studium und Aufträgen für die Dokumenta mietete Fleiter ein Atelier am alten Hauptbahnhof in Kassel an und gründete die »Nachrichtenmeisterei«, einen Kreativverbund und ein Existenzgründerzentrum. Aus dem anfänglich 400 Quadratmeter großen Atelier entstand innerhalb kürzester Zeit ein Areal von 6000 Quadratmetern mit über 50 Kreativen. Fleiter betont, dass bewusst kein Künstlerhaus gegründet wurde, sondern ein Ort der Begegnung für spannende Leute mit ungewöhnlichen Projekten und ausgeflippten Ideen. Der alte Begriff »Nachrichtenmeisterei« der Deutschen Bahn wurde kurzerhand adaptiert. An diesem Ort entwerfen Existenzgründer, Künstler, Handwerker und Wissenschaftler neue Lebens- und Arbeitsmodelle. Die Kreativökonomie hat mit »Nine-to-five-Jobs« als Festangestellter in einem Büro nichts mehr zu tun. An die Stelle der Trennung von Beruf und Freizeit ist die Verbindung von Arbeit und persönlichen Interessen getreten. Es werden Thinktanks gegründet, um die Ideen aller Beteiligten einzubinden. In dieser Gemeinschaft treffen Menschen aufeinander, die zusammen arbeiten, sich gegenseitig inspirieren und gemeinsam neue Wege gehen. Ihre Aufgabenfelder lassen sich nicht mit klassischen Berufsprofilen beschreiben. In solchen kreativen Umfeldern entstehen Projekte wie »The Electric Hotel«. Was verstehen die Kreativökonomen unter Arbeit? Fleiter arbeitet gleichzeitig als technischer Leiter und Jurymitglied des Kasseler Dokumentarfilm- und Videofestes, als freier Mitarbeiter des Mediaartbase-Projektes der Kulturstiftung des Bundes, engagiert sich im Vorstand des Kasseler Kunstvereins, hält Vorträge zur Entstehungsgeschichte und Funktionsweise des »Electric Hotel« bei Veranstaltungen zum Thema Nachhaltigkeit und tourt mit dem Airstream-Wohnwagen von Festival zu Festival. Ihm ist bewusst, dass Großveranstaltungen mit 100 000 Leuten auf einer grünen Wiese eigentlich ein energetischer Super-Gau sind. Und genau deshalb fasziniert den Rock 'n' Roll Fan ein Denken in Kreisläufen, um Mobilität, Informationsfluss und Konsum neu zu gestalten.

Kunst hat dabei für ihn die Aufgabe, Fragen zu stellen, nicht Antworten zu geben. »Die Kunst darf nicht um sich selbst kreisen, sie muss auf das Weltgeschehen eingehen.«
»The Electric Hotel« begeistert Menschen dafür, sich mit der Ressource Strom und unseren Umgang damit auseinanderzusetzen. Denn er trifft uns alle an unserer verwundbarsten Stelle, unserer Abhängigkeit von den modernen Medien – Handys, Smartphones, iPhones und Co.

ERFOLGSGEHEIMNISSE

Hard Facts: Der Sozialunternehmer Fleiter hat ein dreigliedriges Finanzierungskonzept für »The Electric Hotel« entwickelt. Für zwei Euro pro Stunde kann ein Handy wieder aufgeladen werden. Allein über diese Gebühr werden die anfallenden Personalkosten für acht bis zehn Leute fast gedeckt. »The Electric Hotel« zahlt keine Standgebühr, sondern wird vom Veranstalter wie eine Musikband gebucht, so dass für Verpflegung und Unterkunft der Mannschaft gesorgt ist. Gemeinsam mit dem Veranstalter sucht Fleiter nach Sponsoren, bevorzugt aus dem Bereich der Energiedienstleister oder verwandter Themenbereiche.
Der Preisträger Fleiter ist davon überzeugt, dass Erfolg damit zusammenhängt, dass man etwas erfindet, ob Produkt oder Dienstleistung, das der Welt noch gefehlt hat und wovon man selbst überzeugt ist. »Wenn ich etwas brauche und gut finde, gibt es auch eine Menge anderer Menschen, die das brauchen können.«

Soft Skills: Der Kosmopolit Fleiter hat das deutsche Stigma des Scheiterns unter die angelsächsisch positiven Vorzeichen des »try and error« gestellt. Deshalb rät er Gründern: »Akzeptiert kein Nein, sondern macht einfach weiter, wenn ihr von eurer Idee überzeugt seid, bis es klappt.« Auch das monetäre Totschlagsargument »kein

Geld« lässt er nicht gelten. »Wenn der Glaube an die Idee da ist, wird sich alles andere finden.«

Chance: »Communication matters.« Fleiter rät Gründern, so früh wie möglich mit Menschen über die eigenen Ideen zu sprechen und keine Angst davor zu haben, dass einem jemand die Idee klauen könnte. Denn die Komplexität anspruchsvoller Konzepte kann ein Einzelner gar nicht bewältigen. Das Zauberwort lautet »Komponentengründung« und er ist überzeugt, »dass sich für jede noch so ausgefallene Tätigkeit jemand finden lässt, der Freude daran hat«. Es kommt darauf an, den richtigen Menschen zu begegnen. Dafür lohnt es sich, sich auf die Suche zu machen.

www.the-electric-hotel.com

7 / Neuer Ort der Beisetzung
Wie der Ex-Banker Axel Baudach den FriedWald erfunden hat

Sexualität und Tod – das sind die großen Tabuthemen, die für Einschaltquoten in den Medien sorgen. Keine Nachrichtensendung ohne Tote, kaum ein Spielfilm ohne Todesfall, vom Sex ganz zu schweigen. Zwei Themen, die alle angehen. Sie markieren Anfang und Ende des Lebens. Eine Haltung zu Sterben, Tod, Trauer und Bestattung zu finden bleibt eine der größten Herausforderungen für den Menschen. Über Jahrhunderte hinweg haben Rituale dazu gedient, diese Ausnahmesituation zu bewältigen. Dazu gehörte auch die Beisetzung auf einem Friedhof. Der Tod lässt sich nicht abschaffen. Aber Rituale lassen sich verändern. Die Antworten auf die Frage, woher wir kommen und wohin wir gehen, haben sich im Lauf der Menschheitsgeschichte verändert, ebenso wie die Orte der Beisetzung. Über Jahrhunderte gab es keine Alternative zum Friedhof, bis sich einer fragte, wonach die Menschen im Internet am meisten suchen. Welches Veränderungspotenzial in Marktanalysen steckt, zeigt der ehemalige Banker Axel Baudach. Er hat einen Paradigmenwechsel in einer der traditionsreichsten Branchen mit der Übernahme des Schweizer FriedWald-Konzepts in Deutschland eingeleitet.

Nachdem Axel Baudach ein kräftezehrendes Projekt bei seinem letzten Arbeitgeber, dem amerikanischen EDV-Unternehmen EDS, erfolgreich abgeschlossen hatte, nahm er seinen gesamten Jahresurlaub, um sich zwei Monate lang in die Karibik zurückzuziehen. Doch nichts zu tun ist für jemanden, der gewohnt ist, hochtourig zu laufen und anspruchsvolle Projekte mit ganzem Einsatz zu stemmen, ein ungewohnter Ausnahmezustand. Zwei Wochen hielt er das Relaxen durch. Dann fing er an zu lesen. Dabei stellte er fest, dass spannende Entwicklungen rund um das Thema Internet stattfanden, mit denen er sich noch kaum beschäftigt hatte. Das änderte er umgehend. Aus seiner Banker-Logik heraus konnte er nicht fassen, dass Start-up-Unternehmen trotz horrender Verluste phänomenale Bewertungen an den Börsen erhielten. Ihm wurde schlagartig klar, dass das Internet eine neue Technologie ist, die alles, aber auch wirklich alles in unserer Gesellschaft gravierend verändern würde. Das war im Jahr 1999, als es gerade losging, dass im Internet Flüge gebucht und Bücher gekauft wurden. An diesen Veränderungen wollte er teilhaben.

Er hatte Projekte im mehrstelligen Millionenbereich gemanagt und dabei gut verdient. So gut, dass er das Startkapital für eine eigene Firma ohne Kredit aufbringen konnte. In der Karibik fiel die Entscheidung, nach dem Urlaub zu kündigen, um eine eigene Internetfirma zu gründen. Und so fing er an zu recherchieren, wer künftig von der Internettechnologie profitieren könnte.

Amazon wurde 1995 in den USA gegründet und erzielte schon zwei Jahre nach der Gründung einen dreistelligen Millionenumsatz. Google wurde 1998 gegründet und hatte zwei Jahre später bereits über eine Milliarde Einträge. Baudach sah das Potenzial der Internetunternehmen. Er analysierte weiter und stellte fest, dass man im Internet rund um die Uhr und anonym sensiblen, schwierigen und auch heiklen Fragen nachgehen kann. Welche Heilungsmöglichkeiten und Selbsthilfegruppen gibt es bei bestimmten Krankheiten? Was kostet eine Scheidung? Wie kann ich jemanden von meinem Erbe ausschließen? Was kostet eine Bestattung? Wie geht man mit einem Suizid in der Familie um? Zu all diesen Fragen würden Menschen künftig Antworten im Internet suchen. Dass der Handel vom Internet profitieren würde, war klar. Doch die Frage war, ob auch Dienstleister wie Ärzte, Anwälte oder Bestatter, die regional tätig sind, von der neuen Technologie profitieren könnten. Baudach war überzeugt, dass das funktionieren würde.

Als Baudach aus der Karibik zurück war, rief er die befreundete Anwältin und Journalistin Petra Bach an, um mit ihr über seine neue Idee zu sprechen. Sie war von der Idee sofort begeistert, und beide beschlossen, gemeinsam eine Firma zu gründen. Mit »MyPlan4Ever« wollten sie ein Internetportal entwickeln, um Menschen in schwierigen Lebenssituationen eine Entscheidungshilfe zu geben und Dienstleister aller Art zu vermitteln. Für die Interessenten war die Recherche kostenlos. Doch die Idee, von den vermittelten Experten eine Vermittlungsprovision zu nehmen, funktionierte nicht. Anfang 2000 waren die meisten Unternehmen noch nicht bereit, für Werbung im Internet Geld auszugeben. Nach drei Monaten von MyPlan4ever war klar, dass ein Erfolgsmodell anders aussieht. Die Homepage hatte zwar viele Besucher, aber der Cashflow stimmte nicht. Um die Schwachstellen herauszufinden, analysierte Baudach, wofür sich die Menschen auf dem Portal am meisten interessierten. Es waren vor allem die Themen Tod, Trauer und Bestattung. Mit der Bestattungsbranche kannte er sich bis dahin nicht aus. Also hieß es für den damals 40-Jährigen, sich einzuarbeiten. Dabei stieß er in einem Internetchat zum Thema Bestattungsrituale auf das Thema FriedWald.

Der 1997 in der Schweiz gegründete FriedWald bot Urnenbeisetzungen im Wald an. Baudach sprach die Idee an. Diese Form der letzten Ruhestätte konnte er sich auch für sich selbst gut vorstellen. Kurz entschlossen nahm er Kontakt zu dem Schweizer Anbieter auf, verabredete einen Termin und traf sich im Juni 2000 mit dem Gründer Ueli Sauter. Bei der Besichtigung erfuhr er, dass fast täglich Deutsche beim Schweizer FriedWald anriefen. Sie fanden die Idee zwar gut, wollten aber nicht in der Schweiz beerdigt werden. In Deutschland gab es den Friedhofszwang, so dass eine Bestattung im Wald unter einem Baum undenkbar war. Baudach erkannte das als seine Chance. Da stand sein Entschluss fest. Nach seiner Rückkehr sprach er mit seiner Geschäftspartnerin Petra Bach und meinte: »Lass uns alles auf eine Karte setzen.« So entstand der Beschluss, das Konzept des FriedWalds nach Deutschland zu holen.

Sie machten zunächst Umfragen im Freundeskreis. Die Resonanz war überall positiv. Eine Analyse ergab, dass es für den Erfolg des Unternehmens ausreichen würde, wenn nur ein Prozent aller Urnenbeisetzungen, also rund 3200 pro Jahr, in einem FriedWald stattfinden würde. Baudach entwickelte das Schweizer FriedWald-Konzept weiter und passte es an die deutschen Verhältnisse an. In diesem Zusammenhang stellte sich als Hauptproblem der in Deutschland in den 1930er Jahren eingeführte Friedhofszwang dar. Der Beisetzungsort war, von Ausnahmen wie der Seebestattung abgesehen, auf den kommunalen oder kirchlichen Friedhof der jeweiligen Gemeinde begrenzt. Diese gesetzliche Einschränkung musste aufgehoben werden. Denn Baudachs Konzept sah vor, dass sich Menschen die letzte Ruhestätte unter einem Baum zu Lebzeiten persönlich aussuchen sollten.

Genau dieser Bezug zur Natur war es, mit dem sich das schwierige Thema Tod plötzlich einfacher vermitteln ließ. Ob man einen Baum im Wald oder eine Grabstätte auf einem Friedhof zu Lebzeiten aussucht, macht einen großen Unterschied. Da ein Baum als Grabstelle in der Natur keine Grabpflege benötigt, stand auch das Alleinstellungsmerkmal fest. Das Konzept der Bestattung in freier Natur in einer biologisch abbaubaren Urne entsprach den gewandelten Bedürfnissen einer wachsenden Single-Gesellschaft. Der kulturelle Wandel im Bestattungswesen war somit ein logischer Schritt, der den Veränderungen der Gesellschaft entsprach.

Was Neuland bedeutet

Der Schweizer Ueli Sauter hatte sich den Namen FriedWald europaweit geschützt. Nach monatelangen Verhandlungen gelang es Baudach schließlich, die Marke für Deutschland lizensiert zu bekommen. Der erste Schritt war geschafft.

Beim Unternehmensaufbau der ersten Jahre war Petra Bach für die rechtlichen Aspekte und die PR zuständig, und Axel Baudach kümmerte sich um den Rest. Er eignete sich das notwendige Know-how in der Bestattungsbranche an, beschäftigte sich mit Sterbestatistiken und Kremationsraten, kontaktierte Bestatter und besuchte Kongresse und Messen. Wieso sollten Bestatter neben Seebestattungen nicht auch Baumbestattungen anbieten? Baudach hatte das Glück, auf der Hundertjahrfeier des Krematoriums Halle sein Konzept präsentieren zu können. Er wusste diese Chance zu nutzen und kaufte einen extragroßen Flachbildschirm für die Präsentation seiner Idee unter dem Slogan »FriedWald – Die Bestattung in der Natur«. Derart unorthodoxe Werbemethoden waren in der Bestattungsbranche unüblich und fielen auf. Bei dieser Veranstaltung begann für Baudach das Networking, das ihm half, an viele wichtige Insiderinformationen aus der Branche zu kommen.

Daneben beschäftigte er sich mit Kommunalpolitik und Forstwirtschaft. Denn er musste Wälder finden und die Kommunen, denen die Wälder gehören, von seinen Plänen überzeugen. Jeder Waldbesitzer, und war der Wald auch noch so klein, wurde aufgesucht, zu regionalen und überregionalen Waldverbänden wurde der Kontakt hergestellt. Auf der Grünen Woche lernte Baudach schließlich den Vorsitzenden der Arbeitsgemeinschaft Deutscher Waldbesitzerverbände, Michael Prinz zu Salm-Salm, kennen, der ihn in die Waldszene einführte und wichtige Kontakte vermittelte. Durch das Thema sensibilisiert, verfolgte Baudach eher zufällig einen Fernsehbeitrag im Hessischen Rundfunk, in dem der ehemalige Forstamtsleiter Hermann-Josef Rapp die Schönheiten seines Reinhardswaldes anpries. Kurz darauf sah er sich den Reinhardswald an, mit dem ihm schließlich der Durchbruch gelingen sollte.

Das bestehende gesetzliche Verbot privater Friedhöfe und der Friedhofszwang bedeuteten, dass er, um einen FriedWald einrichten zu können, eine Kommune oder Kirche als Träger gewinnen musste. Bis zu diesem Tag waren alle Anfragen für die Einrichtung eines FriedWalds an der ablehnenden Haltung der lokalen Behörden gescheitert. Beim Reinhardswald war das erstmals anders, da der Wald in einer gemeindefreien Gemeinde liegt und der Forstamtsleiter dort zugleich die Funktion des Bürgermeisters ausübt. Also stellte der Forstamtsleiter als Waldbesitzer den Antrag auf Einrichtung eines Friedhofs im Wald, den der Forstamtsleiter als Bürgermeister genehmigte und an den Landkreis zur abschließenden Prüfung weiterleitete. Da es keine ortsansässigen Bürger gab, die Einspruch erheben konnten, wurde der

Antrag bewilligt. Das war der Durchbruch einer anschließenden Erfolgsgeschichte.
Die Eröffnung des ersten FriedWalds im November 2001 wird Baudach nie vergessen. Es goss in Strömen. Journalisten von Tageszeitungen, Radio und Fernsehen waren dabei, um live zu berichten. Baudach ist sich sicher, dass eine Genehmigung ohne die neutrale Berichterstattung durch Journalisten wie Eckhard Braun vom Hessischen Rundfunk und viele andere nicht zustande gekommen wäre. Wie wichtig die mediale Unterstützung ist, erlebte er auch bei der öffentlichen Auseinandersetzung mit der Kirche.
Bei einer Livesendung aus dem geplanten FriedWald des Fürsten Waldburg-Zeil in Isny im Allgäu sollten alle Beteiligten zu Wort kommen, der Bürgermeister, der Förster und die örtlichen Pfarrer der evangelischen und katholischen Kirche. Die anfangs sachlich geführte Debatte heizte sich rasch dermaßen auf, dass der Eindruck entstand, die Kirchenvertreter wollten die Menschen bei der Wahl ihres Bestattungsplatzes bevormunden. Eine bessere PR-Kampagne hätten die beiden Geschäftsführer gar nicht planen können. Die Klickraten auf der Homepage stiegen in den darauffolgenden Tagen rasant an, und die Anfragen nach Broschüren schnellten in die Höhe. Durch die Berichterstattung in den Medien meldeten sich auch immer mehr Waldbesitzer, darunter die Evangelische Landeskirche in Bayern, die bald darauf den ersten FriedWald in Kirchenregie in der Nähe von Würzburg einrichtete.
Alles Neue hat auch immer Feinde. Zahlreiche Lobbygruppen versuchten, die Ausweitung der FriedWälder in Deutschland aufzuhalten. Es gab heftige Debatten mit den Kirchen, bei der Bischofskonferenz stand das Thema gleich drei Jahre hintereinander auf der Agenda. Aber das öffentliche Interesse war dauerhaft geweckt, und die regionalen und überregionalen Medien berichteten weiter, auch über reichlich Konfliktstoff. Dank der PR und eines geschickten Internet-Marketings gelang es Bach und Baudach innerhalb kürzester Zeit, dass fast jeder dritte Deutsche die Idee vom FriedWald kannte. Die

beiden hatten dicke Bretter gebohrt, um nicht nur rechtliche und kommunale, sondern auch mentale Hürden zu nehmen. Und das hatte sich gelohnt. Nach der Eröffnung des ersten FriedWalds in Hessen folgten rasch weitere Wälder in anderen Bundesländern. In wenigen Jahren erwirtschaftete das Unternehmen einen siebenstelligen Umsatz, während sich die Mitarbeiterzahl jährlich verdoppelte.

Das öffentliche Interesse an der neuen Bestattungsform wurde so stark, dass nach und nach in fast allen Bundesländern die Gesetze angepasst werden mussten, um die Bestattung in der Natur zu ermöglichen. Axel Baudach wollte ein Internetunternehmen gründen und war nun bei jeder Neueröffnung in Outdoor-Kleidung in der Zeitung zu sehen. Zwar folgte die Beisetzung im Wald tradierten Ritualen, aber die Prozesse im Hintergrund waren mit Hilfe moderner Datenverarbeitung voll automatisiert, und die Menschen informierten sich zum Thema Bestattungsvorsorge auf der Homepage. Werbeanzeigen wurden auf Plattformen wie Feierabend.de oder t-mobile.de geschaltet. Die Abläufe der Kundenbetreuung – von den ersten Anfragen via Telefon und E-Mail bis zur Organisation der Beisetzung – wurden konsequent systematisiert und digital in der FriedWald-Zentrale umgesetzt. Die gesamte IT- und Geschäftsprozess-Kompetenz des Ex-Bankers war hier gefragt: von der Organisation der Baumvergabe im Wald, der Kundenansprache über das Internet, der Vertragsadministration bis hin zur ständigen Erreichbarkeit der FriedWald-Berater in einem Callcenter.

Nach fünf Jahren war die stolze Bilanz ein bundesweites Netz an FriedWäldern. Das war eine atemberaubende Expansion. Baudach hatte sein Ziel erreicht: ein Internetunternehmen zu gründen und finanziell unabhängig zu sein. Als jemand, der etwas bewegen will, reizt ihn nicht die Routine, sondern die Innovation. Nach dem Aufbau der ersten fünf Jahre folgte der Ausbau des Unternehmens. Doch bei diesem Thema gingen die Pläne der beiden Geschäftsführer Bach und Baudach auseinander. Baudach wollte neue Produkte einführen, um dem aufkommenden Wettbewerb voraus zu sein. Bach wollte den Fokus auf dem Kerngeschäft belassen. Damit standen sie vor einer Pattsituation, die sie in ihren Gesellschaftsverträgen als gleichberechtigte Partner nicht vorgesehen hatten. Sie einigten sich fair und trennten sich Ende 2006. Petra Bach blieb, Axel Baudach ging. Er beschloss, die Idee des FriedWalds international auszubauen, und zog dafür zeitweise nach Virginia in die USA und nach Seoul in Korea. Nachdem er sieben FriedWälder in Amerika und zwei in Korea erfolgreich eröffnet hatte, hieß es für ihn: »Auf zu neuen Ufern.« Doch Zukunft braucht Herkunft. Was hatte Baudach im Gepäck, als er in der Karibik saß und den Einstieg in den Ausstieg plante?

Wohin Mut führt

Baudach hatte bei dem amerikanischen Konzern EDS gekündigt, um sich nach 20 Jahren als Angestellter in Großunternehmen im Jahr 2000 selbständig zu machen. Das war ein großer Schritt in seinem Leben. Aber der mutigste Schritt für Axel Baudach war, nach 15 Jahren bei der Deutschen Bank und einer fulminanten Karriere die Bank zu verlassen und erstmals in eine völlig neue Branche einzusteigen. Er, der zum Führungsnachwuchs gehörte, der mit 31 Jahren einer der jüngsten Prokuristen und mit 33 Abteilungsdirektor war, der sich 100-prozentig mit dem identifiziert hatte, was er tat, und dem das Unternehmen offenstand, kündigte bei der Deutschen Bank. Mit dem Aufkommen des Investmentbankings Anfang der 1990er Jahre sah Baudach keine Zukunft mehr für sich bei der Bank, da Investmentbanking eine ganz andere Ausbildung voraussetzte. Und so entschied er sich, die Bank zu verlassen und auch die Branche zu wechseln. Freunde, Bekannte, Kollegen rieten ihm davon ab. Die gut gemeinten Ratschläge stellten die eigene Überzeugung auf die Probe. Die Deutsche Bank versuchte mit allen Mitteln, ihn zu halten. Als er nicht zu halten war, wurde er mit den Worten verabschiedet: »Sie werden das Gewicht der Visitenkarte der Deutschen Bank erst spüren, wenn Sie sie nicht mehr haben.« Auch für sehr Selbstbewusste stellt so ein

Schritt eine Herausforderung dar, und am letzten Arbeitstag verließ er das Bankgebäude mit einem mulmigen Gefühl. Rückblickend hat er den Schritt nie bereut.

Warum sich Engagement lohnt

Erfolg spricht sich herum. Als Baudach bei der Deutschen Bank kündigte, hatte er bereits das Angebot eines Headhunters in der Tasche. Ihm wurde angeboten, für den amerikanischen Konzern EDS mit 120 000 Mitarbeitern zu arbeiten. Das Unternehmen bot EDV-Dienstleistungen für Großkunden wie General Motors oder die Bank of America an. Angesichts der Digitalisierungswelle, die die meisten Branchen erfasste, wollte EDS auch in Deutschland im Bereich Finanzdienstleistungen wachsen. In diesem Bereich schien Baudach genau der richtige Mann zu sein. Um das Unternehmen kennenzulernen, verbrachte er drei Wochen beim Mutterkonzern in Dallas in Amerika. Als er sah, dass der Konzern einen Hangar mit neun eigenen Firmenjets und drei Hubschraubern hatte, stand sein Ziel fest: einmal mit einem Hubschrauber und einmal mit einem Firmenjet fliegen.

Als Banker hatte er Kunden vor allem beraten und Geschäftsprozesse optimiert, bei EDS ging es ums Verkaufen. Mit dem Wechsel hatte er sein Gehalt verdoppelt, was auch den gestiegenen Anforderungen entsprach. Es ging darum, mehrere hundert Millionen Geschäftsumsatz mit IT-Outsourcing im Jahr zu generieren. Unter solchem Erfolgsdruck zu arbeiten war neu. Es war die Zeit, als die Umstellung von D-Mark auf den Euro beschlossen war, die extreme technische Herausforderungen vor allem für den Finanzsektor bedeutete. Dieser Kraftakt für die Computersysteme der Banken und Versicherungen war Baudachs Chance, denn neben der Euro-Umstellung mussten auch alle Computerprogramme auf den Datumswechsel zur Jahrtausendwende umgestellt werden. Kaum ein Unternehmen war darauf vorbereitet. Die Sorge bestand, dass das ganze Finanzsystem zusammenbrechen würde, wenn die Software nicht rechtzeitig gewartet wäre.

Für dieses Problem hatten sich Baudach und sein Projektteam eine spezielle Lösung ausgedacht: Sie boten Banken und Versicherungen eine Art Fließbandkonzept an, bei dem die Software in Software-Entwicklungszentren geprüft, gewartet und anschließend in die Unternehmen mit grünem Licht für die Euro-Umstellung zurückgebracht wurde. Das Konzept unterbreitete Baudach seinem alten Arbeitgeber. Die Deutsche Bank nahm an. Damit hatte er seinen ersten Großkunden akquiriert und war von da an auch ausschließlich und weltweit für seinen alten Arbeitgeber zuständig. Bis Ende 1999 kümmerte er sich nur darum, dass das Projekt ein Erfolg wurde. Es war ein gigantischer Kraftakt, auch körperlich, da er Projektgruppen in ganz Europa und Amerika angeleitet hatte. Danach fühlte Baudach sich reif für die Insel und nahm seine Auszeit in der Karibik. Das war zu Beginn des neuen Jahrtausends.

Was Wegbegleiter bewirken

Die Gleise für berufliche Wege werden oft früh gelegt. Axel Baudach hatte viel Glück, aber auch das Glück des Tüchtigen. Als sein bester Freund im Frühjahr 1977 fragte, ob sie im Sommer gemeinsam nach Amerika reisen wollten, war er sofort dabei. Der Kontakt mit der Gastfamilie war so gut, dass sie beiden anboten zu bleiben. Er setzte es bei seinen Eltern durch, dass er die letzten beiden Klassen an einer amerikanischen Highschool verbringen konnte. Also lernte er mit 16 schon den »American Way of Life« kennen. Das fing damit an, dass er im Winter Schnee räumte und im Sommer Brennholz für den Kamin hackte und verkaufte, um sein »Taschengeld« selbst zu verdienen. Es gefiel ihm so gut in Amerika, dass er gern an der Ohio State University studiert hätte. Doch allein 10 000 Dollar Studiengebühren pro Jahr waren finanziell illusorisch.

In dieser Zeit war Baudach regelmäßig zu einem deutschen Abendessen bei der Familie seiner Freundin, Susanne, eingeladen. Im Familienkreis wurde über Schule und berufliche Pläne gesprochen.

Susannes Vater, Peter Neckermann, riet ihm, zunächst eine kaufmännische Lehre als Grundlage zu absolvieren. Die Idee, auf der Basis einer soliden Ausbildung Karriere zu machen, fand er überzeugend. Bei Susannes Großvater, dem Versandhaushändler Josef Neckermann, fand Axel einen Führsprecher. Als Mentor organisierte Josef Neckermann 1979 vier Vorstellungstermine bei Bankern auf Vorstandsebene für ihn. Auf die Abschlussfrage des Vorstands Dr. Robert Ehret, ob er noch Fragen hätte, reagierte Baudach damals spontan mit der Frage: »Wie haben Sie es geschafft, in den Vorstand der Bank zu kommen?« Die Antwort war: »Es gibt drei Möglichkeiten, Karriere zu machen. Entweder ist man wesentlich schlauer als die anderen. Das war ich nicht. Oder man hat die richtigen Beziehungen, wenn man sie braucht. Das hatte ich nicht. Und dann bleibt noch, den anderen immer einen Schritt voraus zu sein. Diesen Weg bin ich gegangen.« Die Antwort prägte sich Baudach ein und begann seine Ausbildung bei der Deutschen Bank.

Sein Vater war ihm Vorbild für die klassischen Tugenden: Zuverlässigkeit, Pünktlichkeit und einen gut gekleideten Auftritt bei seinen Kunden. Ähnliche Werte verkörperte sein erster Chef bei der Deutschen Bank. Bei seinem amerikanischen Chef bei EDS überzeugte ihn die Art, wie er Mitarbeiter führte, und von Coley Clark, der ihm als Vorstand bei EDS in der schwierigen Anfangsphase das notwendige Vertrauen entgegenbrachte, hat er später die pragmatische Einstellung übernommen: »Give me 24 hours, and I will find a solution.« In entscheidenden Situationen fragt er sich bis heute, wie die Menschen, die ihm Vorbild waren, reagiert hätten.

Seine wichtigste Wegbegleiterin war seine Frau, mit der er 26 Jahre seines Lebens geteilt hat. Sie ist selbst unternehmerisch geprägt und war immer seine Sparringspartnerin. Sie hat ihn bei seinen Unternehmungen unterstützt, auch bei dem Schritt in die Selbständigkeit. Mit ihrem analytischen Verstand und ihrer zugleich weiblichen Sichtweise war sie lange Zeit die wichtigste Gesprächspartnerin. Wenn sie sagte »Das wird schwierig«, wusste sie, dass sie ihn damit

ansporner würde. Denn Baudachs Motto lautet: »Geht nicht, gibt's nicht.«
Steve Jobs und Bill Gates, den er 1991 persönlich kennengelernt hat, gehören für ihn zu den wichtigsten Unternehmern. »Die beiden großen Konkurrenten haben weltweit Standards gesetzt, ohne die unsere Weltgemeinschaft heute technologisch nicht dort wäre, wo sie ist. Auch der schnelle Erfolg des FriedWalds ist durch diese moderne Technologie überhaupt erst möglich geworden. Uns hätten schlicht die finanziellen Mittel gefehlt, das neue Bestattungskonzept über konventionelle Medien zu bewerben.«
Axel Baudach ist inzwischen ein Serial Entrepreneur. Er braucht neue Herausforderungen und Innovationen wie die Luft zum Atmen. Nachdem er den FriedWald internationalisiert hatte, gründete er 2009 das Technologie-Unternehmen Innomos für »Innovative Mobile Solutions« für Apps. Und wen wundert es, dass der Seriengründer Baudach heute als Business Angel Start-ups fördert?!

ERFOLGSGEHEIMNISSE

Hard Facts: Für den Aufbau des FriedWalds in Deutschland hat Baudach seine gesamten beruflichen Erfahrungen angewandt: seine Banklehre und langjährige Erfahrung als Banker, seine Vertriebserfahrungen bei der Kaltakquisition, sein Verkaufstalent bei erklärungsbedürftigen Produkten, seine Fähigkeit, komplexe Arbeitsabläufe zu strukturieren, sein analytisches und strategisches Denken bei der Kundenakquisition, sein Verhandlungsgeschick und last, but not least sein verhandlungssicheres Englisch. Neben dem bestehenden Fachwissen kam es bei der Gründung darauf an, sich neues Wissen aus verschiedenen Branchen anzueignen und ein entsprechendes Netzwerk an Kooperationspartnern aufzubauen.

Soft Skills: Axel Baudach ist ein »challenge seaker«. Er liebt es, Dinge auszuprobieren, die vorher keiner in vergleichbarer Form gemacht hat, Tatsachen auf den Grund zu gehen und sich neuen Herausforderungen zu stellen. Beim Aufbau des FriedWalds hat er erst einmal alles selbst gemacht, um den gesamten Prozess mit allen Details kennenzulernen. Gründern rät er, sich vor allem anfangs den sich ständig verändernden Situationen flexibel anzupassen und dabei zu schauen, was man besser machen kann, ohne das eigene Ziel aus den Augen zu verlieren. »In einem großen Unternehmen muss man ›nur‹ besser sein als die anderen. In einem kleinen Unternehmen muss man echt gut sein.«

Chance: Baudach hatte das Glück, frühzeitig und intuitiv die richtigen Weichenstellungen vorgenommen zu haben, die seinen Talenten entsprachen, und Menschen zu begegnen, die diese Talente gefördert haben. Wenn sich Axel Baudach eine Idee in den Kopf gesetzt hat, dann will er sie umsetzen. Ob das die Gründung eines Internetunternehmens ist oder eine 3000 Kilometer lange Fahrt mit dem Fahrrad von Herford nach Zypern. Was er sich vornimmt, verfolgt er mit der notwendigen Ausdauer und Hartnäckigkeit so lange, bis er es geschafft hat.

www.FriedWald.de
www.innomos.de

8 / Digitales Erbe
Wie Birgit Janetzky den digitalen Nachlass regelt

Im Laufe unseres Lebens hinterlassen wir Spuren auf dieser Welt. Seitdem es das Internet gibt, auch zunehmend im Internet. Wir führen eine Existenz, bei der die reale und die digitale Welt immer stärker miteinander verzahnt werden – bis hin zum Cyborg, bei dem Mensch und Maschine miteinander verschmelzen. Dadurch verändern sich unsere Lebensformen und auch unsere Identitäten. Wir verlegen immer größere Teile unseres Lebens ins World Wide Web, und das hat Folgen. Denn die Daten im Internet führen ein Eigenleben, das über den eigenen Tod hinausgeht. Doch was passiert eigentlich mit all den Benutzerprofilen von Amazon bis Xing, den Guthaben bei PayPal & Co., den eigenen Blogs und Homepages nach unserem Tod?
Während alle wichtigen Dokumente von Konten bis zu Versicherungen früher in Papierform abgeschlossen und archiviert wurden, sind die Daten von Nutzerkonten im Internet heutzutage für die Hinterbliebenen in den seltensten Fällen greifbar. Meist sind Online-Konten und Passwörter so geheim, dass nicht einmal der Ehepartner davon weiß. Als Birgit Janetzky fremde Daten über sich im Internet entdeckte, die Einfluss auf ihre digitale Identität hatten, fing sie an, sich mit dem Eigenleben der Daten im Netz zu beschäftigen. Dabei entdeckte sie eine Marktlücke, aus der die Geschäftsidee für die Gründung des Unternehmens Semno entstand.

Wie Geschäftsideen entstehen

Birgit Janetzky wollte fremde Einträge über sich im Internet löschen lassen und erlebte, wie schwer das ist. Nachdem sie sich über die E-Mail-Adresse im Impressum an die Betreiber der Plattform gewandt hatte, passierte zunächst nichts. Erst als sie mit rechtlichen Schritten drohte, wurden die Einträge gelöscht. Aufgrund dieser Erfahrung fing sie an, über das Leben der Daten im Internet nachzudenken – selbst eingestellte und von anderen in Umlauf gebrachte Daten, zu denen täglich neue hinzukommen und auf deren Eigenleben die Inhaber kaum noch einen Einfluss haben. Nicht mehr über die eigenen Daten bestimmen zu können – in Zeiten, in denen jeder eine Internetexistenz führt –, das beschäftigte sie und arbeitete in ihr weiter. Wann und wo die besten Ideen entstehen, lässt sich nicht planen. Birgit Janetzky schoss ihre Geschäftsidee unter der Dusche durch den Kopf. Alles begann mit der Frage: »Was passiert eigentlich mit all den Daten, wenn jemand gestorben ist?« Sie fing an zu recherchieren und sich mit den verschiedenen Aspekten des Themas zu beschäftigen.

Menschen hinterlassen Daten auf ihrem Computer und Spuren im Internet, die sie überleben. Texte, Bilder, Videos, E-Mail-Konten, Websites, Blogs, Konten, Guthaben und Verpflichtungen. Lauter persönliche Daten, die für die Angehörigen nach einem Todesfall meist nicht zugänglich sind, weil keiner daran denkt, dafür Vorkehrungen zu treffen. Dabei kann die Einstellung »Nach mir die Sintflut« für die Angehörigen im Zweifelsfall teuer werden. Denn neben den Avataren, die in den Weiten des World Wide Web ein Eigenleben führen, das kaum jemanden tangiert, gibt es auch finanzielle Verpflichtungen, für die die Erben aufkommen müssen.

Je mehr sich Janetzky mit dem Thema beschäftigte, umso mehr Fragen tauchten auf: Wie kann man die Internet-Netzwerke und Plattformen eines Menschen nach seinem Tod ausfindig machen, in denen er vielleicht nicht mit dem eigenen Namen, sondern mit einem Pseudonym angemeldet war? Was passiert mit all den Profilen nach dem Tod, wenn sie nicht gelöscht werden? Werden weiterhin Geburtstagsgrüße, Nachrichten und Werbemailings an Verstorbene geschickt? Wer hat das Recht, Beiträge, Fotos, Profile und Konten von Verstorbenen zu löschen? Wie findet man Verpflichtungen und Guthaben heraus? Immer mehr Rechts- und Urheberrechtsfragen stellten sich ihr. Das war eine richtige Schatzsuche im Internet. Denn ihr wurde bewusst, dass zum Vermögen, das mit dem Tod auf die Erben übergeht, im digitalen Zeitalter auch ein digitales Erbe gehört. Nicht nur Bar- und

Sachwerte, Hab und Gut werden vererbt, sondern – sofern vorhanden – auch geistiges Eigentum, Rechte, Lizenzen, Patente, Internetkonten, Webseiten und Domains. Wer einen Computer erbt, erbt die Inhalte auf der Festplatte und die Online-Verbindlichkeiten gleich mit.

Je länger Birgit Janetzky darüber nachdachte und je mehr sie recherchierte, desto deutlicher wurde ihr, dass sie auf eine Marktlücke gestoßen war. Und genau für dieses noch unbearbeitete Feld entwickelte sie ein Geschäftsmodell, ein Angebot für Hinterbliebene, um das digitale Erbe professionell zu regeln, das die meisten Menschen schon rein technisch komplett überfordert, von den postmortalen Enthüllungen ganz zu schweigen.

Sie wusste, dass sie es mit nicht ganz einfachen juristischen und auch technischen Fragen zu tun hatte. Nächtelang schaute sie sich die Videos des Labors für Entrepreneurship an. Die Interviews von Professor Günter Faltin, die er mit Gründern geführt und auf YouTube als Video zur Verfügung gestellt hatte, ermutigten sie, ihre Geschäftsidee weiterzuverfolgen. Nach seinem Konzept der Komponentengründung suchte sie sich Experten für die Bereiche, die sie selbst nicht abdecken konnte: die IT-Expertise, das steuerliche Know-how und das juristische Fachwissen. Sie setzte einen Businessplan auf und nahm damit 2009 an dem Businessplan-Wettbewerb start2grow teil. Gleich im ersten Auswahlverfahren kam sie unter die ersten zehn Preisträger. »Das war enorm beflügelnd.« Das konstruktive Feedback der Jury und die Rückmeldungen aus dem Freundes- und Bekanntenkreis motivierten sie zum Weitermachen. Auch für den Gründerwettbewerb Kopf schlägt Kapital wurde sie nominiert. Die Kritik der Jury schärfte ihren Blick vor allem für Fragen der Wirtschaftlichkeit.

Als sie noch daran arbeitete, das Geschäftskonzept zu profilieren, las sie den ersten Artikel auf *Spiegel Online* über ein ähnliches Geschäftsmodell aus Amerika. Da wusste sie, dass die Idee nicht nur in der Luft lag, sondern dringend umgesetzt werden musste. Sie fühlte sich unter Druck gesetzt, möglichst rasch zu gründen. Denn nachdem sie sich fast anderthalb Jahre mit dem Thema beschäftigt hatte, wollte sie unbedingt als Erste damit am Markt sein, denn die mediale Aufmerksamkeit ist am größten beim Ersten, der ein neues Thema lanciert.

Anfang 2010 war es dann so weit. Sie hatte so ziemlich alles recherchiert, was es bereits zum Thema der digitalen Nachlassverwaltung gab, ein Geschäftsmodell entwickelt, einen Businessplan geschrieben und sich Partner für die IT-Expertise und Rechtsfragen gesucht. Und so gründete sie 2010 das Unternehmen Semno zur Verwaltung des digitalen Erbes. Eigentlich sollte das Unternehmen Semnos heißen, was auf Griechisch würdevoll bedeutet. Da der Domainname Semnos jedoch bereits vergeben war, ließ sie den letzten Buchstaben kurzerhand weg und führte einen Kunstnamen ein. Den Vertrieb für ihr Angebot wollte sie über Bestattungsunternehmer anlaufen lassen. Das schien ihr naheliegend, da Bestatter der erste Ansprechpartner für Menschen bei einem Todesfall sind. Sie sollten die Angehörigen dafür sensibilisieren, dass eventuell auch ein digitales Erbe berücksichtigt werden muss.

Und so startete sie im Jahr ihrer Gründung konsequent mit einem ersten Messeauftritt auf einer Bestattungsfachmesse in Düsseldorf. Um zwischen all den Anbietern von Särgen, Urnen, Kerzenhaltern und Bestattungsfahrzeugen Aufmerksamkeit zu erregen und um das abstrakte Thema anschaulich zu machen, musste sie sich etwas einfallen lassen. Und so stellte sie in einem kleinen offenen Sarg Computer, Festplatten, Speichermedien und Kabel aus. Das war auf jeden Fall ein Hingucker, der neugierig machte. Vor allem die Journalisten interessierten sich für ihren Stand, zu denen auch ich damals gehörte.

Was digitales Erbe bedeutet

Birgit Janetzky fing an zu erzählen und alle in den Bann zu ziehen mit einem Thema, das jeden der Umstehenden anging, über das aber noch kaum einer nachgedacht hatte. Zum Erbe gehört heutzutage immer häufiger auch ein Computer. Dass man mit dem Computer nicht nur sämtliche Daten auf der Festplatte, sondern auch die Verbindlichkeiten im Internet erbt, damit hatte ich mich in der Tat noch nicht beschäftigt. Denn meine in den 30er Jahren des 20. Jahrhunderts geborenen Eltern haben noch keinen Computer. Und über die postmortale Existenz der digitalen Daten der eigenen Generation hatte ich noch nicht nachgedacht.

Was wissen wir eigentlich über das Leben, das unser Partner im Internet führt? Welche Konten er hat, welche Verträge und Verbindlichkeiten er eingegangen ist, welche Profile er benutzt? Eher wenig! Und das bedeutet, dass nach einem Todesfall Abonnements oder Kosten für Domains von Internetseiten bei den Providern weiterlaufen, wenn sie nicht gekündigt werden, ebenso wie bezahlte Premium-Mitgliedschaften bei Xing & Co., während die Rechnungen so lange in digitalen Postfächern landen, bis einer alles schließt, kündigt und abbestellt. Ein gewisses Unwohlsein machte sich breit, da der Handlungsbedarf jedem sofort einleuchtete, aber auch klar war, was das bedeuten würde. Das digitale Erbe muss erst einmal sichtbar gemacht werden, um entscheiden zu können, was gelöscht und was gekündigt werden muss.

Ich wollte wissen, wie Semno das Problem löst, an all die Daten heranzukommen, und war sprachlos, als ich erfuhr, dass das Unternehmen dafür nur den Computer oder Laptop benötigte und – sofern vorhanden – die Zugangsdaten. Semno hatte spezielle Suchprogramme und Analysewerkzeuge entwickelt, um auf einem Computer E-Mail-Accounts, digitale Konten, Profile in den sozialen Medien, Dokumente und Daten auffinden zu können. Auf der Grundlage einer Hardware-Analyse erstellt Semno ein Gutachten all der relevanten Daten und Konten, so dass die Hinterbliebenen selbst entscheiden können, was sie löschen und was sie bewahren, welche Seiten sie deaktivieren und welche sie als Gedenkseite weiterführen wollen.

Da drei Viertel aller Deutschen das Internet aktiv nutzen, versprach das ein beeindruckendes Marktpotenzial in der Zukunft. In der Generation 50plus, die zu den digitalen Immigranten zählt, hat heute jeder einen Computer. Doch so viel Spaß es auch macht, Kontakte über soziale Netzwerke zu pflegen, auf Game-Plattformen zu spielen, in Blogs zu diskutieren, Kurznachrichten zu twittern, Fotos zu teilen oder sich in Internet-Communitys auszutauschen, stellt sich die Frage, wie man Menschen dafür sensibilisiert, dass ihre Daten sie eines Tages im wahrsten Sinne des Wortes überleben werden.

Da Birgit Janetzky wusste, dass die Mentalität der Vorsorge in der Bevölkerung nicht sehr verbreitet ist, ging sie das Thema des digitalen Erbes auf dem Weg der Nachsorge an. Bestattungsunternehmer für den Vertrieb ihres Angebots zu gewinnen, das war ihr Plan. Einige Bestatter, die an ihrem Messestand vorbeikamen, fanden das Thema sehr interessant. Aber das Interesse setzte sich nicht in Aufträge um. Nach dem Messeauftritt musste sie sich eingestehen, dass der Messestand zwar keine Fehlinvestition, aber eine ziemlich teure Erfahrung war. Während die ersten Aufträge eher schleppend anliefen, übertraf die Medienresonanz ihre Erwartungen bei weitem. Allein dafür hatte sich die Messe wiederum gelohnt. Das fulminante Medienecho nährte ihre Hoffnung, dass der Durchbruch nur eine Frage der Zeit sein würde. Fast jede Woche wurde sie für Interviews, Fernsehstatements und Vorträge angefragt und dadurch innerhalb kürzester Zeit zu *der* Expertin zum Thema des digitalen Erbes. Das hatte zur Folge, dass sich zunehmend auch Studierende und Forscher an sie wandten. Doch von kostenfreien Auskünften kann sich eine Expertin nichts kaufen, und die Auftragslage blieb spärlich.

Bei den meisten Anfragen ging es vor allem um eine Beratung, da die Menschen unsicher waren, welcher Missbrauch mit den eigenen Daten getrieben werden konnte. Und nur aus wenigen Beratungsgesprächen ergaben sich anschließend auch Aufträge. Nachdem sie das erste Dutzend Aufträge abgeschlossen hatte, war klar, dass der Zeitaufwand zu gering berechnet war. Die Zahlen der Bilanz sprachen eine eindeutige Sprache, so dass Birgit Janetzky die Unternehmergesellschaft nach vier Jahren wieder auflöste, um Semno als Einzelunternehmerin weiterzuführen.

Wie alles anfing

Eigentlich wollte Birgit Janetzky Tierärztin werden. Doch diese Idee blieb ein Jugendtraum. Stattdessen engagierte sie sich in der kirchlichen Jugendarbeit. Nachdem sie sich mit kirchlichen Berufsbildern auseinandergesetzt hatte, bewarb sie sich an der Fachhochschule, um Gemeindereferentin zu werden. Die Berufswahl wird manchmal durch Zusagen, manchmal durch Absagen entschieden. Als Birgit Janetzky ihre Bewerbungsunterlagen mit einer Absage zurückbekam, entschied sie sich für ein Studium der katholischen Theologie an der Universität Mainz.

Nach dem Vordiplom ging sie Mitte der 1980er Jahre mit einem Stipendium für ein Jahr nach Israel, wo sie sich in einer spannenden Community Andersdenkender und Gleichgesinnter, Katholiken und Protestanten, Schweizer und Österreicher wiederfand. Auslandsaufenthalte sind oft mit Perspektivenwechseln verbunden. So war es auch bei Janetzky. Durch den Auslandsaufenthalt war sie kritischer und auch mutiger geworden.

Als sie ihr Studium beendet hatte, wollte sie als Pastoralreferentin arbeiten. Doch in ihrem geburtenstarken Jahrgang gab es wesentlich mehr Bewerber als Stellen – in fast allen Bereichen. Wieder musste sie mit einer Ablehnung leben. »Im ersten Moment ist so eine Ablehnung eine Kränkung, aber letztlich haben mich beide Ablehnungen auf meinem Weg weitergebracht.« Sie entschied sich dafür, eine Stelle als Bildungsreferentin in einem kirchlichen Jugendverband anzunehmen. Zehn Jahre hat sie in der kirchlichen Jugendarbeit als Referentin gearbeitet und sich parallel dazu auf einen langen Pfad der Selbstentwicklung begeben. In Meditationen, Exerzitien, täglichen Übungen und Gesprächen sowie Fortbildungen zu therapeutischen Verfahren durchlebte sie einen spirituellen Entwicklungsprozess. Als sie sich nach sechs Jahren im Kreis ihrer Kollegen umsah, die teilweise schon seit 20 Jahren in dem Bereich tätig waren, dachte sie plötzlich: »Das kann es nicht gewesen sein.« So begann ihre Suche nach einer neuen Herausforderung.

Sie klopfte an die nächstgelegenen Türen, führte Vorstellungsgespräche und stieß dann auf das Angebot der Ritualbegleitung an Lebenswenden von freien Theologen: Rituale zu Geburt, Hochzeit, Verlust und Tod. Das Thema der Lebenswenden zog sie sofort in ihren Bann – das war ihr Thema. Und so begann sie, nebenberuflich als Trauerrednerin zu arbeiten. Da die Kirche ihre freie Nebentätigkeit als Trauerrednerin als Konkurrenz zu den kirchlichen Trauerfeiern betrachtete, musste sie sich entscheiden, ob sie weiterhin für ihren Arbeitgeber oder freiberuflich arbeiten wollte. Wer sein Thema gefunden hat, weiß, dass es Zeit ist zu gehen. Und so beschloss Janetzky, ihre Stelle als Referentin in der Jugendarbeit aufzugeben und den Schritt in die Selbständigkeit als Trauerrednerin zu wagen. Damals war sie 36 Jahre alt. »Das war ein Riesenschritt, zu kündigen und mich selbständig zu machen«, erinnert sie sich.
Für viele Gründer stellt sich die Frage, wie sie die Durststrecke des Anfangs finanzieren, wenn das Unternehmen am Markt noch nicht eingeführt ist. Durch einen Abfindungsvertrag und einen Gründungszuschuss für eine Ich-AG hatte Birgit Janetzky ein kleines Startkapital. Das brauchte sie auch, um die ersten beiden Jahre zu überbrücken, bis sie von ihrer Selbständigkeit leben konnte. Durch ihre Erfahrung in der Bildungsarbeit mit jungen Erwachsenen und mit therapeutischen Prozessen fiel ihr der Einstieg in die neue Arbeit leicht. Als sie merkte, wie wichtig es war, sichtbar zu werden und ihre Expertise zu dokumentieren, fing sie an, ihr erstes Buch zu schreiben: *Trauer-Reden – Leitfaden für Traueransprachen*. Wer sich professionell mit den Wendepunkten des Lebens beschäftigt und theologisch geprägt ist, denkt nicht nur über das Lebensende nach, sondern auch darüber hinaus.
Rückblickend scheinen all die Schritte fast folgerichtig aufeinander zu folgen: das Theologiestudium, die Bildungsarbeit, der Schritt in die Selbständigkeit als Trauerrednerin, die Auseinandersetzung mit den eigenen Daten im Netz, die Entdeckung einer Marktlücke an der Schnittstelle von Leben und Tod und schließlich die Idee zur Grün-

dung des Unternehmens Semno. Während die meisten Menschen die neuen digitalen Techniken nutzen, ohne über die Folgen nachzudenken, bereitwillig Daten preisgeben und fortschrittsgetrieben den Blick auf die neuesten Innovationen richten, hatte Janetzky eine andere Perspektive, die die Endlichkeit und Vergänglichkeit des irdischen Seins im Blick hatte. Durch diesen Perspektivenwechsel wurde sichtbar, dass der Sterblichkeit des Menschen die Unsterblichkeit seiner digitalen Daten gegenüberstand, denn das Netz vergisst nicht, sondern speichert, solange es existiert.

Wie es weitergeht

Semno hat Lösungen für Probleme entwickelt, die die Komplexität des digitalen Zeitalters spiegeln: die Verwaltung des eigenen Lebens, das sich im Internet schon lange über Landesgrenzen und nationale Rechtszonen hinausbewegt. Denn die Anbieter, die wir alle nutzen, haben ihren Sitz häufig im Ausland mit eigenen Nutzungsbedingungen und Rechtsformen. Ob wir in einer uns selbst überfordernden Gesellschaft leben, können wir am Überblick über die eigenen Daten ablesen. Wenn Birgit Janetzky auf Messen erklärt, dass sie den digitalen Nachlass von Verstorbenen regelt, sagen ihr 98 von 100 Leuten, dass sie über dieses Thema noch nie nachgedacht hätten.

Der potenzielle Markt für ihr Angebot ist groß, aber bei dem sensiblen Thema schwer zu erschließen. Um aufzuklären und Reichweite zu erzielen, veröffentlicht Birgit Janetzky regelmäßig Beiträge auf ihrem Blog »grabauf-grabab«. Außerdem bloggt sie auf dem Internetportal für Leben, Sterben und Tod »adeo-online« als Expertin für digitales Erbe. Dass sie ein wichtiges Thema besetzt hat, liegt auf der Hand. Insofern hat sie uns allen mit ihrer Idee unter der Dusche einmal ordentlich den Kopf gewaschen. Denn jeder aktive, verantwortungsbewusste Internetnutzer sollte ein Testament zum digitalen Erbe aufsetzen.

Dass die Idee in der Luft lag, zeigt die Konkurrenz. Im Jahr 2013 ging das Unternehmen Columba mit einem 20-köpfigen Team an den

Start, um einen digitalen Nachlassdienst anzubieten. Ob sie als Einzelunternehmerin gegen die Programmier- und Software-Power eines 20-köpfigen Teams eine Chance hat, bezweifelt sie. Doch ihr Lebensmotto lautet: »Was du jahrelang aufbaust, kann über Nacht zerstört werden. Baue es trotzdem auf.«

Birgit Janetzky war mit ihrer Idee der Zeit voraus. Noch ist es sowohl bei den digitalen Immigranten als auch bei den digitalen Eingeborenen schwierig, ein Bewusstsein für den digitalen Nachlass zu schaffen. Denn die Menschen setzen sich meist erst mit dem Thema auseinander, wenn sie direkt mit dem Tod eines Menschen konfrontiert werden. Die heute 80-Jährigen vererben nur im Ausnahmefall einen Computer, doch das wird sich bald ändern. Insofern wird sich der demografische Wandel auch bei diesem Angebot in absehbarer Zukunft bemerkbar machen. Doch dann wird die Verwaltung des digitalen Erbes über vollautomatisierte Datenbankabgleiche funktionieren, bei der die Hardware keine Rolle mehr spielt. Die digitalen Geister, die der Mensch rief, lassen sich nur mit den eigenen Waffen schlagen – digital.

Man darf gespannt sein, wie es weitergehen wird mit all den digitalen Angeboten, die kommen und gehen. Der Markt bietet täglich so viel Neues in der Gründer- und Start-up-Szene, dass der Blick atemlos auf die Innovationen gerichtet ist, so dass für das Nachdenken über die Folgen des eigenen Nutzungsverhaltens nur selten Zeit bleibt. Die Theologin Janetzky nimmt sich fürs Nachdenken über das, was wesentlich im Leben ist, einmal im Jahr eine Woche Auszeit. Vielleicht ist das eine Anregung – nicht nur für Theologen, sondern für alle: einmal eine Woche offline zu verbringen, um über ihre Online-Existenz nachzudenken. Und wer weiß, welche Ideen dann unter der Dusche entstehen.

ERFOLGSGEHEIMNISSE

Hard Facts: Wer sich schon einmal selbständig gemacht hat, dem fällt es leichter, ein zweites Unternehmen zu gründen. Birgit Janetzky hat mit ihrem Schritt in die Selbständigkeit als Trauerrednerin bereits das Fundament für die Gründung ihres Unternehmens Semno gelegt. Aufgrund ihrer eigenen Erfahrung empfiehlt sie Existenzgründern, den Mut zu entwickeln, mit einem klaren Alleinstellungsmerkmal sichtbar zu werden, um von den Medien wahrgenommen zu werden. Doch sie weiß auch, wie wichtig es für den Erfolg ist, flexibel auf neue Erkenntnisse und Herausforderungen des Marktes zu reagieren und nicht starr an der Ursprungsidee festzuhalten. So hat sie aufgrund der Ergebnisse der Bilanz ihre ursprünglich gewählte Unternehmensform wieder aufgelöst und arbeitet zurzeit an einer Neupositionierung als Social-Media-Expertin an der Schnittstelle von Leben, Tod und Internet.

Soft Skills: Gründen bedeutet, sich zwischen Vertrautem und spannendem Neuen zu bewegen. Viele Menschen wagen den ersten Schritt in die Selbständigkeit nicht aus Angst, Sicherheiten und Vertrautes aufzugeben. Birgit Janetzky hat erlebt, dass bei ihr die Waagschale des Neuen zunehmend an Gewicht gewonnen hat. Sie weiß aber auch, wie wichtig es ist, gerade auf Durststrecken immer wieder aufzustehen und weiterzumachen. »Denn hinter jeder Ecke lauern mehrere Wege und damit auch neue Optionen.« Durchhaltevermögen und der Mut zu scheitern sind für sie zwei zentrale Eigenschaften, die Gründer mitbringen sollten.

Chance: Geschäftsideen entstehen häufig dann, wenn jemand ein Bedürfnis hat, für das es noch kein Angebot gibt. Deshalb heißt es hinsehen, hinhören und nachdenken über das, was einen zum Staunen bringt. Aus dem Nachdenken über das Eigenleben der Daten im Netz entwickelte sich eine neue Geschäftsidee und eine neue Perspektive auf der Schwelle eines notwendigen Bewusstseinswandels.

www.fachberatung-trauerfeier.de
www.semno.de
www.grabauf-grabab.de

TREND III
ÜBERALL DIGITAL

»Tun Sie das, was Sie am besten können,
für den Rest gibt es Links.«[21]

Die zunehmende Digitalisierung im 21. Jahrhundert stellt einen gigantischen Paradigmenwechsel in der Geschichte der Menschheit dar. Aus einem Zusammenschluss von ein paar Rechnern ist das weltweit größte und machtvollste Netzwerk zum Austausch von Wissen und Informationen entstanden, das die Menschheit je geschaffen hat: das Internet. Es hat unsere Kommunikationsformen und Wissensspeicher revolutioniert. Das Internet hat sich fast von selbst entwickelt, ohne große Gesetzesvorhaben oder Verfassungsänderungen. Enthusiasten in Universitäten und Unternehmen haben es konzipiert und weiterentwickelt.

Unzählige Ideen intelligenter und kreativer Menschen haben daran mitgewirkt. Das Internet ist immer größer, machtvoller und einflussreicher geworden und hat unsere Lebenswelten durch die Digitalisierung zahlreicher Bereiche fundamental verändert. Die Digitalisierung bietet unglaubliche Chancen, birgt aber auch manche Risiken.

Beginnen wir mit den Chancen, die außergewöhnliche Unternehmer wie Jeff Bezos bis hin zu Steve Jobs als Erste erkannt und genutzt haben. 1995 startete Amazon-Gründer Jeff Bezos mit Amazon den inzwischen größten Online-Versandhandel. Nur drei Jahre später, im Jahr 1998, gründeten Larry Page und Sergey Brin das Internetunternehmen Google, die heute größte Suchmaschine der Welt mit einer Milliarde Suchanfragen pro Tag. Das 1976 von Steve Jobs gegründete Unternehmen Apple revolutionierte um die Jahrtausendwende den Musikmarkt mit iTunes und den Mobilfunkmarkt mit iPhones. Im Jahr 2003 gründete Marc Zuckerberg das soziale Netzwerk Facebook, dem zehn Jahre später bereits über eine Milliarde Mitglieder angehören.

Amazon, Google, Apple und Facebook, das sind die vier Großen, die die digitale Welt unter sich aufgeteilt und unseren Alltag, unser Denken, unsere Bedürfnisse und unsere Möglichkeiten radikal verändert haben. Sie haben die Art und Weise, wie Menschen Informationen suchen, sich miteinander austauschen, in Kontakt treten und Produkte vertreiben, verändert und einen medialen Paradigmenwechsel für das 21. Jahrhundert eingeleitet.

Das Internet ist inzwischen allgegenwärtig, und die Menschen sind mit ihren Smartphones fast überall digital unterwegs. Uralte Menschheitsträume sind damit wahr geworden. Der Traum der Verfügbarkeit des Weltwissens ist mit Google und Wikipedia zu großen Teilen in Erfüllung gegangen. Der Traum der Verfügbarkeit von Waren aus aller Welt ist mit Amazon und eBay weitgehend wahr geworden. Den Wunsch nach sozialer Nähe und Distanz hat Facebook befriedigt. Und das Ideal größtmöglicher Mobilität verkörpert Apple. Wo wir digital unterwegs sind, können wir arbeiten, spielen, kommunizieren, leben.

Informationen aus aller Welt universell zur Verfügung zu haben gehört heute so selbstverständlich zum Alltag wie fließend warmes Wasser oder elektrisches Licht. Niemand staunt mehr, dass er sich jeden x-beliebigen Platz auf dem Planeten via Google Earth auf seinem Bildschirm heranzoomen oder via Skype mit Menschen auf der anderen Welthalbkugel sprechen und sie auf seinem Smartphone-Display auch sehen kann. Durch die Digitalisierung wird das Leben leichter, vernetzter und voraussetzungsloser zugänglich. Doch alles hat seinen

Preis. So merken wir uns weniger, da wir Teile unseres Gedächtnisses an Google auslagern. So verlernen wir, uns nach den Himmelsrichtungen zu orientieren, da wir uns GPS-Systemen anvertrauen. Wie all die Daten der Nutzer noch genutzt werden, dürfte noch so manche Überraschung mit sich bringen. Doch das steht auf einem anderen Blatt. Überall digital bedeutet ein Höchstmaß an Mobilität. Das Smartphone ist zum ständigen Begleiter der meisten Menschen geworden. Was früher nur mit aufwendiger Ausrüstung an stationären Orten ging, geht heute von jedem Ort der Welt, wo der Akku funktioniert und WLAN verfügbar ist: Musik hören oder Videos ansehen, fotografieren oder filmen, Termine eintragen oder Texte diktieren, recherchieren oder Bestellungen aufgeben, Bücher oder Zeitungen lesen, telefonieren oder im Internet surfen. Die Bedienung ist kinderleicht geworden und »on« zu sein ist nicht der Ausnahmezustand, sondern die Regel. Wer auf Reisen geht, hat keine schweren Bücherberge mehr als Reiselektüre im Rucksack, sondern seine Privatbibliothek auf seinem E-Book-Reader in der Handtasche. Amazon ist mit dem Buchverkauf gestartet, hat den Kindle erfunden und inzwischen den kompletten Markt von A wie Armbanduhren bis Z wie Zimmerbrunnen im Sortiment. Seitdem sich die Ideale der totalen Verfügbarkeit von Wissen und Waren, Transparenz und Mobilität durchgesetzt haben, hat sich die Welt verändert. Die Verfügbarkeit von Wissen und Waren verändert unsere Einkaufsgewohnheiten und unser Informationsverhalten. Die Mobilität verändert unsere Arbeitsorte und -formen wie auch unser Freizeitverhalten. Die Menschen suchen nach Informationen und Wissen, tauschen Erfahrungen auf Blogs und in Communitys aus und bilden damit neue Interessengemeinschaften. Shopping bei Amazon, Musikdownloads bei iTunes, Freundschaftsanfragen bei Facebook oder Suchanfragen bei Google – das alles läuft inzwischen in Sekundenschnelle, oft nebenher von jedem Ort der Welt.

Risiken und Nebenwirkungen

Die Transparenz der Daten im Netz wird als Preis in Kauf genommen. Datenschützer sind fassungslos angesichts der Naivität des Umgangs mit den intimsten Daten des Selbst. Doch der Risiken des Datenschutzes werden wir uns erst langsam bewusst, ausgelöst durch die Enthüllungen Edward Snowdens, eines Ex-Mitarbeiters der National Security Agency. All die Talkshows, Podiumsdiskussionen, Leitartikel und Apelle an den mündigen Bürger und seine Verantwortung im Umgang mit den Neuen Medien ändern kaum etwas an seinem Nutzungsverhalten. Zu sehr haben wir uns innerhalb kürzester Zeit an all die Vorteile des Internets und die Funktionen des Smartphones gewöhnt.

Wie wenig wir uns darum scheren, was mit unseren Daten passiert, lässt sich allein daran ablesen, wie häufig die AGBs von Online-Anbietern leichtfertig als gelesen angeklickt und Rechte an den eigenen Daten abgetreten werden. Wer, um nur ein Beispiel zu nennen, bei Twitter den Bilderdienst TwitPic nutzt, akzeptiert mit den Nutzungsbedingungen auch, dass seine Fotos weiterverkauft werden können. »›I have read and agree to the terms‹ is the biggest lie on the internet«, schreibt der Jurastudent Hugo Roy auf seiner Internetseite tos-dr.info, auf der er die Nutzungsbedingungen von Online-Anbietern analysiert und bewertet.

Digitale Einwanderung

Das Kommunikations-, Medien- und Konsumverhalten hat sich durch die Digitalisierung fundamental verändert. Wer die Entwicklungen als digitaler Immigrant wie ich selbst miterlebt hat, schwankt je nach Tagesverfassung zwischen Faszination und Erschöpfung. Als die Schreibmaschine gegen den ersten Personal Computer ausgetauscht wurde, bedeutete das einen Quantensprung bei der Datenverarbeitung, auch wenn in der Anfangsphase noch HTML-Kurse belegt werden mussten, um die DOS-Systeme bedienen zu können.

Dann folgten die benutzerfreundlichen Oberflächen mit zunehmend intuitiv anwendbaren Bedienfeldern. Es kamen Internet und E-Mail, Homepages und Blogs, Xing und Facebook, Linked-In und Google+, YouTube und Vimeo, Twitter und Instagram, Pinterest und Flickr, DaWanda und Tumblr, Shutterstock und iStock und viele andere Dienste mehr hinzu, von all den täglich neuen Apps, von Atlanten-Apps über Gesundheits-Apps bis zu Zimmer-Apps, ganz zu schweigen. Und obwohl ich mich bemühe, ein halbwegs vollwertiges Mitglied der digitalen Gegenwart zu sein und neben Homepage und Blog auch Dutzende Web-Konten nutze, habe ich bei über einer Million Apps aufgegeben, den Überblick bewahren zu wollen.
Zahlen sagen mehr als 1000 Worte: Das 2004 gegründete soziale Netzwerk Facebook hat inzwischen eine Milliarde Mitglieder, auf der Online-Plattform Instagram tauschen 30 Millionen Nutzer Fotos aus, und Pinterest hat täglich zehn Millionen Besucher, um nur drei Beispiele zu nennen. Das sind Reichweiten, von denen man früher nur träumen konnte. Die Nutzerdaten sind das neue Kapital der Unternehmen, und die möglichen Reichweiten sind die historisch einmalige Chance auch für Start-ups.

Digitale Sucht

Heute sind wir fast überall digital. Mit dem Smartphone wird telefoniert, fotografiert, gefilmt, online eingekauft und bezahlt, beim Flugschalter eingecheckt, Musik gehört, werden Filme angesehen, Nachrichten gelesen, wird gegoogelt, gechattet, gesimst, getwittert und gepostet. Die handlichen Smartphones mit der Speicherkapazität früherer Rechenzentren haben unser Leben revolutioniert. Und so ist das Smartphone zum Tor zur Welt geworden von jedem Ort der Welt aus, an dem Empfang besteht, solange der Akku hält. Nomophobia ist das neue Krankheitsbild, das mit dem Entzug des Mobilphones einhergeht. Nicht mehr »on« zu sein bedeutet den sozialen Tod. Wo der Empfang abbricht, entsteht rasch das Gefühl des kommunikativen Nirwanas.

Und auch in manch anderer Hinsicht bricht einiges zusammen, wenn das Smartphone seinen Geist aufgibt. Denn was wir früher im Kopf oder in der Kladde hatten, steckt heute im Smartphone. Wer hat noch Stadtkarten zur Orientierung in fremden Städten dabei, wenn das GPS-System ausfällt? Wer hat noch ein Adressverzeichnis in der Tasche, wenn er keinen Zugriff mehr auf seine digitalen Adressdaten hat? Wir bringen uns zunehmend in digitale Abhängigkeiten, die bei manchen Menschen inzwischen bereits Suchtcharakter haben.

Digitale Lebenswelten

Die Digitalisierung erfasst zunehmend alle Lebensbereiche von der individuellen Gesundheitsüberwachung über gemeinschaftliche Carsharing-Modelle bis zur digitalen Trauer auf Internetgedenkportalen. Und das Besondere daran: Alles passiert freiwillig. Die Menschen nehmen freiwillig teil, machen freiwillig mit und werden zunehmend abhängig. Die Verbindungen zwischen der Online- und der Offline-Welt werden immer engmaschiger miteinander vernetzt.

Digital gesteuerte Kühlschränke fordern uns auf, sie nachzufüllen. Auf die Umrisse unserer Wohnung programmierte Staubsauger übernehmen die Reinigung der Böden. Die digitale Haustechnik, von der Beregnungsanlage im Garten bis zur Lichtanlage im Haus, kümmert sich in Abwesenheit der Hausherren um die anfallenden Aufgaben. Singles klicken sich zu Hunderttausenden durch Partnerbörsen von Elitepartner bis Neu.de auf der Suche nach dem perfekten Partner. Wer unter dreißig ist, tippt Gedanken und Gefühle in die Eingabefenster von Facebook, WhatsApp oder iMessage. Während es im echten Leben keine zweite Chance für den ersten Eindruck gibt, wird auf digitalen Plattformen das liebevoll gepflegte »Selfie« facettenreich modelliert oder auch mit Hilfe von Mensch-Maschine-Schnittstellen optimiert.[22]

Immer mehr Menschen tragen freiwillig Armbänder am Handgelenk, um den eigenen Körper ständig zu vermessen: Bewegung und Ruhe, Fitness und Körperfunktionen, Puls, Blutdruck, Lungenvolumen, Gewicht oder auch Herzschlag. Selbstvermesser quantifizieren am eigenen Körper alles, was sich messen lässt. Was Selbstoptimierung verspricht, unterwirft den Menschen einer Kontroll- und Effizienzsteigerungslogik. Das bedeutet Chancen und Risiken. Noch gibt es keine Strafen für falsche Lebensführung. Aber eines Tages könnte es Metriken geben, die darüber entscheiden, ob sich Behandlungen noch lohnen oder eben auch nicht. Das Speichern von Daten in Echtzeit und die Umwandlung in Kontroll- und Planungssysteme ist kein Zufallsprodukt der modernen Technologien, sondern das Ergebnis eines ursprünglich militärisch inspirierten Formats, bei dem es um strategische Vorhersagen ging.

Ob sich der Mensch zentralen Steuerungslogiken unterwerfen möchte, muss er selbst entscheiden, solange er noch selbst entscheiden kann. Mit der Digitalisierung der Lebenswelten sind Techniken zur Überwachung, Beobachtung und Kontrolle von Individuen und Organisationen geschaffen worden.[23] Die Utopie der Mensch-Maschine-Schnittstelle ist Wirklichkeit geworden von Herzschrittmachern bis zu Mikroimplantaten gegen Parkinson. Der Versuch, an der Digitalisierung des Lebens nicht teilzunehmen, ist so gut wie aussichtslos. Denn die digitalen Medien sind omnipräsent. Die Digitalisierung bedeutet Komfort im Alltag – von der Online-Bestellung bis Film- oder Musikdownload –, bedeutet soziale Teilhabe – vom Chatten auf Facebook bis zum Informationsaustausch auf WhatsApp –, bedeutet Zugang zu neuen Formen des Wissens – von Moocs, den sogenannten Massive Open Online Courses, bis zu Webinaren –, bedeutet neue Formen von Kundenbewertungen durch Kommentare, Sterne, Empfehlungen und neue Formen, sich selbst ein Bild zu machen – von Google Earth bis zu Lese- oder Hörproben –, bedeutet die weltweite Überwindung von Distanzen beim Mailen, Simsen oder Posten zwischen allen, die die Medien nutzen, bedeutet neue Wissensgemeinschaften – von Experten und Laien in Wikis und Foren.

Faszinierend ist, wie schnell wir uns an all diese neuen Dienste gewöhnt haben, wie selbstverständlich wir sie heute nutzen und dass sie aus unserem Leben privat wie beruflich kaum noch wegzudenken sind. Wenn Kinder heute fragen, wie Menschen vor der Erfindung von Google oder dem Smartphone gelebt haben, erzählt man Geschichten, die wie aus einer fernen vergangenen Zeit klingen, einer Zeit, die gerade erst zwei Jahrzehnte zurückliegt. Wer sich einen Überblick über diese rasanten Entwicklungen verschaffen möchte, hat dazu bei der seit 2007 jährlich stattfindenden Konferenz re-publica zur digitalen Gesellschaft die Gelegenheit.[24] Die re-publica will das Internet in all seinen Facetten zur öffentlichen Sache machen. Viele Themen, die die Internet-Community bewegen, sind in der Mitte der Gesellschaft noch nicht angekommen.

Doch nicht nur das Kommunikations-, Medien- und Konsumverhalten haben sich durch die Digitalisierung der Lebenswelten verändert, sondern auch die beruflichen Entfaltungsmöglichkeiten. Sprechen wir also von den Chancen der Digitalisierung für ungewöhnliche Unternehmer. Der Erfolg von fast allen porträtierten Unternehmern hängt wesentlich mit der Nutzung der digitalen Möglichkeiten zusammen. Ob eigener Blog, Facebook-Fanpage, Google+, Twitter-Account, YouTube-Channel, Newsletter-Abo, Xing-Profil, Skype oder auch Online-Shop und PayPal-Dienst. Für alle waren die mit der Digitalisierung verbundenen Reichweiten der Ansprache und Bindung der Kunden entscheidend. Durchbrüche wurden auf YouTube erzielt, neue Communitys wurden geschaffen, gigantische Fangemeinden, die Tabuzone bei den Themen Pflege und Bestattung wurde durchbrochen, Mitmachmöglichkeiten wurden geschaffen, neue Abhängigkeiten vom »überall digital« wurden gebannt, neue Risiken wurden erkannt, neue Geschäftsfelder im Internet-Business wurden erschlossen, neue Absatzmärkte für Nischenprodukte geschaffen, neue ortsunabhängige Arbeitsformen ermöglicht, mit internationalem Marketing werden Zielgruppen aus aller Welt angesprochen, vermeintliche Nischengruppen wurden zu neuen Experten.

Das Internet ist der große Wachstumsmarkt schlechthin. Erstmals können Nischen erschlossen, unzählige Produkte und Dienstleistungen ohne Beschränkung angeboten und die Logik der konventionellen Medien mit Hits und Charts und Bestsellerlisten aufgebrochen werden. Der unbegrenzte Zugang zu Informationen und Angeboten aller Art, vom Mainstream bis zu den Rändern der Subkultur, von Amateuren bis zu Profis, von kommerziellen bis zu Non-Profit-Angeboten. Heute konkurrieren Hits und Highlights, Marken und Moden mit einer unbegrenzten Anzahl individueller Nischenangebote, Nischenmärkte und Nischenstars. Der Massenmarkt wird zunehmend von Nischenmärkten zersiedelt. Einst unsichtbare Märkte sind durch die Digitalisierung sichtbar geworden. Die Welt der Garagentüftler, Blogger, Videofilmer kann durch die wirtschaftlichen Vorteile des digitalen Vertriebs ihr Publikum finden.

Die gute Nachricht: Fast alles, was irgendwo angeboten wird, kann eine Nachfrage decken. Chris Anderson hat Nischenmärkte untersucht, die er als »Long Tail« beschreibt, und ist zu einem für Gründungswillige ermutigenden Ergebnis gekommen: »Erstens, der ›Long Tail‹ der verfügbaren Vielfalt ist viel länger, als wir denken, zweitens, er ist mittlerweile ökonomisch machbar, und drittens, alle Nischen ergeben zusammengenommen einen bedeutenden Markt.«[25] Ob über eBay oder Google-Adwords, über den eigenen Blog oder über YouTube, all diese digitalen Kanäle ermöglichen Individualität in Massenmärkten, Angebote für ein kleines spezialisiertes Publikum bis hin zu hochgradig individualisierten Produkten.

Die Märkte in Zeiten des Online-Marketings verändern sich und bieten Gründern ganz neue Chancen, entweder als Nischenmarkt zu existieren oder auch vom Nischenmarkt zum Massenmarkt zu werden. Denn auch das Konsumverhalten der Kunden verändert sich in einem Markt der unbegrenzten Möglichkeiten. In einer Welt der Knappheit bestimmten die Angebote den Markt, in einer Welt des Überflusses bestimmt die Nachfrage den Markt. Ein Beispiel für Long Tails sind Bücher, die in keiner Buchhandelskette geführt werden und trotzdem ihre Leser finden, da sie über Lesungen, Vorträge, Mundpropaganda, Social Media neue Vertriebswege nehmen. Chris Anderson analysiert, dass die am schnellsten wachsende Sparte der Verkauf von Produkten ist, die bei traditionellen Einzelhändlern nicht zu bekommen sind. Die Digitalisierung macht's möglich.

Die Geschmäcker, Vorlieben, Interessen und Neigungen sind vielfältiger geworden. Das Konzept des Massenmarkts weicht unzähligen Nischenmärkten. Die Angebote werden vielfältiger, individueller und verfügbarer. Immer mehr Nischenmärkte entstehen durch die mit der Digitalisierung verbundenen Möglichkeiten: Der digitale Vertrieb ist günstig, leistungsstarke Suchtechnologien bringen Angebot und Nachfrage in den entlegensten Bereichen einfach zusammen, und die nötige kritische Masse an Haushalten verfügt inzwischen über einen WLAN-Anschluss.

Damit verändern die Online-Märkte auch die Gesetze des Einzelhandels. Heute verfügen Millionen Menschen über die Technik, ihre Gedanken ins Netz zu stellen, und immer mehr Menschen tun das auch. Durch Kundenrezensionen, Mundpropaganda, Blogbeiträge, Facebook-Posts oder Twitter-Nachrichten werden sie zum Verteiler, Mediator und Empfehlungsgeber. Durch die digitalen Medien kann jeder zum Produzenten werden. Durch Anbieter wie Amazon, eBay, iTunes oder Netflix kann auch jeder seinen eigenen Vertrieb organisieren. Menschen entwickeln sich zunehmend vom passiven Konsumenten zum aktiven Produzenten aus Liebe zur Sache. Das Internet und die neuen Kommunikationsformen ermöglichen durch Co-Creation, Crowdsourcing oder auch Crowdfunding ganz neue Formen der Selbständigkeit. Dabei sein, mitmachen, Chancen nutzen – überall digital!

IV ALLES EINE FRAGE DES GESCHMACKS KULINARISCHES, LUKULLISCHES, GASTRONOMISCHES

9 / Unwiderstehlich Wie Mario Crisolli mit Gewürzen aus aller Welt anspruchsvolle Gaumen verführt

Nachdem der Mensch das Stadium des Jägers und Sammlers hinter sich gelassen hatte, wurden Beeren, Kräuter und Körner von Nahrungs- zu Genussmitteln. Und damit begann die Jagd auf immer neue Geschmackserlebnisse und die Sammlung kulinarischer Köstlichkeiten aus aller Welt. Nach ungewöhnlichen Ingredienzien kann man suchen oder ihnen am Wegesrand begegnen. Neugierige Weltenbummler wie Mario Crisolli stoßen fast überall auf Ungewöhnliches.

Mit offenen Augen reist er um die Welt, mit gespitzten Ohren lauscht er fremden Klängen, mit Sinn fürs Außergewöhnliche vergleicht er Rezepte, Gewürzmischungen und Düfte und berauscht seine Zunge mit exotischen Geschmacksnoten. Gewürze sind sein Lebenselixier. Er liebt es, Rezeptklassiker der unterschiedlichsten Kulturen kennenzulernen und selbst mit Gewürzen zu experimentieren. Aus seiner Passion für kulina-

rische Neuentdeckungen hat er seine Profession gemacht. Mit »Feuer und Glas«, einem Unternehmen für Räucherwaren, Kulinaria und Zubehör, hat er neue Märkte erschlossen, neue Produkte erfunden und Geschmackskompositionen aus der ganzen Welt zugänglich gemacht.

Mario Crisolli ist nicht nur neugierig, sondern auch tatkräftig. Bei manchen Entscheidungen seines Lebens weiß er selbst nicht mehr, ob ihn Mut oder Leichtsinn angetrieben haben. Sein abenteuerliches Leben begann mit 16 Jahren. Was andere nur aus den Schlagzeilen der Zeitungen kennen, hat er hautnah erlebt. Wer ihm zuhört, gewinnt den Eindruck, dass er mehrere Leben in einem gelebt haben muss.
Mit sechzehn ist er von zu Hause abgehauen, über alle Berge nach Frankreich. Halb auf der Suche nach sich selbst, halb auf den Spuren seines Vaters, der als Auslandskorrespondent beim ZDF gearbeitet hat und bei einem Sprengstoffattentat der Palästinenser ums Leben gekommen ist. Was bei einem 16-jährigen in den Augen der Erwachsenen wie eine jugendliche Eskapade wirkt, entpuppte sich als mehr. So kehrte er erst zwölf Jahre später wieder nach Deutschland zurück. Er zog in die Welt hinaus, kam bis Südfrankreich, wo er in Argelès in den Pyrenäen einen ersten Job in einem Haushaltswarengeschäft fand, und lernte dort so schnell Französisch, wie es ihm keiner seiner Lehrer auf dem Schweizer Internat, das er vier Jahre lang besucht hatte, je zugetraut hätte, noch dazu mit den ausgefallensten Fachbegriffen für Nägel, Schrauben und andere Utensilien für Selbstversorger und Lebenskünstler.
Auf die Zeit in den Pyrenäen folgten ein paar Jahre in Paris mit Unterricht an einer Schauspielschule, und danach – mit der inzwischen gegründeten Familie – ging es weiter nach Toulouse, wo er alle möglichen Jobs für den Lebensunterhalt annahm. Er kellnerte, klebte Plakate für Werbefirmen und machte alles Mögliche, wofür man keine Ausbildung brauchte, um seinen Lebensunterhalt zu verdienen. Es waren wilde Jahre. Mit Ende zwanzig überfiel ihn dann das Gefühl, dass er doch noch etwas Richtiges im Leben werden müsste und

dafür einen festen Job bräuchte. So machte er sich kurz entschlossen auf den Weg zurück nach Deutschland und klopfte in Mainz beim ZDF an, wo sein Vater bis zu dem tragischen Attentat renommierter Reporter gewesen war.

Da wurde der junge Crisolli für sechs Wochen als Hospitant angenommen. Ihm wurde rasch klar, wie wenig er wusste und dass er nur eine Chance hatte, um eine Chance zu bekommen: Er musste die Redaktion mit Engagement, Charme und Ausdauer für sich einnehmen. So wurde er freier Mitarbeiter. Drei Jahre später bekam er die erste feste Stelle. Da er wusste, was er wollte, arbeitete er sich engagiert vom Schichtleiter über die Position eines Schlussredakteurs der »heute«-Sendung bis zur Position des Krisenreporters hoch.

Doch als er nach einiger Zeit in den Fußstapfen seines Vaters angekommen war, zog er die Reißleine, um ihm nicht in den Tod zu folgen. Angesichts der Gefahren, denen sich Krisenreporter aussetzen, und in der Verantwortung für fünf Kinder stehend, kehrte er an den Schreibtisch zurück für die Schlussredaktion des einstündigen *Mittagsmagazins*. Frühmorgens zwischen fünf und sechs Uhr begann er mit der Recherche, arbeitete mit Termindruck im Nacken, bis das *Mittagsmagazin* stand, und klotzte für Qualität und Quoten. Anschließend folgten häufig lange, unergiebige Redaktionskonferenzen, bei denen er sich oft wie dazu verdammt fühlte, seine Arbeitszeit mehr oder weniger abzusitzen. Als er die Konferenzroutinen nicht mehr aushielt, reduzierte er seine Arbeit auf eine halbe Stelle. So hatte er zwar weniger Einkommen, dafür aber jede zweite Woche frei. Und da er nicht das geringste Bedürfnis nach Liegestuhl oder Hängematte verspürte, machte er sich auf die Suche nach einer neuen Aufgabe.

Gemeinsam mit seiner zweiten Frau, Susanne Kress, die ebenfalls beim ZDF war, betrieb er in Mainz ein kleines Geschäft für Geschenkartikel mit dem Namen »Feuer und Glas«. Die ersten Lehrjahre in dem Haushaltswarengeschäft in den Pyrenäen hatten Spuren hinterlassen. Doch anstelle von notwendigen Alltagsutensilien wurden bei »Feuer und Glas« exotische Dinge angeboten. Da die beiden Inhaber das Geschäft aus Liebhaberei und nicht als Broterwerb betrieben, mussten sie sich nicht an der Nachfrage der Mainzer Kundschaft orientieren. Das war eine exzellente Ausgangssituation für ein ungewöhnliches Wagnis.

Crisolli, für den es nichts Schöneres gibt, als immerzu Neues auszuprobieren und zu entdecken, richtete sich eine Glasbläserwerkstatt ein und fing an, Glas zu blasen. Bei »Feuer und Glas« wurden seine Produkte dann auf ihre Publikumstauglichkeit hin getestet. Die meisten Entdeckungen machten Crisolli und seine Frau auf Reisen, wo sie ständig auf der Suche nach Dingen waren, die es zu Hause nicht gab. Mit journalistischem Spürsinn fahndeten sie nach dem, was eine fremde Kultur verkörperte. Dabei entdeckten sie alles Mögliche und viel Exotisches. Rückblickend sagt Crisolli, dass die ersten drei Jahre von »Feuer und Glas« Jahre der Experimente waren, in denen er erst einmal die Händlerszene in Mainz kennengelernt und sich für den Handel warmgelaufen hat.

Eines der ersten Produkte, das sie erfolgreich angeboten haben, waren »Windchimes«, Windharfen aus Aluminium und Metall sowie Windräder, die mit amerikanischem Fahnenstoff bespannt waren. Auf die Phase der Windräder, mit denen sie es bis in die *Bild*-Zeitung geschafft hatten, folgte eine Phase mit Räucherwerk, das sie auf einer ihrer Reisen entdeckt hatten. Noch bevor Crisollis neugieriger Blick etwas erspähen konnte, hatte die feine Nase seiner Frau schon erschnüffelt, dass etwas Besonderes in der Luft lag. Im Vierländereck Arizona, Colorado, New Mexiko und Utah waren sie viel unterwegs und entdeckten im Wilden Westen die Tradition des Räucherns mit Harzen, getrockneten Blüten, Gewürzen, Wurzeln und Hölzern. Von den Düften fasziniert, kauften sie die Rohstoffe ein und beschäftigten sich mit Wirkung und Wirkstoffen, Duftnoten und Erntezeiten und entdeckten einen ganzen Kosmos an Gerüchen und Verwendungsmöglichkeiten von der Sauna über die Meditation bis zur Heilung. So duftet der Räucherkasten »Marrakech« nach dem Platz der Gewürzhändler in den Souks, und der Räucherkasten »Smokes of Austria«

entführt mit dem Duft von Arnikablüten und Enzianwurzel auf Waldwiesen. Mit dem Räucherwerk bekam »Feuer und Glas« nicht nur seine Feuertaufe, sondern auch seine Identität. Die beiden waren so begeistert von ihrem Produkt, dass sie beschlossen, es nicht nur in ihrem Mainzer Geschäft zu verkaufen, sondern auch auf Messen in Deutschland und in der Schweiz anzubieten.

Der Erfolg war überwältigend. Bereits nach kurzer Zeit konnten sie allein durch den Vertrieb des Räucherwerks leben. Doch der Erfolg hing nicht allein mit dem Produkt zusammen, sondern auch wesentlich damit, wie sie es verpackten. Als journalistisch geschulte Themenscouts gaben sie dem Kind erst einmal einen Namen: »Wellness Smokes«. Ob »Smokes of Kyoto«, »Smokes of Timbuktu« oder »Smokes of the Spirits« – mit den geografisch und thematisch gestalteten Sortimentskästen der ästhetisch ambitionierten Verpackungskünstler raubten sie ihren Kunden rasch die Sinne, so dass sie über die Frage, ob sie die Kästen mit 60 Gramm Räucherwerk für – damals noch – 50 Mark anbieten konnten, nicht länger nachdenken mussten. Das Produkt lief so gut, dass Crisolli und seine Frau den Mut hatten, ihre festen Stellen zu kündigen, ohne doppelten Boden und ohne Rückfahrkarte, beide gleichzeitig. Crisolli war zu dem Zeitpunkt 49 Jahre alt und damit noch jung genug für einen Neuanfang.

Alle Appelle der sicherheitsorientierten Kollegen stießen bei den Aufbruchswilligen, die den Duft der weiten Welt in der Nase hatten, auf taube Ohren. Und so begann das große Experiment, die feinsten Stoffe der Welt in bare Münze für den Lebensunterhalt zu verwandeln. Pflanzen aus aller Welt verarbeiteten sie zu Räucherwerk, entwickelten Räucheröfen und stellten sie her. Mit den Räucherwaren hatte »Feuer und Glas« seine Identität gefunden. Doch das war erst der Anfang einer abenteuerlichen Reise.

Auf den Spuren der Sinne

Auf Reisen fahndeten sie, wohin sie auch kamen, nach den verführerischsten Rezepten und wurden zu Sammlern neuer Geschmacksimpressionen. Als ihnen ein Koch auf Hawaii das Geheimnis ihres Lieblingsgerichts nicht verraten wollte, fingen sie an, selbst mit Gewürzen zu experimentieren. In dieser Zeit brachte eine Mitarbeiterin ein Plakat von Ikea mit, auf dem lauter Gewürze abgebildet waren, und fragte en passant, warum sie neben den Räucherkästen nicht auch Gewürzkästen anbieten würden. Gemeinsam mit seiner Frau rief er sich noch am selben Abend verschiedenste Nationalrezepte in Erinnerung, die sie auf Reisen entdeckt hatten: Bouillabaisse in Marseille, Ribeye-Steak in New York, Chicken Saté in Bangkok, Paella in Katalonien. Und so nahm die abenteuerliche Reise mit Gewürzkästen für Rezeptklassiker aus aller Welt seinen Lauf. Nach dem Prinzip der Räucherkästen entwarfen sie acht Gewürzkästen und zogen damit wieder auf Messen. Mit »Tandori Chicken«, »Smoky Lemon Duk«, »Tajine du Souk« lockten sie die Messebesucher an. Erneut war ihr Messestand umlagert. Motiviert durch den Erfolg ihrer Seelennahrung »Soulfood« bauten sie das Sortiment aus.

Die Produkte von »Feuer und Glas« haben die Welt der Sinne und der kulinarischen Genüsse erobert. Auf der Klaviatur der Geschmackserlebnisse wurden Barbecue-Soßen und Dips aller Herren Länder, Nationalgerichte, Suppen und Senfrezepte aus aller Welt, Salatsoßen und Gewürze von scharf bis fruchtig von allen Kontinenten probiert, gesammelt, ausgewählt und für verwöhnte Gaumen komponiert. Und wenn sie neue Inspirationen brauchen, dann gehen sie auf Reisen.

Auf die Verpackung kommt es an

Die Produkte von »Feuer und Glas« haben eine neue Nische in der Welt der kulinarischen Erlebnisse besetzt. »Taste & beauty« lautet der Slogan, mit dem Gaumen- und Augenschmaus die Sinne ansprechen. Wer ein ausgefallenes Geschenk sucht, wird hier fündig. Und so haben

sich die kunstvoll verpackten Gewürzmischungen beim Buchhandel auch rasch als neue Bestseller neben Kochbüchern und Reiseführern entwickelt.
Welche Wege ein Produkt nimmt, lässt sich nicht immer vorhersagen. Auf Messen in München, Frankfurt, Hamburg, Bern oder Zürich bestellen die Händler bei »Feuer und Glas«. Doch nicht nur im Buch- und Geschenkehandel und natürlich bei Profi- und Hobbyköchen sind sie beliebt, sie finden sich sogar in manch exklusivem Schuh- und Miederwarengeschäft. Schuh- und Miederwarengeschäft? Sinn und Sinnlichkeit – die Vorlieben von Frauen und Männern! Das Geheimnis für die ungewöhnlichen Vertriebswege ist die Verpackung.
Alle Produkte sind wie anmutige kleine Kunstwerke gestaltet, so dass die runden wie handbemalt wirkenden Dosen, Tüten und Kistchen zu einem Hingucker werden. Und da die aufsehenerregende Dekoration, wo auch immer sie entdeckt wird, häufig zu der Frage führt, ob man das auch kaufen kann, hat sich Cross-Selling als ein weiterer Vertriebsweg neben dem klassischen Vertrieb von Geschenkartikeln und kulinarischen Produkten etabliert. Doch welche Wege die Gewürzmischungen auch immer nehmen, sie landen zu guter Letzt immer dort, wo sie hingehören, erst in der Küche und dann auf dem Teller.
Die Kunden von »Feuer und Glas« sind gut situiert, haben Sinn für die feinen Unterschiede und gehören zu den Kosmopoliten, die das Proust'sche Madeleine-Erlebnis in modernem Gewand genießen.
Und so steht jedes Geschmackserlebnis für einen ganzen Kosmos an Reiseerinnerungen. Und dafür sind die Kunden auch bereit, etwas tiefer in die Tasche zu greifen. Vermutlich hätte jeder Unternehmensberater nur müde lächelnd abgewinkt, wenn er gehört hätte, dass eine Fertigsuppe für eine Portion knapp zehn Euro kosten soll. Doch stehen die Verpackungen eben nicht für Instantsuppen, sondern für einen Lifestyle, der Sinn für Ästhetik, Differenz und Lebensart verkörpert.

Auf Expansionskurs mit Handarbeit

Was mit wenigen Produkten begann, ist über die Jahre auf eine umfangreiche Produktpalette angewachsen. Heute beschäftigt »Feuer und Glas« 15 feste und fünf freie Mitarbeiter. Neben Fotografie, Grafik, Marketing und Vertrieb, die im Unternehmen angesiedelt sind, werden die Produkte in Kooperation mit einer Behindertenwerkstätte in Deutschland von Hand abgefüllt. Bei über 100 000 Gewürzschachteln, die pro Jahr abgefüllt werden, ist das beeindruckend. Die Handarbeit ist notwendig, da die Rieselfähigkeit von Muskat, Zimt, grobem Meersalz oder Pfeffer so unterschiedlich ist, dass es dafür noch keine Maschine zur Abfüllung gibt. Doch Crisolli geht es nicht allein um pragmatische Erwägungen, sondern auch um die soziale Seite. Wenn er erlebt, wie glücklich die Menschen sind, dass sie eine Aufgabe haben, die sie sehr gut machen können, wenn sie liebevoll angeleitet werden, dann weiß er, dass es sinnvoll und richtig ist, Handarbeit in Deutschland zu fördern.

Auf Mut kommt es an

Doch was wie eine gradlinige Success-Story klingt, ist Ergebnis mutiger Entscheidungen, ausdauernder Arbeit und permanenter Neuerfindung. Der erste mutige Schritt war, zwei feste Stellen zu kündigen. Doch der noch viel mutigere Schritt für Crisolli und seine Frau war, dass sie im Jahr 2010 wagten, eine Halle und ein Bürogebäude zu bauen und dafür einen Kredit in nicht unerheblicher Höhe aufzunehmen. Es war eine Zeit, in der die Umsätze zurückgingen, da der Einzelhandel stagnierte. Auch sie bekamen den Konsumverzicht der durch die Finanzkrise verunsicherten Deutschen zu spüren – und außerdem, dass immer mehr Menschen übers Internet einkauften. Gefahr erkannt, Gefahr gebannt? Mit einem Facebook-Profil und einem Newsletter baute Crisolli seine Netzpräsenz weiter aus.

Angesichts des Umsatzrückgangs meint Crisolli, dass Erfolg bedeutet, auch in schwierigen Zeiten zu überleben. Doch da sie konsequent auf alle Veränderungen reagiert haben und den Gewinn trotz des Umsatzrückgangs stabil halten konnten, wären *Titanic*-Szenarien ein vor allem unter Pessimisten beliebtes Gesellschaftsspiel. Entscheidend für »Feuer und Glas« sind neben den 8000 Privatkunden, mit denen gerade einmal die Hälfte der Marketingausgaben finanziert werden kann, vor allem die Händler. Und so prägen die Messekalender den Rhythmus der Jahreszeiten.

ERFOLGSGEHEIMNISSE

Hard Facts: Mario Crisolli ist überzeugt, dass Existenzgründer an ihrem Wissensdurst erkennen können, ob sie auf dem richtigen Weg sind. Jeder Existenzgründer wird – gerade am Anfang – mit so viel Neuem konfrontiert, dass er all die Informationen, Themen und Herausforderungen, denen er begegnet, nur bewältigen kann, wenn er von seiner Idee zutiefst überzeugt ist. So hat er sich selbst, obgleich er kein Zahlenmensch ist, in das Thema Buchhaltung vertieft, um das Ruder bei allen Abenteuern in der Hand zu behalten. Nahrungsmittelgesetze und -kontrollen, Haltbarkeitsvorschriften, Kreditanträge und Ladenbau, Messen und Märkte – täglich geht es bei Unternehmen um das Aufspüren neuer Chancen und das Vermeiden von Risiken.

Soft Skills: Der Abenteurer und Tatmensch Crisolli hat am eigenen Leib erlebt, welche Bedeutung der eigene Antrieb als Triebfeder jeder Lebensunternehmung hat. Deshalb rät er Gründern, die eigene Triebfeder zu ergründen und ihr zu folgen. Dieser »élan vital« ist die wertvollste Kraft bei allen zu erklimmenden Hürden und zu meisternden Schwierigkeiten. Konsequentes Handeln hat für Crisolli einen extrem hohen Stellenwert. Gerade in der Gründungsphase spricht man mit vielen Menschen über seine Ideen. Dabei kann es passieren, dass man mit drei Menschen spricht und am Ende mit vier Meinungen dasteht. Doch wer hält, was er verspricht, traut nicht nur sich selbst mit der Zeit immer mehr zu, sondern wird auch für andere zu einem verlässlichen Partner.

Chance: Auf die Frage, wer Mario Crisollis Vorbild war, antwortet er nach einem kurzen Zögern: »Mein Vater. Er war für mich als Krisenreporter ein Held.« Ein Held, den er früh verloren hat. Auf die Frage, wer seine wichtigsten Wegbegleiter waren, antwortet er ohne Zögern: »Meine Frau, mit der ich jetzt seit 28 Jahren zusammen bin. Ich hatte ein Riesenglück. Was uns verbindet, ist vor allem unsere Unterschiedlichkeit.«

www.feuerundglas.de

10 / Einfach verführerisch
Wie Jean-Christian Jury mit veganen Gerichten die Spitzengastronomie erobert

Jean-Christian Jury, der 20 Jahre lang die Gastronomieszene rund um den Globus beobachtet und mitgestaltet hat, entging nicht, dass in Berlin kein Mangel an Restaurants herrschte. Von albanischer bis zypriotischer Küche und von einheimischen bis zu exotischen Gaumenfreuden ist die Großstadt schon lange ein facettenreicher kulinarischer Kosmos. Die Menükarten lesen sich wie eine Geschichte der Einwanderung und Globalisierung. Ob Sushibar oder Tapaskneipe, Currywurstbude oder Sterneköche, Steakhouse oder vegetarisch – hier findet jeder etwas nach seinem Geschmack. Doch eine Nische war noch nicht besetzt, und die hat Jean-Christian Jury im Jahr 2008 geschlossen. Er hat das Experiment gewagt, das erste rein pflanzliche Gourmetrestaurant, »La Mano Verde«, in Berlin zu eröffnen. Auf diese ausgefallene Idee wäre der in Toulouse geborene Franzose Jury wohl nicht gekommen, wenn er nicht ein so bewegtes Leben geführt hätte, das ihn auch mit der traditionsreichen veganen Küche in Asien in Berührung gebracht hat.

Einfach ausgeschert

Dass er so viel um die Welt gereist ist, hing damit zusammen, dass es nach seinem Studienabschluss als Ingenieur für Elektrotechnik Ende der 1970er Jahre in Frankreich kaum Stellen für Ingenieure gab. Man kann sich vorstellen, was in einem jungen Mann vor sich geht, der das Potenzial für eine erfolgreiche Karriere hat, der etwas bewegen will und sich vom zähen Wirtschaftsklima seiner Branche ausgebremst fühlt. Jury traf eine beherzte Entscheidung, sattelte kurz entschlossen um, verließ Frankreich und heuerte bei einer Schweizer Firma an, für die er gemeinsam mit einem Team Konzeptstores in 23 Ländern in Europa, Amerika und Asien eröffnet hat. Das Besondere an einem Konzeptstore ist, dass ihm eine außergewöhnliche Idee zugrunde liegt, die einen neuen Trend schafft, der sich erfolgreich als Franchisekonzept ausbauen lässt. Back-Factory, Starbucks, Vapiano – all diese Franchisesysteme sind mit einem Konzeptstore gestartet, so auch »La Mano Verde«.

Jurys Aufgaben vor der Eröffnung der Konzeptstores waren so vielfältig wie die kulturellen Herausforderungen. Standortsuche, Personalrekrutierung, Aufbau, bis hin zum krönenden Abschluss: der Eröffnung. Als Quereinsteiger war er mit seinem technischen Know-how und seiner systematischen Herangehensweise extrem gefragt und erfolgreich. Neun Jahre ist er als Manager durch die Welt gejettet – Los Angeles, Barcelona, Hongkong, Singapur, Tokio – und hat Hotels, Restaurants, Casinos und Clubs aufgebaut. Noch heute sagt er, dass das die beste Zeit seines Lebens war: »Immer auf Reisen, noch dazu mit einem super Team. Wir waren Pioniere. Kein anderer hat Konzeptstores und Entertainmentcenter in dieser Qualität eröffnet.«

Doch dieses Jetset-Dasein hatte seinen Preis. Er war in so vielen Ländern und Zeitzonen unterwegs, dass er eines Morgens, als das Telefon ihn aus dem Schlaf holte, seinen Chef, der sich am anderen Ende der Leitung meldete, fragte: »Wo bin ich gerade?« Er war in Hongkong. In diesem Moment wussten beide, dass Jury reif war für eine Auszeit. Jury nahm die Signale des Körpers ernst und beschloss, einen Inselbreak zu machen. Da war er Mitte dreißig.

Einfach mal weg

Für seine Auszeit wählte er Ko Samui aus. Im Jahr 1988 kam Jury auf der tropischen Insel an, die er erst acht Jahre später wieder verlassen sollte. Als Jury auf Ko Samui ankam, gab es weder einen Flughafen noch geteerte Straßen. Es war wie eine Zeitreise in die Vergangenheit. Jury hatte weder einen Radioapparat noch einen Fernseher. Schnell entdeckte er, was man alles nicht braucht, um glücklich zu sein. Ko Samui hatte etwas Paradiesisches. Er genoss die Ursprünglichkeit der Insel, die Vegetation, die Wasserqualität, die Vielfalt der exotischen

Früchte und entdeckte ein neues soziales Gefüge. Es gelang ihm, sich in das Inselgefüge zu integrieren, und rasch hatte er den Eindruck, in einer riesigen Thai-Familie zu leben: »Von 34 000 Einwohnern sind 17 000 aus derselben Familie.« In Asien entdeckte er ein neues Lebensgefühl. Er ließ sich treiben, reiste umher, tauchte ab, um die Stille und Schönheit der Unterwasserwelt mit Fischen und Korallen zu genießen, und ab und an wieder auf, um alles Mögliche zu tun, was gerade anfiel.

Er hatte das Glück, einen Thai-Partner zu finden, mit dem er sich sehr gut verstand. Das war für die Dauer seines Aufenthalts entscheidend, um nicht zu sagen existenziell, denn ohne Thai-Partner lief auf der Insel für Ausländer rein gar nichts. Dass sein Partner der Sohn des Gouverneurs der Insel war und dessen Onkel die Gouverneure der Nachbarinseln, vereinfachte einiges. Und so dauerte es nicht lange, bis Jury wieder in seinem Element war und mit dem Cousin seines Thai-Partners den ersten Club am Strand mit Restaurant und Diskothek aufbaute. Das war eine Herausforderung der besonderen Art, denn anstelle moderner Maschinen, mit denen der Ex-Ingenieur bis dahin gewohnt war zu arbeiten, gab es nichts außer Hammer, Zange und Meißel. Als Jury am ersten Tag auf der Baustelle ankam, waren drei Holzschnitzer vor Ort, einer mit einer Säge, einer mit einem Metermaß und einer mit einem Stift ausgerüstet. Nach dem ersten Tag waren zehn Quadratmeter Parkett fertig. Arbeiten und Pausen machen hatte für die Inselbewohner einen gleich hohen Stellenwert. Jury kalkulierte, dass drei Mann für 1200 Quadratmeter handverlegtes Parkett ungefähr sechs Monate brauchen würden, und beschloss daraufhin, eine elektrische Säge zu besorgen.

Am nächsten Tag brachte er die Säge mit, schloss sie an und führte vor, wie sie funktionierte. Die Holzschnitzer hatten Spaß an dem neuen Werkzeug. Doch als Jury am nächsten Tag zur Baustelle kam, herrschte meditative Stille. Er erkundigte sich bei seinem Partner, was los wäre. Der erklärte ihm, dass die Arbeiter kein Interesse daran hätten, möglichst schnell fertig zu werden, sondern daran, möglichst lange für ihre Arbeit bezahlt zu werden. »Da es auf Ko Samui kein Arbeitslosengeld gibt, passt jeder auf jeden auf – und das funktioniert in einer Mischung aus Buddhismus und Korruption sehr gut.« Als Grenzgänger zwischen den Kulturen mischte Jury mit seinem Knowhow das Inselleben kräftig auf, nicht ohne Folgen für die Touristen, die heute dort Strandrestaurants vorfinden, die es damals noch nicht gab.

Ein paar Jahre lang führte Jury das Leben eines Müßiggängers, der sich treiben ließ, eines Dilettanten, der neugierig alles Mögliche ausprobierte, und eines Aussteigers, der nicht wusste, was das Leben noch mit ihm vorhatte. In dieser Zeit wurde im Jahr 1993 seine Tochter geboren. Die Familie genoss das Inseldasein. Doch als die Tochter größer wurde, stand für den französischen Vater und die amerikanische Mutter fest, dass sie die Insel wieder verlassen mussten, um eine Schule für die Tochter zu finden. Und so ging die Reise weiter, erst nach Bangkok, dann nach London, wo er drei Restaurants eröffnete und als General Manager einer Restaurantkette für Rohkost arbeitete.

Einfach vegan

Von seinem Inselbreak hatte Jury nicht nur ein anderes Lebensgefühl und eine buddhistisch angehauchte Lebenseinstellung mitgenommen, sondern auch neue Essgewohnheiten. Smoothies und Rohkost sind auf Ko Samui keine Modeerscheinung, sondern gehören seit über 500 Jahren zur veganen Tradition der Insel. Jury war von der Ernährungsumstellung begeistert, denn er spürte, dass sie sein Körpergefühl völlig veränderte. Bis heute ist Jury ein »Flexitarier«, der sich an fünf Tagen in der Woche vegan ernährt. Man ist, was man isst. Das hat für ihn nichts mit Ideologie oder Dogmatismus zu tun, sondern ausschließlich mit Genuss und Wohlbefinden. In London reifte die Idee, ein eigenes veganes Konzeptrestaurant zu eröffnen. Jury wusste, dass das nur in einer kosmopolitischen Großstadt funktionieren würde. Doch in London waren die Mieten zu teuer, um den Break-even noch in diesem Leben zu erreichen. Als geschulter Locationscout wählte er für die Umsetzung seiner Idee ein internationales, experimentierfreudiges Pflaster aus.

Auf nach Berlin

Im Jahr 2008 eröffnete er sein erstes eigenes Konzeptrestaurant »La Mano Verde« in Berlin. Rasch machte er sich einen Namen in der alternativen Szene der »Hardcoreveganer«. Und das hatte Folgen. Die erste Restaurantkritik in der Tageszeitung *taz* titelte »La Mano Verde: Super Konzept – keine Zukunft«. Wie kam die Journalistin zu diesem niederschmetternden Urteil? Sie hatte einfach statistisch errechnet, wie viele Veganer es in Deutschland gab und dass mit vier Gästen pro Tag kein Restaurant überleben konnte. Diese Kritik saß tief, und Jury wurde klar, dass er so schnell wie möglich auch eine nichtvegane Kundschaft aufbauen musste.

Deshalb beschloss er, die vegane Küche aus der ökologisch-alternativ angehauchten Szene herauszuholen und damit die Spitzengastronomie zu erobern. So einen Prozess nennt man auch Reframing: Eine Sache, in diesem Fall die vegane Küche, wird in einen neuen Rahmen gestellt. Bioqualität ja, aber anstelle von Bio wurde vor allem der Genuss betont, »ohne Fleisch, Fisch & Co.«, aber an die Stelle einer Verzichtslogik wurde konsequent der Zugewinn an Lebensqualität, Gesundheit und Geschmackserlebnissen gestellt. Mit ungewöhnlichen Menükompositionen, einem überzeugenden Fooddesign und einem exzellenten Service wollte Jury die anspruchsvollsten Gäste überzeugen. Zugleich verfolgte er das Ziel, zu einer der Topadressen für Veganer aus aller Welt zu werden und damit sein Publikum konsequent zu internationalisieren. Mit einem solchen Ziel vor Augen werden auch neue Vertriebswege beschritten.

Jury nutzte sein internationales Netzwerk und lockte ein zunehmend internationales Publikum an. Das war ein cleverer Schachzug, vor allem, weil sein Restaurant zwar in unmittelbarer Nähe des berühmten Ku'damms, aber zugleich eher versteckt in einer Seitenstraße, noch dazu in einem der für Berlin typischen Hinterhöfe liegt, also kein Ort für zufällige Laufkundschaft. Zum »La Mano Verde« kommt, wer sich für pflanzliche Küche und besondere Geschmackserlebnisse interessiert. So entdeckte auch ich das Restaurant beim »Googeln« nach vegetarischen Restaurants in Berlin. »La Mano Verde« tauchte ganz oben unter den »Top 10 vegetarische Restaurants« auf. Da ich keine Vegetarierin bin, interessierte mich, welche außergewöhnlichen Geschmackserlebnisse eine rein pflanzliche Küche zu bieten hat, und reservierte einen Tisch. Das machen auch mehr und mehr Touristen, die sich in Reiseführern gezielt kulinarische Destinations für ihre Reisen auswählen. Die Attraktivität der Stadt für Touristen und den Trend, dass Touristen in Reiseführern gezielt nach kulinarischen Besonderheiten suchen, nutzte Jury. So ist auch seine Homepage konsequent zweisprachig für ein internationales Publikum aufgebaut.

Erfrischend anders

Die vegane Küche ist noch immer eher etwas für Eingeweihte. In der veganen Küche gibt es kein Fleisch, kein Geflügel, keinen Fisch und auch keine Milchprodukte, Eier oder Gelatine, da die vegane Küche rein pflanzlich ist. An deren Stelle treten andere Zutaten als die in der europäischen Küche gewohnten: von Amaranth bis Zederncreme, die Ingredienzien sind für jeden, der auf der Suche nach neuen Geschmackserlebnissen ist, eine echte Entdeckung. Jury legt extrem viel Wert auf die Frische und Qualität der Gewürze und Kräuter, Gemüsesorten und Früchte, Nüsse und Samen, damit sich die ganze Palette der Aromen am Gaumen entfalten kann.
Frisch, gesund, verführerisch anders ist die Küche im »La Mano Verde«. Aus dem Templiner Wildkräutergarten kommen die Kräuter für die frisch gepressten Säfte. Auch die eingefleischtesten Omnivoren vergessen hier schnell, dass sie kein Fleisch auf dem Teller haben. Hier werden die Spaghetti mit Meeresgemüse eben nicht mit Tintenfisch und

Muscheln, sondern mit Wakame und Passe-Pierre-Algen, getrockneten Tomaten, Sesam und Chili in Koriander-Knoblauch serviert. Und so dauerte es kein Jahr, bis Jury im Jahr 2009 mit dem Proggy Award von PETA als »Bestes veganes Restaurant« ausgezeichnet und als erstes veganes Restaurant unter die Top-800-Restaurants Deutschlands im *Feinschmecker Restaurant Guide* aufgenommen wurde. Schneller als erhofft hatte er es in die Liga der Spitzengastronomie geschafft. Um sich am Markt zu positionieren, hat Jury ein erstes Kochbuch mit dem programmatischen Titel *Vegan für Genießer* geschrieben. 8000 Exemplare wurden davon bereits in den ersten sechs Monaten nach Erscheinen verkauft, was zeigt, wie groß das Interesse an einer rein pflanzlichen Küche ist. Innerhalb von vier Jahren ist es ihm auch gelungen, »La Mano Verde« weltweit so bekannt zu machen, dass das Restaurant abends mit 70 Prozent ausländischen Touristen ausgebucht ist, die zum Teil schon Wochen im Voraus reservieren. Jury schätzt, dass nur noch 30 Prozent seiner Restaurantbesucher Veganer, Vegetarier oder Menschen mit Ernährungsallergien sind. Alle anderen kommen, weil sie eine rohe, frische, gesunde, ungewöhnliche Küche mit neuen Geschmackserlebnissen genießen wollen, die einfach anders ist. Es ist Jury gelungen, mit dem gastronomisch gewagten Alleinstellungsmerkmal eines vegetarischen und veganen Restaurants ein neues Konzeptrestaurant am Markt zu etablieren. Zwei Fliegen hat er dabei mit einer Klappe geschlagen: den Trend, dass sich immer mehr Menschen sehr bewusst ernähren, und den Trend, dabei ständig auf der Jagd nach neuen Geschmackserlebnissen zu sein.

Einfach gesund

Für den Gastronomen Jury ist die Ernährung mit pflanzlicher Rohkost zu einer Lebensphilosophie geworden. Er hat auf Ko Samui durch seine Ernährungsumstellung erlebt, wie stark die Ernährungsgewohnheiten Wohlbefinden und Gesundheit, Gewicht und Haut, körperliche und mentale Fitness beeinflussen. Das Bewusstsein für den Zusammenhang von Ernährung und Gesundheit vermittelt der Restaurantchef von »La Mano Verde« gemeinsam mit ernährungsphysiologisch geschulten Ärzten in Kochseminaren seiner »Living Food Academy«, in denen die verbreiteten Ernährungsgewohnheiten reflektiert und neue Rezepte »mit Spaß und Genuss« ausprobiert werden. Ärzte wissen, wie viele Erkrankungen sich von Allergien über Gelenkschmerzen bis zu chronischen Krankheiten wie Asthma oder Diabetes häufig durch eine einfache Ernährungsumstellung lindern, wenn nicht gar heilen lassen.

Mit dieser sowohl genuss- als auch gesundheitsorientierten ganzheitlichen Einstellung trifft Jury einen Nerv der Zeit. Vegetarier, Veganer und Anhänger eines »Lifestyle of Health and Sustainability«, die sogenannten LOHAS, sind an einem gesunden und nachhaltigen Leben interessiert, bei dem bewusste Ernährung, die sich von Massentierhaltung und Fast Food distanziert, eine zentrale Rolle spielt. Anklang findet dieser Gedanke aber auch bei allen, die ohnehin auf eine ausgewogene Ernährung als Grundlage einer gesunden Lebensführung Wert legen. Deshalb ist ein zweites Kochbuch mit Rezepten aus den Kochseminaren, in denen das Zusammenspiel von Vitaminen, Proteinen, Mineral- und Ballaststoffen im Zentrum steht, gerade in Vorbereitung. Die Verbindung von Gesundheit und Genuss kommt an. Im Jahr 2011 wird »La Mano Verde« vom *Feinschmecker Restaurant Guide* aufgenommen, und im Jahr 2012 bekommt Jury seine zweite Gabel verliehen.

Der mutigste Schritt

Auf die Frage, was der mutigste Schritt in Jurys Leben war, antwortet er, ohne zu zögern: »Ein veganes Restaurant in Berlin zu eröffnen.« Und er fügt hinzu: »Ich bin gestresst – seit 2008.« In einer Gastronomieszene, in der die Restaurants oft so schnell wieder gehen, wie sie gekommen sind, ist ein solch ambitioniertes Projekt mit großen Kraftanstrengungen verbunden. Und Jury bäckt nicht gerade kleine Brötchen. Er will am Markt bleiben, allerdings nicht ausschließlich in Berlin. Zurzeit bereitet er ein Franchisekonzept vor, um so bald wie möglich wieder um die Welt zu jetten und seine Franchisenehmer in London, Paris, Dubai, Beverly Hills, San Francisco, Toronto und Tokio zu besuchen. Heimat ist für ihn dort, wo sein nächstes Projekt auf ihn wartet.

Einen Augenblick der Zeitlosigkeit kann man bei einem stilvollen Abendessen im »La Mano Verde« genießen und dort den Geschäftsführer noch so lange antreffen, bis er als weltenhungriger Franchisegeber weiterziehen wird. Seine Tochter studiert zurzeit in Miami, um einen »Master of Business Administration« zu machen und sich anschließend auf Ernährungswissenschaft zu spezialisieren. Wer weiß, wo die beiden demnächst vielleicht gemeinsam die vegane Küche bekannt machen werden.

ERFOLGSGEHEIMNISSE

Hard Facts: Der Selfmademan Jury ist mit 18 Jahren ausgezogen und seinen Weg gegangen, der ihn einmal um den Globus herumgeführt hat. Das innovative Potenzial, das in der Begegnung der Kulturen liegt, hat Jury erfahren und genutzt, indem er die Tradition der veganen Küche Asiens mit den neuen Trends einer bewussten Ernährung und der ständigen Suche nach neuen Geschmackserlebnissen verbindet.

Soft Skills: Um eine ungewöhnliche Idee zum Erfolg zu führen, braucht es mehr als die Idee. Und so sagt Jury auf die Frage nach seinem Erfolgsgeheimnis: »Wenn ich ein Projekt anfange, gehe ich bis zum Ende und lasse mich nicht vom Konzept abbringen. Ich kann sehr schnell die positiven und negativen Aspekte eines Projekts analysieren.« Auf die Analyse der Schwachstellen – Image, Nischenpublikum, Location – folgte die Feinjustierung der Unternehmensidee, und damit ist es Jury gelungen, die vegane Küche aus ihrem Nischendasein ins Rampenlicht der Spitzengastronomie zu führen und sie dort mit einem neuen Image zu positionieren.

Chance: »Was am Ende des Tages am Markt zählt, ist, ein möglichst breites Publikum zu erreichen. Wir leben in einer so schnelllebigen und so konkurrenzorientierten Zeit, dass eine kleine Fehlentscheidung schnell einen großen Einfluss auf die gesamte Entwicklung eines Unternehmens nehmen kann.« Deshalb rät Jury bei der Konzentration auf ungewöhnliche Alleinstellungsmerkmale zu überlegen, in welche Ecke man von den Medien auf keinen Fall gedrängt werden will. Er weiß, wovon er spricht, und ist der Gefahr eines Nischenpublikums mit Hilfe seines Reframings und seiner Internationalisierung entkommen.

www.lamanoverde.com

TREND IV
EINFACH GENUSSVOLL

»Die einfachen Genüsse sind die letzte Zuflucht der Komplizierten.«[26]

Während unsere Urahnen als Jäger und Sammler schauen mussten, was sie zum Überleben fanden, leben wir heute im kulinarischen Paradies. Wir müssen nicht über Geruch und Geschmack, Versuch und Irrtum herausfinden, was essbar oder giftig ist. Wir leiden nicht am Mangel, sondern schwelgen in der Fülle. Der uralte Menschheitstraum eines kulinarischen Paradieses auf Erden ist wahr geworden. Unabhängig von Jahres- und Jagdzeiten, Lebensorten und Anbauregionen bekommen wir Hirsch im Sommer und Erdbeeren im Winter, Lachs in den Bergen und südafrikanischen Wein in Norddeutschland. Die Zeiten des Mangels, in denen gegessen werden musste, was auf den Tisch kommt, um in Zeiten harter körperlicher Arbeit zu überleben, sind Vergangenheit. Die Zeiten des Überflusses sind angebrochen. Wir haben die Wahl, was wir essen und wie wir uns ernähren. Ob roh oder gekocht, süß oder salzig, asiatisch oder europäisch, asketisch oder lukullisch. Essen ist weit mehr als Nahrung zum Leben. Gutes Essen wird als Genusserlebnis zelebriert und als Lebensphilosophie kultiviert.

Der Kult ums Essen hat zugenommen und reicht von Gourmet-Wochen bei Discountern über Kochshows im Fernsehen bis zu den Restaurants der Sterneköche. Kochshows im Fernsehen von *Lanz kocht* bis *Das perfekte Promi-Dinner* boomen und sind ein Megatrend. Sie spiegeln den immensen Stellenwert kulinarischer Genüsse in unserer Zeit ebenso wie der Kult um Köche von Tim Mälzer, dem Rockstar unter den Fernsehköchen, bis zu Jamie Oliver, der vom Weltverbesserer am Herd zu einem der erfolgreichsten Koch-Popstars geworden ist. Rund 90 Kochsendungen lassen dem Zuschauer das Wasser im Mund zusammenlaufen. Die Generation der jungen wilden Köche hat den alten Hasen von Alfred Biolek bis Paul Bocuse an den Fernsehherden den Rang abgelaufen und gezeigt, dass Kochen unterhaltsam und trendy sein kann. Es geht um Gesundheit und Genuss, Ernährung und Vergnügen, Augenschmaus und Gaumenkitzel.

Zur Geschichte der Globalisierung gehört auch die Globalisierung der Esskulturen, die sich immer weiter ausdifferenzieren und verfeinern. Durch die Vielfalt der Esskulturen leiten uns persönliche Navigationssysteme. Die individuelle Esskultur spiegelt heute Lifestyle und Genusspräferenzen, Gesundheitsvorstellungen und Weltanschauungen. Der Titel des Kochbuchs der amerikanischen Schauspielerin, Tierschutz- und Umweltaktivistin Alicia Silverstone ist Programm: *Meine Rezepte für eine bessere Welt. Bewusst genießen, schlank bleiben und dabei die Erde retten.* Es geht um Bewusstsein für den eigenen Körper und Verantwortungsbewusstsein für die Erde, individuelle Vorstellungen von Schönheit und Gesundheit, Egomärkte und Nachhaltigkeit. Das Bewusstsein für die Ernährung steigt in dem Maße, in dem Zivilisationskrankheiten wie Ernährungsallergien zunehmen. Das Bewusstsein steigt aber auch für die Produktionsbedingungen in der Landwirtschaft und in der Massentierzucht. Alles hat seinen Preis, auch die Demokratisierung des Luxus. Lachs und Champagner finden sich heute im Sortiment von Discountern. Das sind paradiesische Zustände, von denen die Menschen noch vor wenigen Jahrzehnten nur träumen konnten.

Die Entwicklung einer Gesellschaft des Mangels zu einer Gesellschaft des Überflusses hat aus Nahrungsmitteln zunehmend Genussmittel gemacht. Auf den Überfluss reagieren die einen mit experimentierfreudigem Hedonismus und die anderen mit bewusster Selbstbeschränkung. Ernährung wird zum neuen Bekenntnis: von Fast Food bis Slow Food, von Low Carb bis Glyx-Diät, von Fleischessern bis zu Vegetariern, von toleranten Flexitariern bis zu strikten Veganern.

Die Palette der Ernährungsgewohnheiten hat eine rasante Ausdifferenzierung erlebt, die sich in der Produktpalette der Supermärkte und der Online-Anbieter, der Titel der Kochbücher und der Ernährungszeitschriften, der Spezialisierungen der Restaurants und der Systemgastronomie spiegelt. Hinzu kommen Events, die von regionalen Verköstigungen über gemeinsames Kochen, wie beispielsweise in der Cookeria der Ökotrophologin Anke Meiswinkel in Berlin, bis zum »Diner en blanc« reichen, bei dem sich inzwischen weltweit Menschen ganz in Weiß gekleidet mit weißem Geschirr, weißen Sitzmöbeln und Tischdecken ad hoc an öffentlichen Plätzen versammeln, um die Gemeinschaft des Essens zu zelebrieren.

Einen neuen Trend der Einstellung zur Ernährung hat die 1986 im piemontesischen Bra von Carlo Petrini gegründete Slow-Food-Bewegung eingeleitet. Weltweit gehören ihr inzwischen ungefähr 80 000 Mitglieder an. Sie setzen sich für eine Küche mit regionalen und saisonalen Produkten ein, die ihren authentischen Charakter bewahren und auf traditionelle oder ursprüngliche Weise hergestellt werden. Der Slogan lautet: gut, sauber und fair. Und das bedeutet, dass die industrielle Landwirtschaft ebenso wie gentechnisch veränderte Lebensmittel oder weite Transportwege von importierten Produkten abgelehnt wird. Die bekennenden Slow-Foodianer wollen wissen, wo herkommt, was im eigenen Magen landet, wie die Zutaten angebaut, verarbeitet und gekocht werden. Auf der Speisekarte der Slow-Food-Küche stehen deshalb primär traditionelle einheimische Produkte.

Wiederentdeckt werden alte Gemüsesorten wie Rote Bete, Pastinaken oder gelbe Rüben. Slow Food ist Ernährung mit Gewissen und Verantwortung: gegen Massentierhaltung und Billigfleisch, gegen Gentechnik in der Agrarindustrie, gegen Lebensmittelverschwendung. Die Slow-Foodianer setzen sich für die Erhaltung aussterbender Saatguten, für nachhaltiges Produzieren und Konsumieren und für faire Produktionsbedingungen ein. Aus dem Geist von Slow Food sind inzwischen in 150 Ländern regionale und lokale Tafelrunden entstanden. Und auch wenn nichts so heiß gegessen wird, wie es gekocht wird, wird dort zumindest ebenso heiß darüber diskutiert. Denn Geschmack ist nicht einfach nur Geschmackssache, sondern hat auch eine historische, kulturelle, soziale und ökonomische Dimension. Die Slow-Food-Anhänger wollen das Bewusstsein für die Produktionsbedingungen und unsere Ernährungsgewohnheiten sensibilisieren. Um den Gaumen für die Aromenvielfalt regionaler Produkte zu sensibilisieren, werden auch Verkostungen regionaler Produkte angeboten, die von Wasser bis Wein und von Pellkartoffeln bis Rosensenf reichen.

Traditionelle und regionale Küche bedeutet jedoch nicht, dass gekocht wird wie in alten Zeiten. Im Gegenteil: Spitzenköche experimentieren mit Kräutern, Knollen und Kartoffeln, um eine moderne, gesunde, avantgardistische Küche anzubieten, die Auge und Gaumen gleichermaßen überzeugt. Restaurants wie das »Reinstoff« in Berlin-Mitte bieten Menüs mit dem Titel »ganznah« oder auch »weiterdraußen« an, um den Schwerpunkt mit regionalen Zutaten ganz einfach auf der Karte deutlich zu machen. Wie sehr Genuss und Nachhaltigkeit im Trend sind, zeigen nicht nur der Verein »Slow Food Deutschland« und die Slow-Food-Messen wie »Markt des guten Geschmacks« oder »Slow Fish – Die Messe für nachhaltigen Genuss«, sondern auch, dass es bereits Magazine wie *Slow Food* und einen eigenen Slow-Food-Genussführer für Deutschlands Restaurants mit regionaler Küche gibt.

Wesentlich mehr Anhänger als die Slow-Food-Bewegung hat weltweit der Veganismus mit stark steigender Tendenz. Veganer lehnen den Verzehr von Tieren ebenso wie von tierischen Produkten ab. Während Vegetarier nur auf Fisch und Fleisch verzichten, aber Milchprodukte oder Eier essen, vermeiden Veganer sämtliche Nahrungsmittel tierischen Ursprungs. Die Motive für eine vegane Ernährung sind zahlreich. Sie reichen vom Tier- und Umweltschutz über das eigene Gesundheitsverständnis bis zur Welternährungsproblematik und Verteilungsgerechtigkeit. Die Bewegung der Veganer, die Mitte des 20. Jahrhunderts entstanden ist, erlebt zu Beginn des 21. Jahrhunderts mit veganen Kochbüchern, veganen Restaurants, veganen Messen und veganen Supermärkten eine rasant ansteigende Verbreitung. Allein unter den Top-100-Büchern bei Amazon finden sich drei vegane Kochbücher: *Vegan for fit, Vegan for Youth, Vegan for fun*. So wie die Slow-Food-Anhänger betrachten sich auch die Veganer als Gourmets mit Verantwortung.

Der Vegetarierbund Deutschlands schätzte im Jahr 2013 die Zahl der in Deutschland lebenden Veganer auf 700 000 – mit steigender Tendenz. Der Veganismus wäre in Zeiten des Mangels nicht denkbar gewesen. Dafür muss man nur einen Blick auf die Produkte werfen, die von Veganern konsumiert werden. Erst durch die Globalisierung sind Speisepläne mit Avocado und Austernpilzen, Seitan und Tempeh, Soja- und Kokosmilch, Mandeln und Cashewkernen möglich geworden.

In Zeiten der individuellen Ausdifferenzierung folgen auf Vegetarier und Veganer die Rohköstler. Ein weiterer Szenetrend mit einer eigenen Messe, der »Rohvolution«, Rohkost-Restaurants, Rohkost-Reisen, Rohkost-Workshops oder auch Rohkost-Wikis. Wer bei Rohkost-Ernährung an das Knabbern von Wurzeln oder Äpfeln denkt, ist nicht up to date. Denn auch die neue Rohkost-Küche verortet sich bereits in der Sterneküche als »Haute Cuisine Crue« mit Gourmet-Freuden, nur dass hier nichts über 42 Grad erhitzt wurde. Was wie auf einer klassischen Karte klingt, ist ein kulinarischer Etikettenschwindel. Denn der Pizzaboden besteht hier aus Sellerie, Petersilie, Leinsamen und getrockneten Tomaten, und wo Schokolade draufsteht, ist Carob drin, ein Schokoladenersatz aus der Frucht des Johannisbrotbaums.

Die Schattenseiten der westlichen Konsumwelt, die Bilder industrieller Massentierhaltung, Lebensmittelskandale, Zivilisationskrankheiten, aber auch ein gestiegenes Bewusstsein für die eigene Gesundheit und die Produktionsbedingungen treiben immer mehr Menschen zu alternativen Ernährungskonzepten. Nach Angaben des Vegetarierbundes Deutschland sind über sieben Millionen Menschen in Deutschland Vegetarier. Die 700 000 Veganer werden den Vegetariern zugerechnet, ebenso wie die geschätzten 25 000 Rohköstler. Das sind insgesamt fast 10 Prozent der Bevölkerung. Alternative Ernährungskonzepte haben Hochkonjunktur. Warum verzichtet jemand auf Suppen und Aufläufe, Pfannen- und Ofengerichte, alles Gebackene, Gebratene und Gekochte? Die neue Ernährungsphilosophie der Rohköstler setzt auf Enzyme und hitzeempfindliche Vitamine, die nur in der Rohkost erhalten seien. Auch wenn die Rohkost-Bewegung in Deutschland im Vergleich zu den USA, wo die Raw-Food-Bewegung in Städten längst fester Bestandteil der kulinarischen Vielfalt geworden ist, noch ein Nischendasein führt, steigen die Zahlen der Messebesucher von Jahr zu Jahr. Innerhalb von sechs Jahren hat die 2008 gestartete Rohvolution einen Zuwachs um 300 Prozent auf 6000 Messegäste erlebt.

An den steigenden Zahlen der Vegetarier, Veganer und Rohköstler lässt sich ein weltweit steigendes Ernährungsbewusstsein der Überflussgesellschaften ablesen, das längst mehr ist als eine Modebewegung oder ein kurzfristiger Hype. Und so liegt Jean-Christian Jury mit seiner Idee, das Konzept seines Restaurants »La Mano Verde« zur

Systemgastronomie auszubauen, voll im Trend der Zeit, denn er verbindet die vegane Küche mit feinsten Geschmackserlebnissen. Vielleicht ist es nur eine Frage der Zeit, bis den Fast-Food-Ketten Slow-Food-Ketten gegenüberstehen werden. Erste Ansätze wie bei Dean & David gibt es bereits. Frisch, vitaminreich und gesund ist die Devise vom eigens kreierten Salat bis zum ausgefallenen Wrap.

Mit dem steigenden Bewusstsein für die Ernährung geht zugleich eine historisch einmalige Ausdifferenzierung des Geschmacks einher. Während in Zeiten des Mangels kartoffel-, reis-, weizen- und maisbasierte Kulturen dominierten, stehen in Zeiten des Überflusses Gerichte aus der ganzen Welt auf den Speisekarten der Metropolen. Die Suche nach immer neuen Geschmackserlebnissen kennt keine Grenzen, da das Spiel mit immer neuen Kombinationen, Texturen, Aromen und Ingredienzien unbegrenzt ist.

Ob Wildpflanzen- und Wildkräuterküchen, wo Mispelketchup und Bärlauchcreme, Wiesenschaumkraut-Senf und Kapuzinerkresse-Pesto auf der Karte stehen, oder auch »Feuer & Glas«, wo mit mediterranen Aromen oder orientalischen Gewürzen selbst gekocht werden kann, über monotone Esskulturen kann sich in Überflussgesellschaften niemand beschweren. Und wer selbst mitmischen möchte, kann sich vom eigenen Müsli bis zur eigenen Schokolade sämtliche Ingredienzien bei Online-Anbietern wie MyMuesli oder Chocri individuell zusammenstellen und den Produkten dann auch noch einen eigenen Namen geben.

Die Zeiten begrenzter Marmeladenklassiker mit heimischen Obstsorten zum Frühstück sind zur legendären Qual der Marmeladenwahl geworden. Faszination Vielfalt oder Überforderung? Das entscheidet jeder für sich.

Worauf es beim Unternehmertum in Genussmärkten ankommt, ist ein gutes Alleinstellungsmerkmal, das den Trend der Zeit erkennt – Moden kommen und gehen, Klassiker bleiben, Exoten erregen Aufsehen. Zwischen Mangel und Überfluss, Lebensmittel und Genussmittel, Monokulturen und individueller Ausdifferenzierung, regionaler und globaler Küche experimentieren wir auf der Suche nach der goldenen Mitte von Gesundheit und Genuss, nicht nur für einige wenige, sondern für möglichst immer mehr Menschen auf der Erde.

V ALLES EINE FRAGE DER NACHFRAGE TOURISMUS, SPIRITUALITÄT, WELLNESS

11 / Singharaja Garden Eco Lodge Wie Alfons Stücke und Edna Möllers das Leben in der Natur neu erfinden

Was bewegt zwei Menschen dazu, alles aufzugeben, was sie haben, alles zu verkaufen, was sie besitzen, ihre Heimat zu verlassen und 11 000 Kilometer entfernt ein neues Leben aufzubauen? Die Chaostheorie sagt, dass der Flügelschlag eines Schmetterlings auf der anderen Welthalbkugel einen Tornado auslösen kann. Den Sturm im Leben von Alfons Stücke und Edna Möllers hat allerdings nicht der zarte Schlag eines Schmetterlingsflügels, sondern der Tsunami im Indischen Ozean ausgelöst, der 2004 Sri Lanka schwer getroffen hat.

Als die Nachricht vom Tsunami durch die Presse ging, kannten Alfons Stücke und Edna Möllers Sri Lanka schon seit Jahren aus den Erzählungen ihres Nachbarn und dessen Patensohn Anura de Silva. Wenn Anura einmal im Jahr aus Sri Lanka zu Besuch kam, dann wurde viel erzählt. Und so wurde ihnen die Insel trotz der Entfernung mit der Zeit immer vertrauter. 2002 besuchten Alfons und Edna Anura zum ersten Mal auf Sri Lanka. Er wohnte in der Nähe von Bentota im Haus seiner Eltern, das sich am Ufer des Bentota-Flusses inmitten paradiesisch anmutender Natur befand. Doch Traum und Albtraum lagen hier dicht beieinander. In unmittelbarer Nachbarschaft herrschten einfachste, für Europäer schockierende Lebensbedingungen. Als sich Edna Möllers von ihrem ersten Schock erholt hatte, sagte sie nur: »Da müssen wir etwas machen.« Und sie machten etwas.

Wo eine Toilette Luxus ist

Stücke und Möllers nahmen ihren gesamten Jahresurlaub, um in Sri Lanka an Entwicklungshilfeprojekten mitzuhelfen, Häuser für die Ärmsten der Armen zu bauen. Ein Dach über dem Kopf, Wasser, Licht, Kanalisation und eine Kochstelle für jede Familie des Dorfes – das war das Ziel. Nachdem der erste Kulturschock überwunden war, zog der Charme der Insel sie immer mehr in ihren Bann. Und so verbrachten sie schließlich jeden Urlaub auf Sri Lanka, um herumzureisen, zu helfen und jeden Winkel der Insel zu erkunden. In Kosgoda beteiligten sie sich an der Restaurierung alter Katamarane für die Fischer. In Matugama bauten sie mit der Unterstützung einer deutschen Stiftung ein neues Altenheim für 25 Personen. In der Nähe der Küste beteiligten sie sich an einem Entwicklungshilfeprojekt des Dorfes Warapitya bei Beruwala, das ihr ehemaliger Nachbar gemeinsam mit Anura ins Leben gerufen hatte. »Entwicklungszusammenarbeit entsteht in Gemeinschaft.«
Was aus einem gemeinschaftlichen Ziel werden kann, zeigt das Dorf Warapitya, wo inzwischen jeder Dorfbewohner ein Haus hat. Gemessen an europäischen Maßstäben darf man sich das allerdings nicht allzu luxuriös vorstellen. Doch gemessen an den Verhältnissen auf Sri Lanka stellen diese Unterkünfte einen großen Schritt dar, was den Schutz vor der Witterung angeht, ebenso wie die Verbesserung der Hygiene und Privatsphäre. In den meisten Häusern leben zwei bis

drei Generationen zusammen in einem Schlafzimmer, einem Gemeinschaftsraum und mit einer Toilette. 2800 Euro kostet ein einfaches, aus Stein gebautes Haus. Mit einem Eigenanteil zwischen 800 und 1000 Euro können die Besitzer das Haus nach ihren Bedürfnissen gestalten. Da es für jeden auf Sri Lanka ein erstrebenswertes Ziel ist, ein eigenes Haus zu haben, strengen sich die Menschen an, den Eigenanteil zusammenzusparen. Beim Bau muss dann die ganze Familie mit anpacken. Schreiner und Maurer werden ausschließlich aus der Gegend eingesetzt, damit das Handwerk vor Ort von den Projekten profitiert.

Bei ihrer Arbeit auf Sri Lanka wurden Alfons Stücke und Edna Möllers mit den Jahren immer vertrauter mit der Insel und der Kultur. Und das ständige Hin und Her zwischen den Kulturen arbeitete in ihnen weiter.

Wie neue Reiseziele entstehen

Anregungen kommen häufig von Vorbildern, Menschen, die etwas wagen, etwas anders machen und neue Perspektiven aufzeigen. Ihre holländischen Freunde Elisabeth und Ari, die nach Mallorca ausgewandert waren, um dort ihren Traum von einer Finca mit Gästezimmern zu verwirklichen, waren für Stücke und Möllers solche Vorbilder. Jedes Mal, wenn sie die beiden auf Mallorca besuchten, haben sie in der Sonne gelegen und gedacht, dass ihnen ein solches Leben auch gefallen könnte. Die Mallorca-Auswanderer erweiterten ihren Möglichkeitssinn für ein ganz anderes Leben als das, was sie in Münster als Angestellte führten. Langsam reifte die Idee in ihnen, eine Reiseagentur in Deutschland zu eröffnen, um Trekkingtouren auf Sri Lanka anzubieten. Sie erstellten eine Website, und ihr Freund Jürgen testete als erster »Trekker« die Route. Jürgen war noch nicht zurück von seiner ersten Tour, als Alfons Stücke und Edna Möllers die Nachricht vom Tsunami erreichte. Als sie mit Anura endlich telefonischen Kontakt hatten, sagte er nur: »Jürgen geht es gut. Er ist wie geplant im Hoch-

land. Doch hier bei uns ist die Hölle los. Versucht, etwas zu organisieren, Spenden zu bekommen, Kleidung, alles, was fehlt.« Nur wenige Tage nach dem Tsunami machten sich Möllers und Stücke mit den gesammelten Spenden und Hilfsgütern auf den Weg nach Sri Lanka.
Die Idee der Reiseagentur gaben sie angesichts der dramatischen Zustände auf Sri Lanka wieder auf und bauten stattdessen ihre Entwicklungshilfekampagne weiter aus. Als Stücke seiner Firma von seinen Plänen berichtete, startete der Betriebsrat eine Spendenaktion unter den rund 1000 Mitarbeitern, und Alfons bekam für sein ehrenamtliches Engagement eine Woche Sonderurlaub. Die Entwicklungshilfekampagne entwickelte sich für die Firma zu einer der aufmerksamkeitsstärksten PR-Kampagnen. Plötzlich war Alfons Stücke überall präsent – in der Werkszeitung, in den Kundenpräsentationen, im Radio und in den Münsteraner Zeitungen.
Dadurch entstand ein Schneeballeffekt. Viele Bekannte wollten helfen, aber sie wollten dafür eine Spendenquittung haben. Deshalb gründeten Möllers und Stücke Anfang 2005 den Verein »New Home Beruwala«, den sie nach dem Ort auf Sri Lanka benannten, in dem sie das erste Haus gebaut hatten. Heute sind sie stolz, dass ihre NGO, die rein ehrenamtlich betrieben wird, vom Bundesministerium für wirtschaftliche Zusammenarbeit und Entwicklung anerkannt wurde.

Wenn der Körper rebelliert

Es gibt Veränderungen im Leben, die sich langsam anbahnen und manchmal erst sichtbar werden, wenn eine Schwelle des Erträglichen überschritten wird. Wie ein Mensch reagiert, hängt oft davon ab, wie sich die innere Verfassung zu den äußeren Lebensumständen verhält. Alfons Stücke hatte fast 20 Jahre in derselben Firma gearbeitet, in der er als gelernter Mechaniker in der Produktion tätig war. Jahrelange Schichtarbeit und einschneidende Veränderungen im Management hatten die Arbeitsbedingungen mit der Zeit verschlechtert. Er versuchte, sich zu arrangieren, doch dann kam der Burn-out. Sechs Wochen verbrachte Stücke in einer psychosomatischen Rehaklinik. Dort wurde der Rucksack, in den er im Laufe seines Lebens einiges hineingepackt hatte, einmal aufgemacht und gründlich ausgeschüttet. Zum Vorschein kam eine explosive Mischung: Privat lebte er unter einem Dach mit seiner Mutter. Die Scheidung von seiner ersten Frau entwickelte sich zu einem Rosenkrieg. Im Beruf fühlte er sich von der Führung degradiert und gemobbt. Die Presseaufmerksamkeit im Zusammenhang mit der Entwicklungsarbeit hatte ihm nicht nur Freunde beschert. Das war einfach zu viel.

Durch den Zusammenbruch wurde ihm klar, dass er eine Auszeit brauchte, um sich mit Anfang vierzig neu zu sortieren. Ein Jahr lang war er durch den Burn-out krankgeschrieben. Genügend Zeit nicht nur zum Nachdenken, sondern auch zum Umdenken. Wer durch solche Krisen geht, stellt vieles in seinem Leben in Frage und stellt oft grundsätzliche Fragen noch einmal neu. Die Ziele der ersten Lebenshälfte – Haus, Karriere, Ehe, Kinder – waren erfüllt, aber sie waren nicht mehr erfüllend. Sich eine solche Bilanz einzugestehen ist nicht einfach. Und auch ein neues Ziel zu finden, das so sinnvoll und erstrebenswert erscheint, dass die eigene Lebensenergie wieder in den Fluss kommt, ist nicht ganz einfach. Die Bereitschaft, etwas Neues zu wagen, war da. Doch wie in einer Inkubationsphase musste die entscheidende Idee erst einmal reifen.

Alfons Stücke und Edna Möllers dachten in dieser Phase über verschiedene Projekte der Selbständigkeit in ihrer Heimat nach, die aber schon im Vorwege scheiterten. Sie waren zwar enttäuscht, aber sie überlegten weiter, denn sie wussten, dass Widerstände dazu da sind, überwunden zu werden. Nach und nach entwickelte sich die Idee, gemeinsam auszuwandern und eine Öko-Lodge auf Sri Lanka zu bauen. Alfons Stücke war vierundvierzig, als er kündigte, um ein neues Leben zu wagen. Als diese Entscheidung gefällt war, spürte er mit einem Mal, was das Paradox »Die Krise als Chance« bedeutet. Mit einem beflügelnden Ziel vor Augen kehrte seine alte Energie zurück. Er brachte alles mit, was man für einen Neuanfang braucht: Lernbereitschaft, Ziel-

strebigkeit, Durchhaltevermögen, die Bereitschaft, die Komfortzone zu verlassen, den Mut, Neues zu wagen und aus Fehlern zu lernen.
Endlich wich der lähmende Zustand des Ausgebranntseins einer sinnvollen Aufgabe, die ein neues Feuer in ihm entfachte. Als ihm das Ziel klar vor Augen stand, ergaben sich die nächsten Schritte fast wie von selbst. Er erstellte einen Businessplan für eine Öko-Lodge auf Sri Lanka, den er über die Agentur für Arbeit bei der Kreditanstalt für Wiederaufbau einreichen und prüfen lassen musste. Der für ihn zuständige Sachbearbeiter war sofort begeistert von dem Plan und überzeugt, dass das ein Selbstläufer werden würde, so dass Stücke eine großartige Unterstützung erfuhr.
Die KfW wollte einen Fünfjahresplan sehen, und Alfons Stücke musste abschätzen, ab wann seine Lodge schwarze Zahlen schreiben würde. Er wusste, dass er ungefähr fünf Jahre finanziell überbrücken könnte, da er auf Sri Lanka angesichts der vergleichsweise niedrigen Lebenshaltungskosten nicht viel zum Leben brauchte. Er rechnete mit anderthalb Jahren Vorlaufzeit für den Aufbau der Lodge. Da der Plan ambitioniert und realisierbar klang, gewährte ihm die Agentur für Arbeit eine Unternehmerförderung, nachdem er eine Reiseagentur und ein Gewerbe in Deutschland angemeldet hatte. Dieser taktisch kluge Schachzug, zu dem ihn sein Berater ermutigt hatte, war ein weiterer wichtiger Baustein bei der langsamen Abnabelung aus Deutschland.
Im Turbotempo absolvierte Stücke die notwendigen Schulungen: eine Ausbildung zum Kajaklehrer, eine Ausbildung zum Naturführer, eine Kurzeinführung in den kaufmännischen Bereich zur Buchführung, eine Fortbildung zum Reiseleiter, die Kurzausbildung zum Reiseveranstalter, und »last, but not least« frischte er sein Englisch auf. Edna Möllers machte parallel dazu eine Ausbildung als Yogalehrerin und Ayurvedaberaterin. Doch diese Geschichte ist ein anderes Kapitel.
Stücke verkaufte alles, was er hatte, Haus, Land und Eigentumswohnung. Damit sicherte er die Finanzierungen für den Unterhalt seiner beiden Kinder, den Bau der Lodge und die Übersiedlung seiner Mutter in den Haushalt seiner Schwester. Von seinem sterbenskranken

Vater verabschiedete er sich in dem Wissen, dass er ihn nicht mehr wiedersehen würde. Sein Vater, der sich vom Lagerarbeiter zum Geschäftsführer hochgearbeitet hatte, machte sich Sorgen, dass Alfons Stücke sich mit seinem Projekt finanziell übernehmen könnte. Doch die Planungen seines Sohnes standen fest.

Wie alles begann

Eines Tages meldete sich Anura bei Alfons, und Edna und fragte, ob sie seiner Bekannten Kamani Lasanthi Jayasinghe mit ihrem Verein helfen könnten. Ihr Mann sei in einen Brunnen gefallen und ertrunken, hieß es. Witwen enden auf Sri Lanka oft als Prostituierte. Vor diesem Schicksal wollte Anura seine Bekannte bewahren.

Da das Budget des Vereins »New Home Beruwala« bereits für den Bau des Altenheims verplant war, wollten sie bei ihrer nächsten Reise nach Sri Lanka schauen, was sie für die Frau tun konnten. Zu Ostern 2005 lernten sie Kamani und ihre Kinder kennen. Das war Liebe auf den ersten Blick, und da stand fest, dass sie ihr helfen würden. Gemeinsam machten sie sich auf die Suche nach einer geeigneten Unterkunft. Bei einer Fahrt über die Insel zeigte Anura ihnen ein traumhaftes Grundstück mit einem verfallenen Haus, das zum Verkauf stand. Dann ging alles viel schneller als gedacht. Mit der Unterstützung befreundeter Rechtsanwälte aus Münster kauften sie das Grundstück. Kurz darauf begannen sie unter der Leitung von Anura damit, ein neues Haus für Kamani und ihre Kinder zu bauen. In weiser Vorausschau planten sie auch gleich zwei Gästezimmer für sich, die Familie und Freunde mit ein.

Bereits Ende 2005 war das Haus fertig. Kamani zog mit ihren Kindern ein. Drei Jahre lang verbrachten Alfons Stücke und Edna Möllers sämtliche Urlaube bei Kamani. Es gab keinen Strom, und das hieß: kein Kühlschrank, keine Waschmaschine und kein elektrisches Licht. Trotz dieser und anderer Entbehrungen integrierten sie sich mit der Zeit immer mehr in die ländliche Gemeinschaft von Yattapatha am

Rande des Singharaja-Regenwaldes. Sie erlebten eine vollkommen neue Form der Lebensqualität. Dieses Lebensgefühl wollten sie mit anderen teilen. Und so entstand schließlich die Idee für die Singharaja Garden Eco Lodge, die sie im Jahr 2009 eröffnet haben. Da es für Deutsche ausgeschlossen ist, auf Sri Lanka Land zu erwerben, wurde Kamani ihre Geschäftspartnerin. Das waren Entscheidungen, die nicht nur Mut kosteten, sondern auch Vertrauen voraussetzten.
Stücke brachte landwirtschaftliches Know-how, handwerkliche Fähigkeiten und einen guten architektonischen Sinn mit. Im Austausch mit Anura, der sich mit den tropischen Bedingungen auf Sri Lanka gut auskennt, konzipierte er den Ausbau des Haupthauses, die Bungalows mit Natursteinpools und Solarenergie sowie die Gartenarchitektur in dem steil abfallenden Tal mit mäandernden Wegen aus Natursteinen und malerischen Ausblicken ins Tal. Bauerfahrungen hatte Alfons Stücke aus Deutschland mitgebracht. Mit 20 Jahren hatte er das ländliche Anwesen seiner Eltern, später zwei Altbauwohnungen in moderne Penthäuser umgebaut. Für alle neuen Herausforderungen hieß es »learning by doing«. Anura brachte die nötigen Kontakte zu den Behörden mit. Seinem politischen Einfluss war es zu verdanken, dass sie die anfänglich skeptischen Behörden in Singharaja umgehen und sich mit ihren Anträgen direkt an die Behörden in Colombo wenden konnten. Mit jeder neuen Herausforderung lernten sie die Kultur und die Mentalität besser kennen.
Nachdem alle bürokratischen Hürden genommen waren, wurde schließlich der Grundstein für eine neue Existenz gelegt. Aus dieser Grundsteinlegung wurde ein kleines Paradies, in dem nicht nur harte körperliche Arbeit steckt, sondern auch konzeptioneller Weitblick für eine andere Art des Reisens und viel Liebe zum Detail. Wer in der Singharaja Garden Eco Lodge ankommt, wirft von der Terrasse des Haupthauses einen Blick in ein weites Tal mit Tausenden von Grüntönen von Teesträuchern, Bambus, Palmen, Reis und zahllosen exotischen Pflanzen. Wer hier ankommt, betritt eine tropische Welt und kann eines der beiden Gästezimmer im Haupthaus wählen oder

einen der beiden separaten, stilvoll gestalteten Bungalows, die von einem eigenen Garten umgeben, sind in dem ein Natursteinpool von einem vorbeifließenden Bach natürlich gefüllt wird. Wer hier Urlaub macht, kann für sich sein oder in Gesellschaft der Gastgeber die Gegend mit Kanus, Mountainbikes oder auch zu Fuß erkunden. Stücke hat sich ein profundes Wissen über Flora und Fauna angeeignet, das er auf seinen Exkursionen weitergibt, und er hat gute Kontakte zu seinen Nachbarn aufgebaut. Bei einem gemeinsamen Morgenspaziergang wurden wir von einem seiner Nachbarn eingeladen, eine frisch geerntete Passionsfrucht aus seinem Garten zu probieren. Das sind Erlebnisse, die man nicht vergisst: das Licht, die Morgenstimmung, der intensive Geschmack der reifen Frucht, das Vogelgezwitscher … So sind die einst geplanten Trekkingtouren im tropischen Regenwald auf Sri Lanka doch noch Wirklichkeit geworden.

Beim Bau der Singharaja Garden Eco Lodge gab es ein paar Prinzipien, die Stücke und Möllers wichtig waren: dass alles naturverbunden, ökologisch und nachhaltig gestaltet wird. Das Grundstück hat einen eigenen Brunnen mit Trinkwasser. Strom wird über eine Fotovoltaikanlage erzeugt, und das Duschwasser wird mit einer Solarzelle auf dem Dach geheizt. Die beiden haben mit ihrer Öko-Lodge Arbeitsplätze für Menschen aus der Nachbarschaft geschaffen, so dass die Region von den Neuankömmlingen profitiert. Söhne von Bauern, die in der Landwirtschaft versauert wären, bekommen hier eine Chance, sich weiterzuentwickeln. Dafür muss allerdings nicht nur sprachlich, sondern auch kulturell gedolmetscht werden.

Die Menschen auf Sri Lanka sind es kaum gewohnt, eigenständig zu arbeiten. Deshalb hat Alfons Stücke ein Bewertungssystem eingeführt, um die Eigeninitiative seiner Mitarbeiter zu entwickeln und auch zu belohnen. Und das funktioniert. Obgleich Stücke den Hut aufhat, ist der Umgangston familiär. Es wird viel gelacht, und die englischen Unterhaltungen sind mit singhalesischen Bruchstücken durchsetzt. Alfons Stücke und Edna Möllers haben ein gutes Gespür dafür, wie sie die Menschen aus der Nachbarschaft, mit denen sie zusammenarbeiten, integrieren, ihnen Entwicklungsmöglichkeiten geben und ihr Selbstwertgefühl stärken. Hier wird nach Spielregeln gespielt, die die Basis für eine interkulturelle Gemeinschaft bilden und Offenheit dafür lassen, an den kulturellen Unterschieden gemeinsam zu wachsen. Globalisierung bekommt hier ein Gesicht, wenn beim gemeinsamen Essen Erfahrungen und Geschichten ausgetauscht werden.

Anfang 2010, sechs Jahre nach dem Tsunami, war es dann so weit. Mit der Eröffnung kamen auch gleich die ersten Gäste. Als bereits kurz nach der Eröffnung beide Bungalows vermietet waren, wussten die beiden, dass sie auf dem richtigen Weg waren. Drei Jahre waren sie nicht nach Deutschland zurückgekehrt. Das war der Abstand, den Alfons Stücke für den radikalen Neuanfang brauchte. Er wusste, dass man bei so großen Herausforderungen konsequent nach vorn blicken muss.

Heute hat Alfons Stücke den Eindruck, angekommen zu sein und eine Aufgabe gefunden zu haben, die sein Leben mit Sinn erfüllt. Er, der vom Land kommt und dem die Landwirtschaft sozusagen in die Wiege gelegt wurde, kann bei der landwirtschaftlichen Entwicklung des Areals seine Fähigkeiten entfalten. Das Projekt ist inzwischen so erfolgreich, dass Stücke Schulungen gemeinsam mit dem Landwirtschaftsministerium zur ökologischen Landwirtschaft durchführt. Der Beamte, der für die Gegend um Singharaja zuständig ist, sorgt mittlerweile sogar persönlich dafür, dass Spenden über das Ministerium für Pflanzen, Saatgut und Kokosnusspalmen gewährt werden.

Wer so einen Weg begleitet

Wer einen mutigen Schritt wagt, braucht Menschen, die ihn begleiten, fördern und unterstützen. Wer auswandert, lässt Menschen zurück und ist offen für neue Begegnungen. Wer auswandert, erlebt, wer von den Freunden bleibt und wer auf der Strecke bleibt. Wer sein Leben so radikal verändert, lässt vertraute Gewohnheiten los und schafft ein neues Leben unter vollkommen neuen Bedingungen. Doch jeder

Neuaufbruch baut auf den Erfahrungen des eigenen Lebens auf. Bei seiner Berufswahl hatte Stücke keine Entscheidungsfreiheit. Eines Tages sagte seine alleinerziehende Mutter zu ihm: »Meine Freundin hat einen Landmaschinenladen, geh da mal hin.« Und wie es für viele Söhne ehemaliger Bauern typisch war, wurde er Landmaschinenmechaniker. Auch wenn seine Eltern die Landwirtschaft mit seiner Geburt aufgegeben hatten, blieben die Wurzeln. Beim Bau der Lodge brauchte er seine handwerklichen und technischen Fähigkeiten ebenso wie sein landwirtschaftliches Know-how. Die Fähigkeit, Verantwortung für Bauprojekte zu übernehmen, auch in finanzieller Hinsicht, hatte er schon früh gelernt. Als er zwölf war, trennten sich seine Eltern. Sechs Jahre später stand das Elternhaus kurz vor der Zwangsversteigerung. Da löste Alfons Stücke seinen in der Lehre abgeschlossenen Bausparvertrag auf und sah sich nach einer gut bezahlten Arbeit um, um das Haus weiter finanzieren zu können. Und so landete er als Mechaniker in der Industrie, wo er 19 Jahre blieb. Er gründete eine Familie und baute das Elternhaus weiter aus, bis es zum Bruch auf fast allen Ebenen kam.

Wie es weitergeht

Stücke und Möllers planen einen dritten Bungalow und einen weiteren Yogabereich. Viel größer wollen sie nicht werden, da ihnen die Lebensqualität für sich und ihre Gäste wichtiger ist als ökonomisches Wachstum. Ab und zu nimmt Stücke noch den Wirtschaftsplan zur Hand, um zu vergleichen, wo er gerade steht. Doch was für ihn zählt, ist nicht, die getätigten Investitionen wieder zu erwirtschaften, sondern ein ausgewogenes, erfüllendes Leben zu führen. Mit dem bisher erreichten Ergebnis ist er zufrieden. Sie haben Deutschland verlassen, um einer Lebensweise zu entkommen, die für sie nicht mehr mit Lebensfreude verbunden war. Auf Sri Lanka haben sie ein neues Lebensgefühl und eine neue Lebensform gefunden, zu der Lebensfreude ebenso wie Miteinander und Austausch zählen. Begeisterung blitzt aus

Alfons Stückes blauen Augen, wenn er sich an das euphorisierende Gefühl erinnert, mit dem er seine Vision umgesetzt hat, und bei aller Anstrengung, die es auch gekostet hat, überwiegt doch das beflügelnde Gefühl, ein wirklich großes Projekt verwirklicht zu haben.
Stücke und Möllers sind aus Deutschland fortgegangen, um auf Sri Lanka anzukommen. Sie sind ein Risiko eingegangen, haben das gewohnte Leben aufgegeben und etwas ganz Neues aufgebaut. Mit Verantwortungsgefühl und Gestaltungswillen haben sie das Leben in der Natur neu erfunden und mit allen Annehmlichkeiten der Zivilisation inmitten des Dschungels verbunden. Das fasziniert die Gäste ebenso wie die deutschsprachigen Volontäre, die bis zu drei Monate in der Singharaja Garden Eco Lodge für soziale und ökologische Projekte aufgenommen werden. Während sie mit der ersten Volontärin noch ohne Strom gemeinsam am Fluss Wäsche gewaschen, auf der Baustelle geschuftet und abends zusammen gesungen haben, erwartet die Volontäre heute ein kleines Paradies. Hier kann studiert werden, was nachhaltigen Tourismus in sozialer und ökologischer Sicht auszeichnet und was bei einer Synthese aus zwei unterschiedlichen Kulturen entstehen kann, wenn Perfektionismus und Gelassenheit, technisches Know-how und weitgehend unberührte Natur aufeinandertreffen. Bei Alfons Stücke und Edna Möllers hat sich der Möglichkeitssinn ebenso verändert wie bei den Menschen, mit denen sie zusammenarbeiten.

ERFOLGSGEHEIMNISSE

Hard Facts: Um seine Idee zum Erfolg zu führen, brauchte Alfons Stücke neben der Vision, wie alles einmal werden soll, vor allem einen realistischen Sinn für das Machbare sowie das notwendige Durchhaltevermögen bei den Widerständen, die bei einem so ambitionierten Projekt nicht ausbleiben. Bei der Konzeption und beim Bau der Lodge konnte er all seine Stärken und Fähigkeiten ausspielen, und was er für ein Leben im Ausland und im Tourismus noch brauchte, eignete er sich an. Da er von Anfang an beim Marketing konsequent aufs Internet gesetzt hat, mit einem eigenen Blog, einer Facebook-Seite, Verlinkungen mit Internetseiten von Bio-Natur-Urlaub bis Travel-friends sowie Bewertungen bei Tripadvisor und Holiday-Check, erzielte er rasch die Bekanntheit und Auslastung, die er sich wünschte.

Soft Skills: Mit Einfühlungsvermögen, ästhetischem Sinn und ökologischen Werten haben Alfons Stücke und Edna Möllers neue Maßstäbe im Öko-Tourismus gesetzt, die vor allem auch den Bewohnern vor Ort zugutekommen. Sie haben ein großes Areal einzigartig gestaltet und dabei Rücksicht auf die Gegebenheiten der Natur und Kultur genommen. Ökologisch bedeutet hier nicht Verzicht, sondern Gewinn an Ästhetik und Naturverbundenheit, die auch eine bodenständige, einfache, vegetarische und vegane Küche mit einschließt. Reis, Gewürze und Obst stammen entweder aus den eigenen Biogärten oder von den Kleinbauern aus der Nachbarschaft. Gründungswilligen rät Stücke: »Tu das, woran du wirklich Spaß hast, und folge deiner Intuition.«

Chance: War es Zufall, war es Glück? Die beiden sind Menschen begegnet, die sie überhaupt erst auf die Idee brachten, dass Auswandern eine Alternative sein könnte. Diese Idee hat sich langsam entwickelt. Mit etwas Glück kann eine Krise zur Chance werden, da sie erlaubt, Altes loszulassen und damit offen für Neues zu werden. Die Phase des Burn-outs war so eine Krise, aus der Alfons Stücke wie Phönix aus der Asche wieder aufgestiegen ist.

www.singharaja-garden.com
www.new-home-beruwala.de

12 / Haola Qigong
Wie Bruno-Maria Brys die Lebensenergie zum Fließen bringt

Qigong ist eine chinesische Meditations- und Bewegungsform, die Körper und Geist durch Atem-, Bewegungs- und Konzentrationsübungen in ein harmonisches Gleichgewicht bringt, indem sie die Lebensenergie Qi fließen lässt. Die Vorstellung, dass sich das Potenzial eines Menschen erst entfalten kann, wenn sein Qi im Fluss ist, kommt aus der jahrtausendealten traditionellen chinesischen Medizin. Menschen, die eine innere Blockade überwinden wollen, die sich in Form von Schmerzen, mangelnder Energie, fehlender Konzentration oder auch Lebensfreude äußern kann, entdecken häufig Qigong als neuen Weg für sich. Der belgische Dirigent Bruno-Maria Brys kam in einer turbulenten Phase seines Lebens mit Qigong in Berührung und beschloss, nachdem er 30 Jahre seines Lebens der Musik gewidmet hatte, Qigong-Lehrer zu werden.

Ein Junge, der weiß, was er will

Schon mit elf Jahren stand für Bruno fest, was er werden wollte: Musiker. Mit sechs hatte er mit dem Klavierspielen begonnen. Auf dem Klavierhocker war er in seinem Element. Nur dass seine Mutter, die Musiklehrerin war, sich immer neben ihn ans Klavier setzte, gefiel dem Jungen, der früh seinen eigenen Kopf hatte, überhaupt nicht. Da half nur eins, die Geduld seiner Mutter auf die Probe zu stellen, und so übte er bereits mit sieben Jahren täglich zwei Stunden. Er lernte gleichzeitig lesen und Noten lesen. Erklang ein Ton, wusste er sofort, welche Note es war. Damit stand fest, dass er das absolute Gehör hatte. Das hat Vorteile, aber auch Nachteile. Da sich die Ohren nicht so einfach schließen lassen wie die Augen, wurde nicht nur jeder Klang, sondern eben auch jeder Missklang von ihm wahrgenommen.

Bruno stand jeden Tag um sechs Uhr auf, um vor dem Beginn der Schule bereits eine Stunde Klavier zu üben. Mit zwölf Jahren saß er

drei Stunden täglich am Klavier, am Wochenende sogar fünf. Das Klavierspielen war seine Lieblingsbeschäftigung. Und so lag es nach seinem Schulabschluss nahe, sich gemeinsam mit seinem Klavierlehrer nach einem guten Lehrer für seine Ausbildung als Pianist umzusehen. Sein Klavierlehrer nahm ihn dafür aus dem belgischen Ort Harelbeke mit nach Brüssel zu dem berühmten Pianisten Eduardo del Pueyo, in dessen Klasse am Konservatorium sich außergewöhnliche Begabungen und Wunderkinder zur Vorbereitung auf den Königin-Elisabeth-Wettbewerb versammelten. Wer in dieser Klasse innerhalb von drei Wochen ein Chopinkonzert lernte, wurde nicht wie ein Genie bewundert, sondern setzte die Maßstäbe für alle anderen – und die waren hoch. Brunos ganzes Leben war Klang: üben, neue Stücke einstudieren, vorspielen, Konzerte geben. Nach drei Jahren kam die Stunde der Abschlussprüfung. Bruno fiel durch. Er ärgerte sich maßlos, da er jeden Tag acht Stunden gespielt hatte. Da die Prüfung für seine Karriere entscheidend war, hatte er keine Wahl, drehte eine Ehrenrunde und trat ein Jahr später noch einmal an. Diesmal gewann er den ersten Preis und hatte damit das »billet d'entrée« für eine Pianistenlaufbahn in der Tasche. Regelmäßig traf er »à l'heure du thé« Eduardo del Pueyo, der ihn als Privatlehrer weiter unterrichtete. Erst wurde Tee getrunken, um die Neuigkeiten aus der Musikwelt zu besprechen, dann setzte sich Bruno an den Flügel, um vorzuspielen. Wenn die letzte Note verklungen war, fing sein Lehrer an, mit ihm über das Stück zu sprechen. Als Bruno nach dem letzten Verklingen der Note bereits wusste, was sein Lehrer gleich sagen würde, wusste er, dass es für ihn Zeit war, ins Ausland zu gehen.
Er hätte gern in Russland studiert. Doch es war die Zeit des Kalten Krieges. Und so entschied er sich für ein Studium in Amerika. Nachdem die Entscheidung für Amerika gefallen war, musste er nur noch das Geld für das Studium auftreiben. Bruno erstellte eine Liste von Managern, Industriellen, Bankern und Menschen, von denen er wusste, dass sie als potenzielle Sponsoren in Frage kämen. Er rechnete sich aus, dass er sein Studium finanzieren könnte, wenn er von jedem auf

seiner Liste Genannten 1000 Dollar bekäme, und schrieb sie kurzerhand mit seinem Anliegen an. Einer der Industriellen, der den Direktor der Musikschule, die Bruno besucht hatte, gut kannte, zog Erkundigungen über diesen selbstbewussten jungen Mann ein. Drei Wochen später bekam Bruno eine Zusage mit dem Wortlaut, dass er sagen solle, welchen Betrag er pro Monat für sein Studium in den USA benötige. Das war fast wie im Märchen. Die Eltern zahlten die Miete und der Sponsor den Rest.

Als er in den USA ankam, wurde er gefragt: »Do you have a scholarship?« Und er konnte antworten: »No, I have a private sponsor.« Nach seiner Pianistenausbildung bei Susan Starr in Philadelphia stand für Bruno fest, dass er ins Land der Musik von Schumann, Beethoven und Brahms gehen musste. Und so zog er weiter nach Düsseldorf, wo er 1982 seine Prüfung als Kapellmeister am Robert Schumann Institut ablegte. Es folgten Etappen als Dirigent beim Orchester im Theater in Oberhausen, als Pianist in Bayreuth und schließlich als dirigierender Assistent des General-Musikdirektors an der Staatsoper in Nürnberg, wo er schon in der ersten Spielzeit seine eigene Produktion bekam und sechs Jahre blieb. Er studierte Musicals und Operetten ein, dirigierte Big Bands und Sinfonieorchester. Und dann passierte etwas, das sein ganzes Leben verändern sollte.

Eines Morgens wachte er auf und konnte seinen linken Arm kaum noch bewegen. Da er sich seit den 1980er Jahren mit Buddhismus und Meditation beschäftigte, wusste er, dass diese Blockade etwas zu bedeuten hatte. Daraufhin horchte er in sich hinein und spürte, dass er sich wie ein Gefangener des Orchestergrabens fühlte, dem er nur wenige Wochen im Jahr entkommen konnte. Ohne zu wissen, was kommen würde, beschloss er zu kündigen. Er gab alles auf: sein Gehalt, seine Sicherheit als Angestellter, den Köder, am Dirigentenpult Karriere zu machen, und das Lebensmodell, das er bis dahin mit all seiner Willenskraft aufgebaut hatte. Den Mut für diesen Schritt gab ihm seine Frau, eine Südafrikanerin, die er kurz zuvor geheiratet hatte.

Nachdem er seine Entscheidung gefällt hatte, besserte sich sein Gesundheitszustand nach und nach, so dass er noch ein Jahr als freischaffender Dirigent arbeitete. Auf die Kündigung folgte der nächste mutige Schritt. Im Alter von 38 Jahren wanderte er aus und ging mit seiner Frau nach Südafrika, wo ihre Familie lebte. Der Plan war, in Südafrika weiterhin als Dirigent zu arbeiten. Doch nicht immer lassen sich Plan und Wirklichkeit miteinander vereinbaren. Nachdem er einige Zeit bei verschiedenen Orchestern als Gastdirigent gearbeitet hatte, veränderte sich die politische Lage und auch die Orchesterlandschaft. »Annehmen und umdenken« lautete die Devise.

Ein Mann, der tut, was er kann

Die Umstände lieferten die Fakten, und Brys reagierte darauf mit einer Mischung aus spielerischer Neugier und handfestem Pragmatismus. Die Brys hatten ihre gesamten Rücklagen in eine Lizenz für eine Lernsoftware eines Franchiseunternehmens investiert, mit der Studenten ihr Gedächtnis trainieren konnten. Das war der Plan seiner Frau. Doch nachdem sie als Franchisenehmerin das Verkaufstraining durchlaufen hatte, merkte sie beim ersten Kundentermin, dass sie die größte Fehlinvestition ihres Lebens getätigt hatte. Bruno entschied, so schnell nicht aufzugeben, und ging zu dem General Manager des Unternehmens. Da er gute Erfahrungen mit unkonventionellen Methoden in seinem Leben gemacht hatte, sagte er zu ihm in entwaffnender Offenheit: »Ich habe nicht die geringste Ahnung, was das Thema Verkauf angeht, aber ich habe sehr gute Ohren. Hier ist mein Kassettenrekorder, bitte erzählen Sie mir alles, was ich wissen muss.«
Rückblickend sagt Bruno, dass er unglaubliches Glück hatte, bei einem der besten Verkaufstrainer gelandet zu sein, dessen Verständnis zwischenmenschlicher Beziehungen unübertrefflich war. Bruno studierte die Kassettenrekorderaufnahmen wochenlang bis ins letzte Detail. Er achtete genau darauf, was der Trainer sagte, wie er es sagte und zu wem er wann was sagte. Nach einem Monat Training wagte er sich zum

ersten Verkaufstermin, nach dem dritten Termin hatte er sein erstes Erfolgserlebnis. Was aus schierer Not geboren war, entwickelte sich rasch zu einer neuen Lebensgrundlage. Bei einem Elternabend an einem Gymnasium in Durban demonstrierte er vor 500 Eltern das Gedächtnistraining. Die Demonstration war so beeindruckend, dass er nicht nur 40 Programme an diesem Abend verkaufte, was enorme Einnahmen bedeutete, sondern ihm wurde sogar ein eigenes Büro in der Schule angeboten.

Bruno hatte viele Bücher über Verkauf, Vertrieb, NLP und Körpersprache gelesen und von dem Salesprofi alles gelernt, was er zum Erfolg brauchte. Und so fiel es ihm nach dem Umzug von Durban nach Johannesburg nicht schwer, als Leiter eines nationalen Spracheninstituts Verkaufsprofis auszubilden. Zehn Jahre lang arbeitete Bruno in Afrika im Bereich Sales & Marketing – erfolgreich. Ein radikalerer Bruch in der eigenen Berufsbiografie, als vom Dirigentenpult ins Marketing zu wechseln, ist wohl kaum denkbar. Doch das war noch nicht der letzte Umbruch im Leben von Bruno-Maria Brys.

Ein Buch, das alles verändert

Eines Tages stand Brys wieder einmal in seinem Lieblingsbuchladen, wo ihm ein Buch über Qigong in die Hände fiel. Er begann zu blättern, und schon nachdem er den ersten Satz gelesen hatte, war er in den Bann der Thematik gezogen. Nachdem er die 307 Seiten des Buches *A Complete Guide to Chi-Gung … harnessing the Power of the Universe* von Daniel Reid in zwei Tagen verschlungen hatte, wusste er, dass ihm in seinem Leben noch einmal etwas ganz Neues bevorstand. Er wollte diese einzigartige Verbindung zugleich körperlicher und geistiger Übungen praktizieren lernen. Die Essenz des Qigong lässt sich nicht durch geistige Auseinandersetzung, sondern einzig durch konsequentes Üben erfahren. Übung macht den Meister, das wusste Brys bereits aus anderen Zusammenhängen. Und so machte er sich auf die Suche nach einem Lehrer.

Bei einer buddhistischen Versammlung lernte er Alan Portuesi, einen Qigong-Lehrer, kennen und durch ihn das Zhineng-Qigong, das von dem Qigong-Großmeister Dr. Pang Ming entwickelt wurde, der neueste wissenschaftliche Erkenntnisse der Neurophysiologie mit dem uralten Wissen des Qigong verband. Die starke Wirkung der Auseinandersetzung mit Qigong erlebte Bruno am eigenen Leib, denn es brachte nicht nur sein Qi zum Fließen, sondern führte auch zu ganz neuen Lebensentscheidungen. Während eines Urlaubs im Jahr 2000 am Mondsee in Österreich fiel die Entscheidung der Brys, dass sie Afrika wieder verlassen und nach Deutschland zurückkehren wollten, wo sie sich kennengelernt hatten.
Sie machten eine Liste all der Dinge, die ihnen wichtig sind: gute Luft, Berge, See, Natur. Und so fiel die Wahl auf Lindau am Bodensee. Ein Jahr später fand der Umzug statt. Die Entscheidung hing wesentlich mit der in Johannesburg erlebten Kriminalität zusammen. Sie wurden zweimal überfallen, einmal sogar in der eigenen Wohnung in einem gut geschützten Penthouse, so dass sie wussten, dass der Einbruch von jemandem aus dem eigenen Haus verübt worden sein musste. Da stellte sich den Brys die Frage, was es für einen Sinn hat, eine Lebensform zu praktizieren, die einem ein langes und gesundes Leben ermöglicht, wenn man an der nächsten Straßenecke umgebracht werden kann.

Ein Mensch, der umsetzt, was er träumt

Und so packten sie ihre Siebensachen und zogen von Südafrika zurück nach Deutschland. Nach dem Umzug hieß es für Brys, noch einmal von vorn anzufangen. Er suchte sich einen neuen Job für den Lebensunterhalt im Sales- und Marketingbereich und belegte nebenher Seminare in Qigong. Nach einem Jahr stand für ihn fest, dass er sich ganz dem Qigong widmen wollte, und so begann er im Alter von 48 Jahren eine Ausbildung zum Qigong-Lehrer am Chi Neng Institute Europe. Dieser Schritt verlangte Bruno noch einmal genauso viel Mut ab wie die Entscheidung, nach Afrika zu gehen, nur dass er in-

zwischen zehn Jahre älter war. Und er sagt es ganz offen: »Der Anfang war schwer.«
Er bot Qigong-Seminare an verschiedenen Orten in Deutschland, Österreich und der Schweiz an. Zu seinen ersten Schülern im Jahr 2003 zählte der Transformationstherapeut Robert Betz, der ihn einige Jahre später in einer E-Mail fragte, ob er Qigong im Rahmen seiner Seminare auf Lesbos anbieten wollte. Bruno sagte zu. Diese Kooperation war der Anfang einer für beide Seiten bereichernden Zusammenarbeit. Bruno-Maria Brys entdeckte die Synergieeffekte von Kooperationen und begann daraufhin, mit Heilpraktikern, Kliniken, Sanatorien und Wellness-Hotels zusammenzuarbeiten. So baute Brys die neue Selbständigkeit langsam auf, bis er eines Tages entdeckte, dass er sich als Qigong-Lehrer einen Namen gemacht hatte und kaum noch Werbung machen musste. Durch regelmäßige Fortbildungen mit chinesischen Qigong-Meistern wie Hu Xi Long in China, Ooi Kean Hin in Malaysia, Meister Mingtong Gu in Amerika oder Meister Su Dongyue in Schweden vertiefte er seine Kenntnisse von Jahr zu Jahr.
Das Vermitteln von Inhalten bezeichnet Brys, der aus einer Lehrerfamilie stammt, als die Konstante in seinem bewegten Leben. Nachdem er selbst als Dirigent erlebt hat, zu welchen körperlichen Blockaden Stress führen kann, geht es ihm heute darum, möglichst vielen Menschen mit Haola Qigong einen Weg zu einem gesunden Leben zu zeigen, bei dem jeder die Kraft aus der Verbindung zum inneren Selbst und zum Universum schöpft. Mit der Selbständigkeit als Qigong-Lehrer hat sich Bruno-Maria Brys einen Lebenstraum erfüllt. Täglich praktiziert er Qigong, unterrichtet, unterstützt seine Schüler in Liveseminaren – oder über Skype, Webinare und Mails –, studiert chinesische Quellen zum Qigong, hält Vorträge, leitet Workshops, unter anderem zum Thema »Qigong für Musiker«, und bildet inzwischen auch selbst Qigong-Lehrer aus.
Brys hat sich bei seinem Lebensweg, wie er selbst sagt, nicht an anderen Menschen orientiert – mit Ausnahme des Verkaufsgenies Barry Katz im Sales- und Marketingbereich –, sondern ist konsequent sei-

nen eigenen Weg mit all den dazugehörigen Umwegen gegangen. Doch es gab Menschen, die ihn als wichtige Wegbegleiter geprägt haben: sein erster Musiklehrer Roland Coryn, der ihm die Leidenschaft für die Musik vermittelt hat, und sein Harmonielehrer Elias Gystelinck, der ihn als Freidenker, Querdenker und Rebell in vielen Dingen geprägt hat. Von ihm hat er nicht nur das Handwerk des Musikers, sondern auch den Sinn für alles Unorthodoxe vermittelt bekommen.

Nach all diesen Wegen und Umwegen ist Bruno-Maria Brys bei sich angekommen. Er liebt, was er tut. Heute geht es ihm darum, das Potenzial, das jeder Mensch in sich trägt, durch Qigong zu fördern. »Haola Qigong« bedeutet »Du bist schon gesund« oder auch »Es ist schon geschehen« – aber das erfährt eben nur, wer regelmäßig übt.

ERFOLGSGEHEIMNISSE

Hard Facts: Der Marathonläufer und Nomade zwischen den Kontinenten und Kulturen rät jedem Existenzgründer, das zu machen, was ihm wirklich Spaß macht. Den eigenen Neigungen zu folgen war für Bruno-Maria Brys der Schlüssel zur persönlichen Entwicklung und Erfüllung. »Ich habe die Dinge nur so lange gemacht, wie sie mir Spaß gemacht haben. Denn nur wenn man mit ganzem Herzen dabei ist, kann man die nötige Energie aufbringen, um Erfolg zu haben.« Ob als Pianist, als Salesmanager oder als Qigong-Lehrer – immer ging es Brys um die Sache selbst, niemals war eine seiner Beschäftigungen nur Mittel zum Zweck.

Soft Skills: Als buddhistisch geschulter und perfektionistisch angetriebener Lebenskünstler gibt es für Bruno immer nur eine Sache, auf die er sich ganz konzentriert. Multitasking ist für ihn ein absolutes »No-Go«. »Wir können viele Dinge nacheinander machen, aber niemals gleichzeitig.«

Die Welt ist heute voll von Dingen, von denen andere vor der Realisierung meinten, dass das unmöglich sei. Deshalb ist entscheidend, zunächst selbst an die eigene Vision zu glauben. Dafür muss man sich häufig von Konventionen befreien und wagen, Dinge neu und anders zu sehen und zu machen. »Ich denke nie, das geht nicht, sondern frage mich immer, was muss ich tun, damit es geht.«

Chance: Durch eine Lebenskrise, in der er den Eindruck hatte, von negativen Kräften beherrscht zu werden, hat er gelernt, dass ihm nichts und niemand helfen kann, wenn er nicht selbst die Tür dazu öffnet. Er unterstreicht, wie wichtig es ist, sich nicht als Spielball der Entwicklungen wahrzunehmen, sondern zu erkennen, dass jeder selbst bestimmt, welche Entscheidungen er trifft und wie er sein Leben führt. Er ist überzeugt, dass jeder seine Ziele erreichen kann, der seiner inneren Stimme folgt. »Entweder lässt sich realisieren, was ich anstrebe, dann bin ich im Einklang mit meinem Qi. Oder ich stoße auf Widerstände. Dann lasse ich los in dem Bewusstsein, dass es nicht das Richtige war, und werde damit frei für das nächste Wunder in meinem Leben.« Eine geniale Gabe des Menschen ist für Bruno die Fähigkeit, sich unabhängig von dem Umfeld, in dem er sich befindet, innerhalb kurzer Zeit immer wieder neu orientieren zu können, um die Leiter wieder und wieder neu hochzuklettern.

www.haola.de

13 / Erfolgsgeschichte Dudu Osun
Wie Erica Schiffmann ihren Weg zwischen Traum und Albtraum findet

Was macht man mit einem Container voller Seife, von der man weder genau weiß, wo sie herkommt, noch genau weiß, wo sie hinsoll? Erica Schiffmann hat ihr gesamtes Kapital in schwarze Seife aus Nigeria investiert. Ohne zu wissen, wie man mit dem Vertrieb exotischer Seife die Existenz einer Familie mit drei Kindern sichert, legte sie los. Schritt für Schritt baute sie ihr Unternehmen »Spa Vivent« auf ihrem Reiterhof auf, wo sie genügend Platz hatte, um ein großes Lager und ein Büro einzurichten.

Je näher ich dem Hof Fuhrenkamp in Hollenstedt komme, desto grüner, verschlungener und verwunschener werden die Straßen. Als das Schild »Spa Vivent« auftaucht, weiß ich, dass ich am Ziel bin. Von dem inmitten von Wiesen und Feldern gelegenen Reiterhof aus vertreibt Erica Schiffmann mit ihrem Unternehmen Spa Vivent schwarze Seife aus Nigeria.

Der Name der Seife klingt wie ein Zauberwort aus einem Märchen: Dudu Osun. In der Sprache der Yoruba bedeutet Dudu Osun »schwarze Seife«. Seit Jahrhunderten wird schwarze Seife in Westafrika zur Körperpflege verwendet. Ich fahre auf ein großes Gehöft, wo sich neben Pferdeställen und einem idyllisch gelegenen Privatanwesen inzwischen auch Lager, Vertrieb und Büro für Dudu Osun befinden.

Vom Hof Fuhrenkamp in Hollenstedt aus wird die schwarze Seife aus Nigeria in alle Himmelsrichtungen in Deutschland verschickt. Die blonde Geschäftsführerin Erica Schiffmann empfängt mich mit einem strahlenden Lächeln und führt mich erst einmal stolz auf ihrem herrlichen Anwesen herum: Im Garten durchwühlen Schweine den Erdboden, direkt daneben schlagen Pfauen ihr Rad. Bodenständiges und Exotisches treffen hier aufeinander. In den Ställen des Hofs duftet es nach Heu, und auf den sich weit hinter dem Hof ausdehnenden Wiesen traben die Pferde frei herum. Es riecht nach Landluft und nach Landlust.

Als Pferdenärrin kam die gebürtige Schwedin mit Anfang zwanzig nach Deutschland. Sie hatte sich in einen Hufschmied verliebt, ein großes Gut gekauft und ihren Traum einer Reitschule verwirklicht. Dann kamen die Kinder, die Tochter Elisabeth, anderthalb Jahre später die Zwillinge Erik und Ewa. Aber nicht alle Geschichten enden mit einem Happy End. Die Ehe brach auseinander, und plötzlich stand Erica Schiffmann mit einem großen Hof von zwölf Hektar da. Was macht man als ausgebildete Speditionskauffrau mit drei Kindern, zwölf Pferden und einem großen Hof, der sich durch Reitunterricht allein nicht trägt?

Erica Schiffmann merkte rasch, dass es ihr nicht guttat, allein auf dem Hof zu bleiben. Ihr Traum verwandelte sich für sie in einen Albtraum. Nach zehn Jahren mit Kindern, Pferden und einem Mann an ihrer Seite wusste sie nach der Trennung nicht, wie es weitergehen sollte. Sie spürte, dass ihr allein die Kraft für einen Neuanfang fehlte. Eine Bekannte, die ein Spa in Buxtehude aufbaute, bot ihr an, bei ihr mit einzusteigen. Die Einladung kam wie gerufen. So wurde das Spa Vivent in Buxtehude für sie zu einem Zufluchtsort, wo sie einen Neuanfang wagte.

Sie unterstützte ihre Bekannte dabei, schwarze Seife mit dem Namen »Ile Noire« zu vertreiben. Begeistert von dem neuen Projekt stieg sie mit ihren gesamten Rücklagen ins Unternehmen ein. Doch ein Unglück kommt selten allein. Nach kurzer Zeit stellte sich heraus, dass sie nicht mit einer erfahrenen Geschäftsfrau zusammenarbeitete, sondern dass sie in ein verschuldetes Unternehmen investiert hatte. Das vermeintliche Rettungsboot stellte sich als leck heraus. Aus dem partnerschaftlichen Miteinander wurde angesichts der aussichtslosen Situation ein handfestes Gegeneinander. Da ein Ende mit Schrecken immer noch besser als ein Schrecken ohne Ende ist, half nur der juristische Weg. Die beiden Jungunternehmerinnen trennten sich, und am Ende des Tages stand Erica Schiffmann mit einem Container voller Seife da – 73 000 Stück schwarze Seife, die ihr das Gericht als Gegenwert für ihr eingebrachtes Kapital zugesprochen hatte. Ihre Freunde, die sich selbst als Realisten sahen, rieten ihr zur sofortigen Anmeldung der Insolvenz. Sie schien auf einem Parcours der Trennungen unterwegs zu sein: erst vom Mann, dann von der Geschäftspartnerin und schließlich auch noch vom gerade erst gestarteten neuen Unternehmen.

Was macht man mit einem Container voller Seife? Ihr erster Gedanke war: »Zur Not gehe ich auf den Hamburger Fischmarkt und verkaufe einfach dort die ganze Seife.« Mit dieser Idee, die aus der Überzeugung kam, dass sich schon noch eine Lösung finden werde, erwachten Erica Schiffmanns Pragmatismus, Tatendrang und Lebensfreude neu. Anhand der Rechnungen nahm sie Kontakt mit den Herstellern in Nigeria auf, was nicht ganz einfach war. Doch als sie einmal entschlossen war, weiterzumachen, nachdem sie ihr gesamtes Kapital in schwarze Seife investiert hatte, folgte ein Schritt auf den anderen.

Das gewisse Etwas

Sie erzählte all ihren Freunden und Bekannten von ihrem neuen Unternehmen, holte Rat ein, suchte nach neuen Kooperationspartnern und begegnete bei ihrer Suche genau dem Richtigen. Einer ihrer Freunde stellte ihr den Vertriebs- und Marketingexperten Stephan Bartmann vor. Bartmann war fasziniert von dem unternehmerischen Mut dieser Frau, die alles auf eine Karte setzte, um für sich und ihre Kinder eine neue Existenz aufzubauen. Die beiden begegneten sich zum richtigen Augenblick am richtigen Ort. Bartmann fand die Idee, ein Unternehmen mit schwarzer Seife aufzubauen, so charmant, dass er dafür sein eigenes Unternehmen für den Bau von Schwedenhäusern kurzerhand aufgab, um bei Dudu Osun mit einzusteigen. Auf dem idyllischen Hof Fuhrenkamp konnte er sich plötzlich vorstellen anzukommen. Es funkte zwischen den beiden. Und Erica Schiffmann

gewann einen neuen Partner – nicht nur für die Seife, sondern gleich fürs ganze Leben.
In nächtelangen Gesprächen entwarfen die beiden neue Vermarktungsstrategien. Dabei wurde auch der Name »Ile Noire« wieder in den ursprünglichen Begriff »Dudu Osun« zurückverwandelt, der Markenname, unter dem die Seife von Nigeria aus nach Europa und Amerika seitdem vertrieben wird. Auch das Design der Verpackung entwickelten die beiden neu mit weißer Schrift auf schwarzem Grund, um mit einem eigenen Corporate Design an den Markt zu gehen.
Um neue Kunden zu gewinnen, verschickten sie die erste Seifenprobe an den Versandhändler Waschbär. Die Antwort kam prompt und war positiv. Die Seife passte ins Sortiment der naturverbundenen Produkte, und Waschbär wurde der erste Kunde, der eine Palette pro Monat abnahm. Rasch entwickelte sich Dudu Osun zum Bestseller bei Waschbär. Ermutigt von diesem Erfolg schickten sie die nächste Probe an das Unternehmen Manufactum, in dessen Sortiment die Seife ebenfalls hervorragend passte. So war der nächste Kunde mit etablierten Vertriebskanälen gewonnen. Mit dem Unternehmen Depot ging es erfolgreich weiter. Dann folgten die ersten Messeerfahrungen. Weder auf der »Beauty International« in Düsseldorf noch auf der »Beauty-Forum« in München konnte sich die schwarze Seife Dudu Osun neben all den zart verpackten weißen Seifen aus Ziegenmilch oder den am Markt eingeführten grünen Seifen aus Olivenöl durchsetzen. Doch aller guten Dinge sind drei. Auf der »Ambiente« in Frankfurt kam schließlich der Durchbruch mit der naturbelassenen Seife, die wie ein Elefantenhaufen aufgestapelt war und Neugierde bei den Messebesuchern weckte. Inzwischen wird die schwarze Seife über ausgesuchte Filialen von Rewe und zahlreiche Geschäfte mit Naturprodukten vertrieben. Sobald die zweite Bestellung eines neu gewonnenen Kunden eingeht, wissen die Geschäftsführer, dass Dudu Osun sich neben den etablierten Produkten behauptet hat.

Der Geheimtipp

Weiß ist die Farbe der Reinheit. Wieso kaufen Menschen in Europa und Amerika schwarze Seife aus Nigeria? Welchen Mehrwert muss Seife bieten, damit Käufer bereit sind, dafür wesentlich tiefer in die Tasche zu greifen als für ein in Deutschland produziertes Stück Kernseife? Die aus Naturprodukten hergestellte schwarze Seife ist ein Geheimtipp für Menschen mit Hautproblemen. Die Seife wird aus schwarzem Palmkernöl, der Asche verbrannter Fruchtstände von Palmfrüchten und Karitébutter aus den Fruchtkernen des Sheanussbaums hergestellt. Diese Inhaltsstoffe sind für die meisten Menschen extrem gut verträglich. Doch nicht nur die Zunahme von Allergien gegen synthetische Inhaltsstoffe trägt zum Erfolg des naturbelassenen Produkts bei. Schwarze Seife passt auch hervorragend ins ästhetische Gesamtkonzept durchgestylter Bäder. Männer lieben die Seife, da sie von Kopf bis Fuß für die Körperpflege geeignet ist, so dass sie eine Vielzahl von Tuben, Flaschen und Tiegeln durch ein Stück Seife ersetzen können. »Simplify« ist die Devise.

Und so wurde eine der großen Hallen auf dem Pferdehof zum Lager des ersten Containers. Bereits nach einem Jahr waren die beiden Frischverliebten in den schwarzen Zahlen. Die Markennamen »Spa Vivent« und »Dudu Osun« haben sie sich europaweit gesichert, und durch eine einheitliche Verpackung haben sie die Seife zur Marke gemacht. Sobald der Durchbruch geschafft war, ging es mit neuen Ideen weiter. Inzwischen werden passende Olivenholzschalen als Seifenschalen angeboten. Was als Abfallprodukt aus Restholzstücken entstand, hat sich zusammen mit der Seife zum Bestseller entwickelt.

Die Pläne gehen weiter. Ziel ist, einen Container mit 73 000 Stück Seife pro Monat zu verkaufen. Dafür kurbeln sie ordentlich an der Professionalisierung von Marketing und Vertrieb. Mit einer PR-Fachfrau werden erste Events organisiert. Zum Muttertag können die Mütter ihre Töchter zum Reiten auf dem Pferdehof den Reitlehrern überlassen, während sie sich selbst eine Wellness-Behandlung mit Dudu Osun und Massage im neu eingerichteten Massageraum gönnen.

Vielleicht wird es eines Tages Spa-Vivent-Läden in ganz Deutschland oder auch ein Franchisesystem geben. Doch bis dahin müssen zunächst die Liefer- und Verständigungsschwierigkeiten mit den Partnern in Nigeria überwunden werden, weshalb sie sowohl über eine eigene Produktion als auch über neue Kooperationspartner in anderen Ländern nachdenken.
Durch den neuen Partner Stephan Bartmann begann auf dem Hof Fuhrenkamp für Erica Schiffmann ein neues Leben. Inzwischen führen sie das Unternehmen zu zweit. Auf dem idyllisch gelegenen Hof Fuhrenkamp werden Arbeit und Leben, Reiten und Wellness, Landleben und Exotik erfolgreich miteinander verbunden. Die Töchter kommen vom Reiten zurück und freuen sich über die Hüpfburg, die gerade für das nächste Hofevent angeliefert wurde. Die Geschäftsführerin von Spa Vivent arbeitet an ihrem Computer die Bestellungen ab und wartet auf die nächste Lieferung aus Nigeria.
Ihr Erfolgsgeheimnis heißt Liebe. Gemeinsam lassen sich die beim Import auftretenden Probleme als neue Herausforderung annehmen. Mit frischem Vertriebs- und Marketing-Know-how ausgestattet, weiß sie inzwischen, worauf es beim Aufbau einer neuen Marke ankommt: Dudu Osun. Schwarze Seife im Bad, das hat nicht jeder – noch nicht.

ERFOLGSGEHEIMNISSE

Hard Facts: Die Vertriebsexpertin hat erfahren, wie wichtig Kooperationen mit bereits am Markt etablierten Unternehmen für den Vertrieb eines exotischen Nischenprodukts sind. Deshalb rät sie, geeignete Partner zu finden.
Da Versuch und Irrtum zu jeder Unternehmensgründung gehören, empfiehlt Erica Schiffmann, bewusst auch einmal ungewöhnliche Wege zu gehen, um beispielsweise bei Messen als Exot aufzufallen, was ihr bei ihren eigenen Messeauftritten beim dritten Anlauf gelungen ist. Auch auf gesättigten Märkten lassen sich neue Pro-

dukte einführen, allerdings nur, wenn sie einem Bedürfnis der Kunden entsprechen und das gewisse Etwas haben, um aufzufallen. Die schwarze Seife aus Nigeria verbindet den Trend zu Naturprodukten, insbesondere bei Menschen, die zu Allergien und Hautproblemen neigen, mit dem Trend zu außergewöhnlichen exotischen Produkten.

Der erste Schritt, um ein neues Produkt wie schwarze Seife am Markt zu etablieren, ist nicht ganz einfach. Doch sind die Vertriebswege erst einmal etabliert, lassen sie sich anschließend für Annexprodukte wie zum Beispiel Seifenschalen sehr gut nutzen.

Soft Skills: Erica Schiffmann rät Gründern, nicht aufzugeben, wenn einen der Mut manchmal auch zu verlassen droht, sondern mutig und pragmatisch den nächsten Schritt zu gehen, indem jedes Problem als neue Herausforderung angenommen wird. Denn die erfolgreichen Unternehmen zeichnen sich gerade dadurch aus, wie sie mit Widerständen umgehen.

Chance: Erica Schiffmann ist den richtigen Menschen im richtigen Augenblick begegnet und hat erlebt, dass sich eine Krise zur Chance wenden kann, aber auch, wie viel Kraft das kostet.

www.spavivent-buxtehude.de

TREND V
MÖGLICHST EXOTISCH

> *»In unserer Gesellschaft existiert alles, was wir uns vorstellen können, im Überfluss. Was ist die natürliche Reaktion der Menschen? Nach etwas zu suchen, das einfach anders ist.«*[27]

Der Mensch ist Abenteurer, Explorer, Weltentdecker und grundsätzlich neugierig. Davon künden die Weltreisen und Entdeckungen, Kartografierungen der Welt und Vermessungen des Alls. Ob Nord- oder Südpol, Kontinente oder Meere, Weltraum oder Meerestiefe, nichts ist vor der Neugierde des Menschen sicher. Welteroberung bedeutet immer, vom Bekannten zum Unbekannten vorzustoßen, vom Vertrauten zum Unvertrauten, vom Eignen zum Fremden und vom Heimischen zum Exotischen.

Was in früheren Jahrhunderten nur wenigen Privilegierten vorbehalten war, können sich heute immer mehr Menschen leisten: Reisen um die Welt, Entdeckungen ferner Kontinente und Kulturen, fremder Aromen und Gerüche, vielfältiger Eindrücke und Bilder. Was uns motiviert, Entfernungen zu überbrücken und Reisen anzutreten, ist der Reiz des Anderen und die Faszination des Exotischen.

In Zeiten homogener, geschlossener Kulturen wurden die Exotismen wie Chinoiserie, Japonismus oder auch Orientalismus von den Europäern aus einer eurozentrischen Perspektive wahrgenommen. Was man nicht kannte, wurde am Vertrauten gemessen und nach den eigenen Wertmustern beurteilt. Die vertrauten Beurteilungskriterien waren Maßstab und Messlatte für das Unvertraute. Doch die Landkarten der Wahrnehmung haben sich durch die Mobilität und Globalisierung verändert. Die Grenzen von Kulturen und Lebensformen sind in Bewegung geraten. Warenströme und Lebenswelten homogenisieren sich rund um den Globus, und Kulturen durchdringen und verändern sich wechselseitig. Wir sind heute Zeugen einer immensen kulturellen Vielfalt. Was gestern noch exotisch war, ist heute schon Teil der sich stän-

dig verändernden Kulturen. Wir tanzen Tango oder Salsa, machen Yoga oder Qigong, essen Döner oder Sushi, tragen Jeans oder Armani, machen Ayurveda-Kuren auf Sri Lanka oder Safaris in Südafrika, sehen japanische Trommler in Berlin oder Kecak-Tänze auf Bali. Was bleibt, ist der Reiz des Exotischen. Exotik macht Spaß und stimuliert die Sinne. Es ist die Neugierde am Anderen, die Lust an der Entdeckung, die Aufmerksamkeit für die Unterschiede und die Freude an der Varianz, die unsere Suche nach dem Exotischen antreibt.
Durch den Kontakt der Kulturen verändert sich das Alte, und Neues entsteht. Wie und wo partielle Kulturschmelzen stattfinden, hat viel mit Erwartungshaltungen zu tun. So ist Curry in Indien und in Deutschland nicht das Gleiche. Während sich Currypulver in Indien aus 13 verschiedenen Gewürzen von Bockshornklee über Koriander bis Kurkuma in immer wieder anderen Mischungsverhältnissen zusammensetzt, wurde der für den Export bestimmte Curry dem europäischen Geschmack angepasst und vereinheitlicht. Gewürze wie Pfeffer, Zimt oder Curry waren früher die Aromen exotischer Welten. Heute gehören sie zum Standardrepertoire der Supermärkte. Mit der Zeit verwischen die Grenzen zwischen dem Eigenen und dem Fremden, und auch der Ursprung gerät zunehmend in Vergessenheit. Wer sich mit Interkulturalität beschäftigt, kennt zahlreiche Beispiele solcher kulturellen Neuerfindungen und Symbiosen.
Diesen Trend der wechselseitigen Durchdringung der Kulturen verkörpern die Unternehmer Alfred Stücke und Edna Möllers, Bruno-Maria Brys und Erica Schiffmann. Durch ihre Auswanderung von Deutschland nach Sri Lanka haben sich Alfred Stücke und Edna Möllers auf eine andere Kultur eingelassen. Was sie im Gepäck hatten, war ihre eigene Kultur. Wenn das vermeintlich Normale und das vermeintlich Exotische aufeinandertreffen, wird man sich oft erst bewusst, was man alles für normal hält. Die Singharaja Garden Eco Lodge ist eine Symbiose aus deutscher und singhalesischer Kultur und Mentalität. Deutsche Nachhaltigkeit und deutscher Perfektionismus treffen auf ayurvedische Küche und singhalesische Lebenseinstellungen,

die Natur Sri Lankas wird zur Kulisse einer globalen Ästhetik mit Naturmaterialien, die angebotenen Exkursionen entsprechen den Erwartungen der Touristen an exotische Erfahrungen und werden mit importierten Mountainbikes und Kajaks angeboten. Bis in die Sprache – eine Mischung aus Englisch und singhalesischen Brocken – setzt sich die wechselseitige Durchdringung der Kulturen in diesem Mikrokosmos durch. Edna Möllers hat ihre Ausbildung zur Yogalehrerin in Deutschland gemacht und bietet heute ihren Gästen Yogakurse auf Sri Lanka an. Die Faszination der Exotik von Teeplantagen bis zu Jackfruchtbäumen und die Möglichkeiten der Globalisierung, die der moderne Verkehr bietet, haben sie als Unternehmer genutzt, um im Segment der Individualreisen ihre Nische zu finden.

Der Hang zum Exotischen hat fasst alle Lebensbereiche erfasst: ob exotische Gerichte, Reisen zu vermeintlich noch indigenen Kulturen, Musik, exotische Pflanzen oder auch Sport. Die einen gehen auf Reisen, um das Exotische zu finden, die anderen finden durch die interkulturelle Durchdringung die Exotik im eigenen Land, und wieder andere leben als Wanderer zwischen den Kulturen und werden damit zu Vermittlern zwischen dem Eigenen und dem Fremden.

Der Lebenslauf des Belgiers Bruno-Maria Brys ist symptomatisch für die Erfahrungen der Globalisierung im eigenen Leben: Geburt in Belgien, Musikstudium in Amerika, Musikerkarriere in Deutschland, Lebensphasen in Südafrika, Reisen um die Welt und Rückkehr nach Deutschland als Qigong-Lehrer. Die Begegnung mit dem Exotischen hinterlässt Spuren bei denen, die sich darauf einlassen. In der Exotik wird oft gesucht, was es in der eigenen Kultur nicht gibt, oder auch, was in der eigenen Kultur verloren gegangen ist: Muße und Stille, Besinnung und Spiritualität oder auch Übungen zur Verbindung von Körper und Geist werden nicht unbedingt in den eigenen Klöstern und Kirchen gesucht, sondern in den Traditionen Asiens. Asiatische Kampfkünste, Meditations- und Bewegungsformen werden inzwischen in Deutschland so selbstverständlich wie Reiten, Segeln oder Tennis angeboten.

Auch Qigong entspricht dem Hang zum Exotischen. Qigong ist eine chinesische Meditations- und Bewegungsform. Beim Qigong werden Atem- und Bewegungsübungen, Konzentrations- und Meditationsübungen so miteinander verbunden, dass sie Körper und Geist gleichermaßen kultivieren. Diese Verbindung von physischen und spirituellen Übungen spricht viele Menschen an, die die Gegenüberstellung von Körper und Geist überwinden möchten.
Mit seinem Angebot als Qigong-Lehrer antwortet Bruno-Maria Brys auf die Sehnsucht der Menschen in einer hochgradig ausdifferenzierten funktionalen Gesellschaft, wieder in Kontakt mit sich selbst zu kommen. In dem Maße, in dem Leistungsdruck, Wettbewerbsorientierung und Effizienzstreben neue Zivilisationskrankheiten von Burnout bis Stress hervorgebracht haben, entstehen Gegenbewegungen. Qigong ist das exotische Versprechen einer entspannten Gegenwelt zum angespannten Alltag. Statt um Leistungsdruck geht es hier um den Ausgleich von Anspannung und Entspannung, statt um Energieblockaden geht es um die Harmonisierung des Energieflusses im Körper, statt um das ewige Sitzen vor dem Computerbildschirm geht es hier um Stehübungen, um Konzentration auf das eigene Selbst und bewusste Selbstwahrnehmung.
Wenn vom Qi, der Lebensenergie im Körper, gesprochen wird, wird damit im Gegensatz zu vertrauten Bildern von Blutkreisläufen oder Nervenbahnen keine medizinische Dimension assoziiert, sondern eine holistische, die eine mentale, psychische und spirituelle Weiterentwicklung verspricht. Auf die Sehnsucht nach Ausgleich, Balance, Bewusstsein, Gesundheit und Harmonie einer unausgeglichenen Gesellschaft mit zunehmenden Zivilisationskrankheiten wird im Tourismus durch Ayurvedakuren, Heilfasten oder Yogareisen und im Wellness- und Lifestyle-Bereich durch Medical Wellness, einer Verbindung von Medizin und Wellness, geantwortet. Wellness ist dabei ein Synonym für Regeneration und Gesundheit. Wellness bedeutet, den eigenen Körper zu pflegen, Stress abzubauen, neue Energie zu tanken, gesünder zu leben und zu genießen. Qigong verspricht durch das

ganzheitliche Verständnis vom Körper eine Verbesserung der Lebensqualität und einen bewussten Lebensstil. Wer Qigong praktiziert, fühlt sich einer gewissen Elite zugehörig, die einen weltoffenen, bewussten Lebensstil praktiziert und damit zu einer exotischen Minderheit in einer Massengesellschaft wird. Exotische Lebensstile ermöglichen Distinktion in einer Massengesellschaft und vermitteln zugleich ein Zugehörigkeitsgefühl zu den Minoritäten Gleichgesinnter.

Diesem Bedürfnis nach Distinktion sowie Kultivierung eines individuellen Lebens- und Healthstyles entspricht auch die schwarze Seife Dudu Osun. Schwarze Seife muss man bestellen. Sie ist kein Massenartikel, der in Drogerien oder Supermärkten verkauft wird. Schwarze Seife ist ein Produkt, für das man sich bewusst entscheidet. Exotik in Verbindung mit Wellness macht Spaß und entspricht einer experimentierfreudigen Autonomie. Man probiert aus, was einem guttut, was einem gefällt, und entscheidet, welcher Community man angehören möchte.

Lifestyle und Healthstyle vermischen sich bei diesen Angeboten mit exotischem Touch. Und in allen Bereichen wird die exotische Erfahrung mit der Selbsterfahrung verbunden. Die Selbsterfahrung ist entscheidend. Man reist nach Sri Lanka, um sich bei Ayurveda, Exkursionen oder Yoga selbst zu spüren. Man macht Qigong, um sich auf allen Ebenen der Wahrnehmung bewusster zu erleben. Man wählt Pflegeprodukte für den Körper, um das eigene Wohlbefinden zu erhöhen.

Gesundheit und Wellness haben in einer alternden Gesellschaft einen extrem hohen Stellenwert. Doch während die allabendliche Werbung für Medikamente zur besten Sendezeit Wohlbefinden verspricht, während Krankheiten thematisiert werden, ist der exotische Healthstyle von Ayurveda über Massagen bis zu Qigong auch bei Partygesprächen gesellschaftsfähig. Achtsamkeit, Bewusstsein, Gesundheit, Nachhaltigkeit, Prophylaxe sind in einer auf Fitness und Wellness ausgerichteten Gesellschaft Werte, die in Verbindung mit einem exotischen Touch alles Pädagogische oder Moralische zugunsten des Besonderen und Außergewöhnlichen ablegen. Dabei wird der eigene Körper zunehmend zum Schauplatz des Lebenssinns. Wer es sich erlauben kann, investiert in Gesundheit, Schönheit, Fitness und Jugendlichkeit. Dabei geht es nicht nur um körperliches Wohlergehen, sondern auch um seelisches Wohlgefühl und geistige Fitness. Dieser holistische Ansatz wird eher in Asien als in Europa gesucht, also an exotischen Schauplätzen.

In hochgradig ausdifferenzierten Gesellschaften entstehen über gemeinsame Interessen neue Communitys, die sich in Yogaschulen, Slow-Food-Bewegungen oder Qigong-Gesellschaften treffen. Voraussetzung zur Aufnahme ist allein das Interesse an der Sache. Die hier ausgewählten Unternehmer gehören dabei zur Speerspitze dieser Entwicklung, denn sie verkörpern gelebte Interkulturalität durch ihre Mobilität, ihre Auseinandersetzung mit anderen Kulturen und den von ihnen zugleich geleisteten Kulturtransfer. Sie sind zu neuen Ufern aufgebrochen, um unterschiedliche Kulturen miteinander zu verbinden. Anstelle der Gegenüberstellung des Eigenen und des Fremden geht es ihnen um die Verbindung.

Doch auch wenn die Grenzen zwischen Orten und Sprachen, Hautfarben und Lebensformen in Bewegung geraten, bleibt das Exotische bei aller kreativen Vereinnahmung in bestimmten Kreisen ein Elitenphänomen: denjenigen vorbehalten, die dafür mental aufgeschlossen sind. In unserer pluralistischen Gesellschaft bilden sich zunehmend Lifestyle-Communitys heraus, in denen bestimmte Lebensstile und Genusspräferenzen, Konsumstile und Moden kultiviert werden.

Während das Eigene bekannt, vertraut und unspektakulär ist, fasziniert das Exotische durch seine Andersartigkeit. Möglichst exotisch heißt aber auch, sich des Eigenen durch das Fremde überhaupt erst bewusst zu werden. Selfness und Exotismus können, müssen aber keine Gegensätze sein. Werde, was du kannst, heißt also nicht: wo du bist, sondern wo du sein willst. Jeder Mensch kann heute zum Träger kultureller Vielfalt werden.

VI ALLES EINE FRAGE DER VERNETZUNG SOCIAL MEDIA, OPEN SOURCE, INTERNET-MARKETING

14 / Im Reich der unbegrenzten Möglichkeiten Wie Thomas Klußmann im ersten Jahr 3000 Kunden fürs Internet-Business gewinnt

Seine Name ist Klußmann, Thomas Klußmann, und er ist Gründer von gruender.de, einer Internetplattform für den neuen unternehmerischen Geist der »digital natives«, der im digitalen Zeitalter Geborenen. Googeln, twittern, bloggen, tweeten, skypen, chatten, mailen – noch vor wenigen Jahren hätte man sich gefragt, wovon die Rede ist und in welcher Sprache gesprochen wird. Wenn ich meinen 80-jährigen Eltern erzähle, womit ich mich beschäftige, verstehen sie nur Bahnhof, und als digitale Immigrantin der Babyboomer-Generation will ich nicht glauben, dass der Zug schon abgefahren ist. Deshalb besuche ich Internet-Marketing-Kongresse, nehme an Webinaren – Liveseminaren im World Wide Web – teil und lerne, wie Landing Pages im Gegensatz zu Homepages funktionieren.

Thomas Klußmann gehört zu der Generation der »digital natives« und ist als Kind seiner Zeit besessen vom Internet. Ihn faszinieren die Möglichkeiten des Internet-Business, und er weiß, wie sich die Social Media für neue Unternehmensformen nutzen lassen. Sein Wissen gibt er in Webinaren und auf DVDs weiter. Ich begegne ihm das erste Mal live auf dem Internet-Marketing-Kongress 2012 in Berlin, nachdem ich ihn zuvor bei seinen Webinaren zu seinem Spezialgebiet erlebt habe. Wie ein Fisch im Wasser bewegt sich der Social-Media Experte durch die sozialen Netze. Er weiß um das enorme ökonomische Potenzial, das in den Neuen Medien steckt, und hat sich darauf spezialisiert. Das Ziel, das ihn antreibt, ist, sein Unternehmen – gruender.de – auf- und auszubauen. Er weiß, wie man mit Internet-Marketing Millionär werden kann, und daran arbeitet er zurzeit 14 Stunden täglich.

Sie nennen es Arbeit

Klußmann ist, wie er selbst sagt, traditionell aufgewachsen. Seine Eltern hatten einen landwirtschaftlichen Betrieb in Ostwestfalen-Lippe, eine eher konservative Einstellung zum Leben und naturgemäß keine Ahnung von digitalen Welten und Internet-Business-Kulturen. Bis heute ist es für Klußmann nicht ganz einfach, seiner Mutter zu erklären, welcher Form der Arbeit er eigentlich nachgeht, wenn er sich in den digitalen Welten bewegt. Klußmann besuchte eine Realschule, machte ein Wirtschaftsabitur und anschließend eine klassische kaufmännische Ausbildung.

Dann kamen die ersten beruflichen Herausforderungen in mittelständischen Unternehmen. Das waren gute Jobs mit tollen Kollegen. Aber Klußmann hatte den Traum von der großen weiten Welt: Amerika, Australien, Indien. So entschloss er sich, eine gut dotierte Stelle zu kündigen, um ein sechssemestriges duales Studium im Bereich Marketing an der Fachhochschule der Wirtschaft in Paderborn zu beginnen. Durch das Studium lernte er vier unterschiedliche Unternehmen kennen und verbrachte zwei Auslandssemester in Australien und Indien. Durch diese anregenden Erfahrungen wurde ihm klar, was er wirklich wollte: sein eigenes Unternehmen. Er entwickelte zunächst die Idee, sich mit einem Online-Shop selbständig zu machen. Einer seiner Prüfer, Professor Dr. Oliver Pott, war Marktführer im Bereich »Geld verdienen im Internet«. Der Selfmade-Internet-Millionär, der wegen seines aggressiven Marketings in der Community nicht unumstritten ist, wurde für Klußmann zum Vorbild und Kooperationspartner. Als Serienunternehmensgründer spürte Pott sofort das energetische Potenzial bei Klußmann, der lieber arbeitet als fernzusehen. Bereits nach drei Monaten bekam Klußmann die Geschäftsleitung eines Unternehmens angeboten und nach neun Monaten eine Erfolgsbeteiligung. Doch Klußmann wollte mehr, er wollte sein eigenes Unternehmen.

Da Pott über die ungenutzte Domain »gruender.de« mit einem geschätzten Marktwert von 20 000 Euro verfügte, wurde Klußmann Anfang 2011 Geschäftsführer seines ersten eigenen Unternehmens. Der rasche Erfolg, innerhalb von nur einem Jahr 3000 Kunden gewonnen zu haben, der Klußmann schon nach kurzer Zeit den Titel des »Internet-Newcomers« einbrachte, hing wesentlich mit dem exzellenten Kontaktnetzwerk Potts zusammen, wie er selbst einräumt. Inzwischen ist Thomas Klußmann das Gesicht von www.gruender.de. In Schulungen, Webinaren und auf DVDs vermittelt er, wie ein Online-Business aufgebaut sein muss, um erfolgreich zu sein. Gründer.de unterstützt Selbständige, Einzelunternehmen, Privatpersonen und KMUs beim Aufbau und Ausbau eines Online-Business. Das Team setzt sich aus einem Traffic Manager, einem Content Manager, einem Mobile-Marketing-Experten und einem SEO-Experten zusammen. Allein die Anglizismen der neuen Experten zeigen, wie kosmopolitisch orientiert die Arbeitsmärkte durch das Internet geworden sind und welche Form der Expertise heute dort gefragt ist.

Als Pott Klußmann die Domain gruender.de überließ, war er bereits Marktführer mit founder.de, so dass sich die beiden Unternehmen bewusst Konkurrenz machen – nach dem Motto »Konkurrenz belebt das Geschäft«. Man muss eben die richtigen Personen zur richtigen Zeit treffen. Dieses Glück hatte Klußmann, denn Oliver Pott wurde für ihn zum wichtigsten Wegbegleiter mit vollkommen neuen Denk- und Herangehensweisen.

Sie kennen die Neuen Medien

Klußmann wollte mit seiner Bachelorarbeit zeigen, dass es möglich ist, auf der Basis der Analyse von Kundenanforderungen ein Produkt erfolgreich im Internet am Markt zu platzieren. Dafür hat er sich mit dem ökonomischen Potenzial, das in Facebook steckt, auseinandergesetzt und sich gefragt, wie man Facebook als Einzelunternehmer nutzen kann. Daraus ist ein Video-Kurs entstanden, mit dem er sich rasch als Social-Media-Experte am Markt positioniert hat.

Am Anfang war sich Klußmann selbst nicht bewusst, welche unglaubliche Hebelwirkung in den Social Media steckt. Erst als er sein Produkt verkaufte, merkte er, wie wertvoll das Thema im wahrsten Sinne des Wortes für ihn war. Das Kundenfeedback war überwältigend. So entstanden in kurzer Folge Workshops, Webinare und weitere Produkte wie die »Black Edition«, ein DVD-Selbstlernkurs zur Nutzung der Social Media für das Internet-Business.

Eines seiner nächsten Produkte wird sich den neuesten amerikanischen Trends widmen. Dafür hat er interessante amerikanische Unternehmen im Bereich Online-Marketing besucht und interviewt und ist überall auf beeindruckende Offenheit, flache Hierarchien und eine angenehme Mischung aus Know-how und Entertainment gestoßen.

Der Internet-Marketing-Kongress, der im Jahr 2010 zum ersten Mal stattfand, versammelt lauter junge Unternehmer, die erfolgreich ins Internet-Business eingestiegen sind, wie Thomas Klußmann. Auf den Charts der PowerPoint-gestützten Vorträge werden schwindelerregende Verdienstmöglichkeiten und erstaunliche Best-Practice-Beispiele vorgeführt, die den Arbeitsmarkt aus der Sicht der Eltern und der Babyboomer-Generation revolutioniert haben. Im Internet-Business Millionär werden zu können hält auch Klußmann für realistisch. Doch wenn man ihn sprechen hört, hat man den Eindruck, dass das eher ein Abfallprodukt als ein angestrebtes Ziel ist. Mit einer hohen intrinsischen Motivation ausgestattet, sucht Klußmann ständig neue Herausforderungen. Es macht ihm einfach Spaß, eigene Konzepte zum Erfolg zu führen.

Auf die Frage, ob es bei Vierzehnstundentagen noch Raum für persönliche Interessen gibt, die nichts mit dem Business zu tun haben, sagt Klußmann kurz und knapp: »Mein Beruf ist mein Hobby.« Entspannen scheint für den schlanken jungen Mann ein Fremdwort zu sein, denn selbst der Sport, den er als Ausgleich anführt, hat es in sich: Sportflugzeuge fliegen. »Work hard, play hard« ist seine Devise, das heißt ab und zu »eine Woche ohne Handy, ohne Mails und mit einem Buch, das nichts mit dem Thema zu tun hat«.

Klußmann gehört zu einer jungen Generation von Unternehmern, die neue Märkte im Internet erschließen, Märkte, die sich schon längst von einem beargwöhnten Nischenmarkt zu einem gigantischen Zukunftsmarkt entwickelt haben, in dem sich mehr und mehr Menschen tummeln, die sich nach finanzieller Freiheit jenseits des Angestelltendaseins sehnen.

Im digitalen Zeitalter verändern sich die Spielregeln. In der Sprache der Internet-Marketer zählen nicht grafisch ansprechend gestaltete Homepages, sondern sogenannte »Landing Pages«, die vor allem den Regeln der Verkaufspsychologie unterworfen sind. Wer nicht auf den ersten Blick erklären kann, für welches Problem die Landing Page eine Lösung anbietet, hat schon verloren. Die Zauberworte lauten Traffic und Konvertierung. Für Traffic sorgen Suchmaschinen oder Social Media wie Facebook, Xing, Twitter und YouTube. Landen die Besucher auf der Landing Page, gilt es, sie mit einem kostenfreien Angebot »anzuteasern«, um aus Interessenten eines Einstiegsprodukts Käufer für Folgeprodukte zu gewinnen. Im Gegensatz zu einer infor-

mativen, repräsentativen Homepage dient die Landing Page der Generierung von neuen Kontakten. Das Internet-Business lebt von der unglaublichen Reichweite, die durch die Social Media möglich wird. Dabei tragen neue Formen der Kooperation zu klassischen Win-win-Situationen bei, indem der Bekanntheitsgrad des einen gegen die E-Mail-Listen des anderen getauscht wird.
Wann das Unternehmen von Thomas Klußmann wie so manches erfolgreiche Internet-Business zum Verkauf stehen wird, ist wohl nur eine Frage der Zeit.

ERFOLGSGEHEIMNISSE

Hard Facts: Klußmann hatte das Glück, in seinem Professor zugleich einen Mentor für sein junges Unternehmen zu finden. Er hat die Chancen der Neuen Medien erkannt und genutzt, indem er das Prinzip des lebenslangen Lernens täglich praktiziert.

Soft Skills: Klußmann ist jung, dynamisch und zielstrebig, mit einem hohen Arbeitsethos und einer hohen intrinsischen Motivation.

Chance: Klußmann hat sich nicht mit einem sehr guten Gehalt zufriedengegeben, sondern hat es gewagt, dem unsicheren Weg seiner Neugierde zu folgen.

www.gruender.de

15 / Sozialhelden
Wie Raúl Krauthausen mit einer weltweiten Community rollstuhlgerechte Orte erschließt

Raúl Krauthausen beeindruckt durch die schier atemberaubende Vielzahl seiner Ideen, seine pragmatische Fähigkeit, aus Ideen Wirklichkeit werden zu lassen, und seinen mutigen Umgang mit der eigenen Behinderung »Osteogenesis imperfecta«. Er ist mit Glasknochen auf die Welt gekommen. Wie ein Tänzer durch den Ballsaal navigiert er in seinem Rollstuhl durch die Menge. Dass er im Rollstuhl sitzt, vergisst man, wenn man ihn als Speaker auf der Bühne oder im Gespräch erlebt. »Mitleid bringt niemandem etwas«, sagt er und versprüht intellektuellen Biss gepaart mit Freude an sozialem Engagement. Die Welt wird von uns gestaltet, und Raúl Krauthausen ist einer, der sie mitgestaltet, wo immer er auf Missstände stößt. Er ist einer, der hinschaut und nicht einfach nur zusieht. Sein Leitsatz stammt von Philip G. Zimbardo: »Helden widerstehen der Versuchung, die eigene Tatenlosigkeit zu rechtfertigen.« Diesem Motto folgend hat er im Jahr 2003 die »Sozialhelden« gegründet und ist für seine Projekte seitdem mehrfach preisgekrönt worden.

Wie aus fantastischem Spaß grandioser Ernst wird

Krauthausen schwimmt nicht gegen den Strom, aber er denkt gegen den Strich. Und so hat er sich eines Tages gemeinsam mit seinem Cousin Jan Mörsch gefragt, warum soziales Handeln eher mit Mitleid und schlechtem Gewissen verbunden wird als mit Leidenschaft, Spaß und Anerkennung. Von diesem Gedanken umgetrieben, sind die beiden Cousins der Frage nachgegangen, wie man die Strahlkraft von Spaßshows auf Sendern wie RTL, die allabendlich die Energie unzähliger Zuschauer vor dem Fernseher fesselt, ohne dass dabei am Ende irgendetwas Weltbewegendes herauskommt, auf ebenso fesselnde, aber zugleich sinnvolle Projekte umleiten könnte. Eine spannende Frage!

Jan Mörsch ist Zauberer und Bauchredner. Und als die beiden so laut vor sich hin philosophierten, sind sie der Stimme des Bauches gefolgt und haben beschlossen, sich ab sofort Sozialhelden zu nennen. Das war der Anfang eines Abenteuers mit aufregenden Folgen, von denen die beiden damals noch nichts ahnten. Erst einmal hatten sie einen tollen Namen, mit dem sie soziale Projekte initiieren wollten, die allen Beteiligten so viel, wenn nicht viel mehr Spaß machen sollten als eine RTL-Show. Und dann ging es los mit einem ersten Pfandbonprojekt, das Krauthausen neben seinem Studium im Bereich Design Thinking am Hasso-Plattner-Institut entwickelte.

Die Idee war, dass Menschen ihren Pfandbon, den sie bei der Rückgabe von Leergut erhalten, für einen guten Zweck spenden können. Um Supermärkte von ihrer Idee überzeugen zu können, bauten Raúl Krauthausen und Jan Mörsch eine Spendenbox als Prototyp, in die die Kunden ihren Papierzettel einwerfen konnten. Sie waren gespannt, ob ihre Idee die nötige Strahlkraft entfalten würde. Mit dem Prototyp konnten sie den ersten Supermarkt für ihre Idee gewinnen. Bereits nach einer Woche war die Zielmarke von 100 Euro geknackt.

Die Idee eines neuen Finanzierungsmodells sozialer Projekte mit dem Namen »pfandtastisch helfen« funktionierte ohne Kredit und ohne Venture Capital. Das heißt, der Start stand unter einem guten Stern, als hätte ein Zauberer die Hand im Spiel gehabt: Die Sozialhelden Raúl und Jan hatten ein Auto im Wert von 20 000 Euro bei einem Wettbewerb mit ihrer Idee gewonnen. Und da die beiden ohne Führerschein mit dem Auto nichts anfangen konnten, finanzierten sie mit dem Gegenwert des Gewinns als Sozialhelden ihr erstes Projekt: »pfandtastisch helfen«. »In der Theorie ist alles einfach. Aber in der Praxis entscheidet sich, ob die Leute mitmachen.« Und die Leute machten mit. Mit einer einfachen Box und einer genialen Idee war ein neues Geschäftskonzept geboren. Zwei Jahre dauerte es, bis das Projekt »pfandtastisch helfen« in den Supermärkten eingeführt war. Fast 100 000 Euro nehmen die Organisationen, an die gespendet wird, durch Pfandbons im Jahr ein. Die Sozialhelden können durch die

Lizensierung der Idee damit ebenfalls einen Teil ihrer sozialen Projekte finanzieren.

Wie geniale Ideen zustande kommen

Gute Ideen zu haben ist nicht so schwer. Aber Ideen zu finden, die die Welt wirklich braucht und die sich auch ohne viel Geld umsetzen lassen, ist schon schwieriger. Deshalb geht Raúl Krauthausen am liebsten von seinen eigenen Erfahrungen aus. Und die sehen dann beispielsweise so aus: Raúl diskutiert gern, trifft sich gern mit seinen Freunden und traf sich mit einem seiner Freunde immer in demselben Café, da es barrierefrei war. Irgendwann wurde es den beiden zu langweilig, sich immer wieder am selben Ort zu treffen. Sie sahen sich an und fragten sich, welchen anderen Ort sie kennen, der für Rollstuhlfahrer geeignet ist, und ihnen fiel auf Anhieb kein anderer Ort ein. In dem Augenblick schoss Raúl Krauthausen durch den Kopf: »Wenn es 1,6 Millionen Rollstuhlfahrer gibt, muss es auch 1,6 Millionen Menschen geben, die rollstuhlgerechte Orte kennen.« Und so entstand die Idee zu seinem Projekt »wheelmap.org«.

Wheelmap.org ist eine offene Karte im Internet, in die jeder Orte eintragen kann, die für Menschen mit Mobilitätseinschränkungen geeignet sind. Bei dieser »living map« ändern sich die Daten in Echtzeit. »Grün« bedeutet, dass die Orte vollständig rollstuhlgerecht sind, »gelb« bedeutet, dass man zwar mit einem Rollstuhl, Rollator oder Kinderwagen hineinkommt, es aber keine barrierefreie Toilette gibt, »rot« bedeutet, dass der Ort nicht auf Menschen mit Mobilitätseinschränkungen eingestellt ist, und »grau«, dass der Ort noch nicht erfasst wurde. Das Ziel ist, analog zu Wikipedia die weltweit größte Datenbank für barrierefreie Orte aufzubauen.

Inzwischen hat die Seite über 300 000 Einträge, monatlich über 20 000 Besucher, und täglich kommen 200 neue Einträge hinzu. Raúl Krauthausen hat damit ein zentrales Problem für Menschen im Rollstuhl gelöst, das selbst bei Neubauten häufig nicht berücksichtigt wird und bei den Baugesetzen nach wie vor ungelöst ist. Die zahlreichen Auszeichnungen, die Krauthausen für wheelmap.org bekommen hat, betrachtet er jedoch mit gemischten Gefühlen: »Es bräuchte wheelmap.org nicht, wenn es ein vernünftiges Gleichstellungsgesetz gäbe, das umgesetzt wäre.«

Krauthausen ärgert sich über das Menschenbild, das in unserer Gesellschaft dominiert und Kategorien wie Behinderte und Nichtbehinderte hervorbringt. »Menschen brauchen immer Hilfe – als Kind und als Greis. Es gibt nicht Behinderte und Nichtbehinderte, sondern nur zeitweise Nichtbehinderte.« Wer so denkt, denkt gegen den Strich. Denn plötzlich wird ein vermeintliches Randthema zu einem Thema, das alle betrifft. Krauthausen ärgert es, dass unsere Gesellschaft eine Parallelwelt mit Sonderschulen und Behinderteneinrichtungen geschaffen hat anstelle einer Gesellschaft der Integration. Aus eigener Betroffenheit und aus ethischer Überzeugung ist es ihm ein Anliegen, Menschen zum Umdenken zu bewegen. Doch solange noch ein weiter Weg bis zu einer Integration aller Menschen zurückzulegen ist, löst Krauthausen die Probleme auf seine Weise. So entwickelt er zurzeit eine Prototyprampe, die Rollstuhlfahrer immer dabeihaben können. Selbst ist der Mann! Und da er damit das Problem von Aufzugsstörungen bei U- und S-Bahnhöfen nicht lösen kann, heißt eines der nächsten Projekte auch schon »Brokenlifts.org«.

Wheelmap.org kostet mit fünf Angestellten, die sich um den User-Support kümmern, ungefähr 200 000 Euro pro Jahr. Deshalb arbeiten die Sozialhelden an Förderanträgen und Kooperationen. Die Sozialhelden erlebten ihren Durchbruch in der öffentlichen Wahrnehmung im Jahr 2009, als Google einen Werbespot über das Projekt gedreht und es einen Monat lang auf seiner Website und im Fernsehen lanciert hatte. Der Film mit dem Titel *Google Chrome, wheelmap.org* wurde auf YouTube inzwischen fast zwei Millionen Mal angeklickt. Doch nach dem Medienhype geht es nun vor allem um die Nachhaltigkeit des Projekts. »Wir sind Idealisten. Wir sind nicht auf der Suche nach Profit, sondern nach Veränderung. Und wir wollen ein

System schaffen, das so nachhaltig ist wie die Postleitzahlen. Unser Ziel ist nicht, mit ›wheelmap.org‹ berühmt zu werden, sondern das Problem abzuschaffen, das ›wheelmap.org‹ leider nötig macht: Bauherren, die nicht barrierefrei planen. Das unterscheidet einen Aktivisten von einem Unternehmer. Der Unternehmer braucht das Problem. Wir wollen es loswerden!«

Der Google-Chrome-Spot hat Krauthausens Leben verändert. Die Aufmerksamkeit für seine Projekte ist extrem gestiegen, und seitdem sprechen ihn die Leute, die ihn wiedererkennen, auf der Straße an. Mit der gestiegenen Aufmerksamkeit verbindet Krauthausen aber auch eine höhere Verantwortung für seine Projekte. Sein Ziel ist, weit über das Online-Portal hinaus Lobbyarbeit zu machen, um die Probleme zu verringern, die ein solches Portal überhaupt erst nötig machen. »Wir sind inzwischen seit drei Jahren mit dem Thema unterwegs und ärgern uns, dass sich in politischer Hinsicht noch immer so wenig bewegt.«

Wie aus Angestellten Unternehmer werden

Raúl Krauthausen wollte immer etwas mit Medien machen. Als sich das Internet in den 1990er Jahren entwickelte, war er sofort dabei. Nachdem er eine Integrationsschule absolviert hatte, immatrikulierte er sich zunächst an der Freien Universität Berlin im Fach Soziologie. Netzwerken, gemeinsam Projekte machen und Praktika – das war sein Ding. Dann sattelte er auf Gesellschafts- und Wirtschaftskommunikation an der Universität der Künste um. Nebenher machte er eine Ausbildung als Telefonseelsorger und arbeitete mehrere Jahre in Werbeagenturen mit dem Schwerpunkt Internet, bis er im Jahr 2007 beim Jugendradio Fritz beim rbb fest angestellt wurde. Parallel zur Arbeit beim Radio schloss er noch ein zweijähriges Aufbaustudium von 2008 bis 2009 im Fach Design Thinking an der Universität Potsdam ab. Vier Jahre arbeitete er beim rbb bis zum Jahr 2010. Dann folgte der mutige Schritt: die Kündigung der festen Stelle. Seine Devise lautete: »Lieber gehen, als gegangen werden.« Er hätte noch zwei

Jahre bleiben können, aber nach sechs Jahren wäre für ihn Schluss gewesen. Da ihm bevorstand, ein gerade erfolgreich abgeschlossenes Projekt auf andere Radioanstalten zu übertragen, also quasi die eigene Idee zu kopieren, stand für Krauthausen, der gern neue Dinge ausprobiert, fest, dass es Zeit war zu gehen. Und so wechselte er im Jahr 2010 zu 100 Prozent zu seinem eigenen Projekt, den Sozialhelden, und machte sich selbständig. Diesen Schritt, den sicheren Hafen der Angestelltenposition zu verlassen, bezeichnet Krauthausen rückblickend als den mutigsten Schritt seines Lebens.

Was ihm in seinem Leben Kraft gibt, ist seine Überzeugung, die er beim Design Thinking gewonnen hat: »Es geht nicht darum, das Scheitern zu verhindern, sondern darum, nach jedem Scheitern immer wieder aufzustehen. In Deutschland gilt man als gescheitert, wenn man ein Projekt nicht mehr fortführt. In den USA gilt man als gescheitert, wenn man nach einer Niederlage nicht mehr aufsteht.« Das Schulsystem trimmt die Schüler darauf, keine Niederlagen zu machen. Aber jeder Sporttrainer weiß, dass man aus einer Niederlage mehr lernt als aus einem Sieg. Eine solche Einstellung verändert den Blick auf die Welt.

Wie man Ashoka Fellow wird

Seit 2010 ist Krauthausen Fellow von Ashoka, einer Stiftung, die Sozialunternehmer fördert und vernetzt. Um ein Ashoka-Stipendium kann man sich nicht bewerben, dafür muss man vorgeschlagen werden. Krauthausen wurde vorgeschlagen und durchlief daraufhin ein halbjähriges anspruchsvolles englischsprachiges Bewerbungsverfahren. »Es wird geprüft, ob es einem um die eigene Karriere oder wirklich um die Sache geht, ob das eigene Tun systematisch und nachhaltig ist und welche Ideen man für den gesellschaftlichen Wandel im Gepäck hat.« Obgleich Krauthausen Fellow ist, steht er dieser Form der Elitenförderung skeptisch gegenüber. Er kommt aus einem, wie er selbst sagt, »relativ linken« Elternhaus.

Seine Eltern versuchten, wenn er verrückten Ideen nachjagte, ihm immer wieder Bodenhaftung zu vermitteln, damit er nicht abhebt, aber vor allem, um ihm anschließende Enttäuschungen zu ersparen. Durch ihre ununterbrochen kritischen Fragen hat er nicht nur gelernt, mit Kritik umzugehen, sondern betrachtet inzwischen die Welt selbst mit einem ebenso wachen wie kritischen Blick. Das geht so weit, dass er selbst Preise, die ihm verliehen werden sollen, erst einmal kritisch unter die Lupe nimmt und sich fragt, wer wen und wer sich selbst mit wem auszeichnet. Er räumt ein, dass Preisgelder gerade am Anfang einer Entwicklung eines großen Projekts sehr hilfreich sind. Doch inzwischen achtet er bei den Preisen auf sein Image als »linke Truppe«, das er nicht verlieren will.
Im Jahr 2003 gründet Krauthausen die Aktionsgruppe Sozialhelden. Zwei Jahre später erhält er den ersten Preis beim NEON/smart-Ideenwettbewerb »Was fehlt in der Welt«. 2007 initiieren die Sozialhelden die Aktion »pfandtastisch helfen«, wofür sie 2008 den start social-Preis der Bundesregierung erhalten. 2009 waren die Sozialhelden Gewinner des Deutschen Engagementpreises, ein Jahr später Gewinner des Inca-Awards in Bronze und des Deutschen Bürgerpreises, 2011 Gewinner des Vodafone Foundation Smart Accessibility Award, 2012 des Deutschen VerzeichnismedienPreises und des World Summit Award der Vereinten Nationen. Wer so viele Preise abgeräumt hat wie die Sozialhelden, kann bei der Preisvergabe wählerisch werden.
Der Sozialunternehmer Krauthausen sieht sich als Aktivist und Rebell, dem es darum geht, durch gemeinnützige Projekte Probleme zu lösen, die der Staat kreiert hat und eigentlich auch lösen müsste. Doch anstatt in dieser Erwartungshaltung zu verharren, versucht er, mit einem möglichst minimalen Einsatz ein maximales Ergebnis zu erzielen. Dabei geht er innovativ, effizient und strategisch vor und genießt die Arbeit in einer Gemeinschaft mit Gleichgesinnten.
Raúl Krauthausen hat keine Vorbilder, an denen er sich orientiert hat, aber er kann sich für Menschen mit herausragenden Eigenschaften begeistern. Roger Willemsen schätzt er für seine Authentizität, Intelli-

genz und Tiefgründigkeit. Gregor Hackmack bewundert er für seine Plattform »Abgeordnetenwatch« und für seine Rhetorik und Eloquenz bei gleichzeitigem Idealismus. Richard Branson ist für ihn einer der faszinierendsten Unternehmer, der zeigt, dass man die verrücktesten Ideen umsetzen kann. Doch seine wichtigsten Wegbegleiter sind seine Freunde und die Freunde seiner Freunde.

Bei den Sozialhelden sind viele Leute gekommen und gegangen. Geblieben sind letztendlich nur diejenigen, die mit den Sozialhelden keine Karriere verfolgten, sondern die von dem Projekt so überzeugt waren, dass sie dafür auch finanzielle Einbußen hinzunehmen bereit sind. Die Sozialhelden arbeiten in einem Büro mit festen Arbeitszeiten, wo jeder seinen Fachbereich vertritt, auch wenn das meiste im Team entschieden wird. Krauthausen ist für die Öffentlichkeitsarbeit zuständig. Für eine neue Idee wie beispielsweise Leidmedien.de, eine Internetplattform, auf der über Menschen mit Behinderung berichtet wird, brauchen sie ungefähr drei Monate von der Idee über die Umsetzung bis zur Realisierung. Dabei ist Krauthausen die Nachhaltigkeit extrem wichtig. »Die Projekte müssen, auch wenn wir morgen alle tot sind, weiterexistieren, auch ohne uns.« Das ist wahres Sozialheldentum. Doch was sind eigentlich Helden?

In der Heldenforschung werden drei Arten von Helden unterschieden: die medialen Helden, zu denen die Teilnehmer der Paralympics gehören, die bezahlten Helden, zu denen Ärzte, Krankenschwestern, Lehrer, Feuerwehrmänner oder auch Soldaten zählen, sowie die Alltagshelden, die häufig irrational handeln und oft nicht beantworten können, warum sie immense Risiken eingegangen sind, um anderen zu helfen. Diese Heldentypologie des Psychologen Philip G. Zimbardo ergänzt Krauthausen um die Sozialhelden, Menschen, die selbstlos handeln, um die Welt hier und da besser zu machen, ohne dafür eine Gegenleistung zu erwarten – was nicht heißt, dass sich die Sozialhelden nicht auch über Dank und Anerkennung freuen. Tue Gutes und rede darüber. Das tun die Sozialhelden.

ERFOLGSGEHEIMNISSE

Hard Facts: Der Sozialunternehmer Krauthausen initiiert Projekte, die die Welt braucht, und zwar so, dass sich Sinn und Spaß kongenial ergänzen. Eines seiner zentralen Erfolgsgeheimnisse ist, sich nicht auf faule Ausreden zu verlegen, warum man dies und jenes nicht tun kann, sondern immer so weit zu gehen wie eben möglich. »Es wäre gelogen, wenn ich sagen würde, dass meine Behinderung kein Problem für mich sei. Dennoch komme ich mit ihr ganz gut zurecht. Oft ist es ein Kampf zwischen zwei Kräften: Mal gewinnt sie, mal ich. Wenn die Behinderung gewinnt, versuche ich, mir Alternativen auszudenken, um doch noch an mein Ziel zu kommen.«
Wer noch kein klares Ziel vor Augen hat, braucht das Tempo nicht zu verdoppeln. Anstelle eines klassischen Businessplans empfiehlt Krauthausen Existenzgründern die Lektüre des Buches *Rework – Business intelligent & einfach* von Jason Fried und David Heinemeier Hansson, in dem die erfolgreichen Gründer und Regelbrecher aufzeigen, auf welche vermeintlich erfolgversprechenden Konventionen man verzichten kann. Der Stratege Krauthausen rät, der eigenen Mission zu folgen und nur das zu tun, was man richtig gut kann. Jeder Gründer wird mit den Themen Steuerrecht, Unternehmensform, Verträge und vielem mehr konfrontiert. Doch anstatt sich in diese Themen mit Fachliteratur einzuarbeiten, empfiehlt Krauthausen die Kooperation mit Menschen, die für das jeweilige Thema wirklich brennen.

Soft Skills: Neben Biss, Ehrgeiz und einer gewissen Besessenheit von seiner Idee hat er zugleich die nötige Demut gegenüber seiner eigenen Mission. Dazu gehört für den Realisten, sich für Misserfolge nicht zu verurteilen, sondern daraus zu lernen, den Erfolg zu genießen, wenn er sich einstellt, und zwischendurch immer wieder einmal innezuhalten, um die Projekte mit dem nötigen Abstand zu betrachten.

Der Sozialheld Krauthausen weiß, dass eine Idee nur so gut ist wie ihre Umsetzung. An Ideen mangelt es nicht. Aber 90 Prozent aller Ideen sterben seiner Meinung nach den PowerPoint-Tod. Sie werden zwar präsentiert, aber nie umgesetzt. Deshalb müssen Gründer für ihre Idee so brennen, dass sie dafür auch bereit sind, sich die Hände schmutzig zu machen und Widerstände zu überwinden, von Banken, die keine Kredite vergeben, bis zu Behörden, die bürokratische Hürden aufstellen. »Immer wieder aufstehen« ist die Devise. Existenzgründern rät er, möglichst früh und möglichst oft zu scheitern, nicht um des Scheiterns willen, sondern um aus den Fehlern zu lernen und die Kraft zu entwickeln, immer wieder aufzustehen. Er weiß aus Erfahrung: Je mehr Projekte man macht, desto leichter wird jedes Folgeprojekt.

Chance: Krauthausen hatte das Glück, die richtigen Menschen am richtigen Ort zur richtigen Zeit getroffen zu haben. Er erlebt vielleicht härter als manch anderer, dass nicht jeder die gleichen Chancen im Leben mitbekommen hat. Doch schon als 14-Jähriger wusste er, dass er mit seiner Behinderung mehr Dinge im Leben bewegen kann als manche Menschen ohne körperliche Beeinträchtigung. Mit diesem Glauben versetzt er Berge.

www.sozialhelden.de

16 / MyParfum
Wie Matti Niebelschütz das Reich der Sinne digitalisiert

Sehen, hören, riechen, schmecken, fühlen – so orientieren wir uns in der Welt. Von unseren fünf Sinnen ist der Geruchssinn vielleicht der archaischste Sinn. Denn auch wenn es verpönt ist, wie Hunde aneinander zu schnüffeln, reagieren wir doch auf Düfte ähnlich sensibel, wenngleich weniger ostentativ. Solange wir atmen, riechen wir, ob wir wollen oder nicht. Ungefiltert wandert ein Geruch von der Nase zum Gehirn. Ohne nachzudenken, wissen wir, ob es duftet oder stinkt. Unangenehme wie angenehme Gerüche wirken so unmittelbar, dass wir uns ihnen nicht entziehen können. Deshalb wissen wir auch bei einer Begegnung sofort, ob wir den anderen riechen können oder nicht. Denn Sympathie oder Antipathie werden wesentlich von den olfaktorischen Botenstoffen des Körpers gesteuert – bis hin zur geheimnisvollen Chemie der erotischen Anziehung. Im Zuge der Zivilisation hat der Mensch seinen Körpergerüchen von Kopf bis Fuß den Kampf angesagt, mit unterschiedlichen Waffen. Ein Vermögen soll Madame de Pompadour im Jahr für ihren Geruch ausgegeben haben, und von Napoleon wird berichtet, dass er 60 Flaschen Eau de Cologne im Monat verbraucht hat. Die Vielfalt der Gerüche und die Intensität des Gestanks im 18. Jahrhundert können wir uns kaum noch vorstellen. Denn mit dem Siegeszug des Bades mit fließend warmem Wasser hat eine zunehmende Desodorisierung der Gesellschaft eingesetzt.

Hatte die Nase in der Frühgeschichte des Menschen vor allem die Funktion, Beeren und Pilze aufzuspüren oder vor Gefahren wie schädlicher Fäulnis zu warnen, um das Überleben zu sichern, dient sie heute vor allem den erlesenen Genüssen von Weinproben über Aromabäder bis zur erotischen Verführung durch den Duft der Haut. Und so werden alljährlich Millionen im Parfümmarkt für das sinnliche Vergnügen ausgegeben, um dem eigenen Duft die entscheidende persönliche Note zu verleihen. Wer einen Duft kauft, muss also erst einmal daran riechen, um unmittelbar zu erleben, wie er wirkt. Das dachten zumindest alle, bis einer kam, der das Experiment wagte, eigene Parfümkreationen über einen Internetshop anzubieten. Matti Niebelschütz hat die Internetplattform MyParfum gegründet und damit das Paradies der Düfte digitalisiert.

Mitmachen, mitmischen, individuell selbst gestalten – das ist ein Trend, der das Konsumverhalten zunehmend verändert und sich bei einigen Produkten bereits erfolgreich durchgesetzt hat. Ob Müsli, Tee, T-Shirt, Schokolade oder Sportschuhe – im Netz lassen sich eigene Kreationen nach individuellen Vorlieben mit wenigen Klicks zusammenstellen. Doch kann, was beim Müsli funktioniert, wo wir die Zutaten kennen, auch beim Parfüm funktionieren? Können Sie sich vorstellen, ein neues Parfüm übers Internet zu kaufen, an dem Sie vorher nicht riechen können, um sich zu überzeugen, ob Sie der Duft unmittelbar anspricht oder eben auch nicht? Bei Düften geht es immerhin um Ihre Ausstrahlung und Wirkung auf andere. Wie kommt man auf so eine verrückte Idee, eines der verführerischsten Vergnügen geruchlos über das Internet anzubieten? Gute Ideen entstehen oft, wenn einer genau hinsieht, genau hinhört und den richtigen Riecher für das hat, was fehlt. So beginnt auch die Geschichte des Berliner Start-up-Unternehmens MyParfum.

Bei einer Party stand Matti Niebelschütz mit zwei Freundinnen zusammen, die sich über ihren letzten Parfümkauf unterhielten. Ihre Begeisterung für den neuen Parfümduft wich rasch der Enttäuschung, dass sie beide das gleiche Parfüm trugen. Sie sahen sich fast so entgeistert an, als würden sie sich im gleichen Kleid gegenüberstehen. Daraufhin mischte sich Matti Niebelschütz ein und fragte sie, wie sie es fänden, ihr eigenes Parfüm zu haben, so wie die Stars. Das fanden nicht nur die beiden, sondern auch alle Umstehenden richtig gut. Den Ärger der beiden hatte er in Luft aufgelöst, und die Idee arbeitete in seinem Kopf weiter. Der eigene Look, der eigene Duft? Warum eigentlich nicht anstelle all der Duftmarken von Armani, Hugo Boss, Chanel, Guerlin oder Kenzo den eigenen unverwechselbaren Duft entwerfen?

Matti Niebelschütz führte die erste – nicht repräsentative, aber motivierende – Marktanalyse in seiner Wohngemeinschaft durch. Er erzählte seinen Mitbewohnern von der Idee, und die waren begeistert: »Für jeden ein einzigartiger Duft? Das ist ja genial.« Auch sein Bruder Yannis, der gerade ein Auslandssemester in Frankreich verbrachte, war sofort überzeugt, dass in der Idee Potenzial steckte. Fast alle seine französischen Kommilitoninnen wollten in der Parfüm- oder Beautyindustrie arbeiten. Aus der fixen Partyidee wurde mehr. Matti Niebelschütz und sein Bruder Yannis fingen an, sich mit dem Reich der Düfte zu beschäftigen. Sie stellten Recherchen an, wie sich Parfüm zusammensetzt, wie und wo es hergestellt wird, und machten erste Selbstversuche mit ätherischen Ölen aus der Apotheke. Als schließlich die ganze Wohngemeinschaft wie nach einem Saunaaufguss roch, war klar, dass sie die Unterstützung von einem Profi bräuchten. Doch das war gar nicht so einfach, mit Anfang zwanzig als blutjunge Studenten mit erfahrenen Duftherstellern und bekannten Experten der Szene ins Gespräch zu kommen. Die meisten Parfümeure antworteten gar nicht erst auf ihre Anfrage. Große Unternehmen und auch die Industrie reagierten skeptisch bis entmutigend. Niemand glaubte, dass sich noch unbekannte Parfüms übers Internet verkaufen ließen. Nach mehreren gescheiterten Anläufen kamen sie schließlich mit einem Duftstoffproduzenten ins Gespräch, der nicht nur die beiden Brüder, sondern auch ihr Konzept sympathisch fand und dem Experiment eine Chance gab: »Es ist schwierig, aber es könnte klappen.« Damit hatten sie einen Fuß in der Szene der traditionsreichen Parfümindustrie. Und genau darauf kam es an.

Einfach losgelegt

Matti Niebelschütz studierte Jura, sein Bruder Yannis Wirtschaftswissenschaften und sein WG-Mitbewohner Patrick André Wilhelm Mathematik. Zu dritt gründeten sie 2008 neben ihrem Studium das Internetunternehmen MyParfum. Sie waren jung, hatten eine neue Idee,

Experimentierfreude und keine Berührungsängste. Sparschweine wurden geschlachtet, Großeltern, Eltern, Freunde und Bekannte von der eigenen Idee überzeugt, und so kam ein Startkapital von 25 000 Euro zusammen. Damit legten sie los. Es gelang ihnen, eine französische Parfümeurin für die Parfümproduktion zu gewinnen. Sie entwickelten ein System für einen Online-Shop, machten sich auf die Suche nach Flacons, Beschriftungsmaschinen, Verpackungen und allem, was dazugehörte. Die Lernkurve war steil und der Spaßfaktor hoch. Als sie herausfanden, dass Flacons nicht unter 100 000 Stück abgegeben wurden, fuhren sie kurz entschlossen mit einem Smart zur Messe der Verpackungsindustrie nach Düsseldorf. Sie hatten Glück und konnten einen Restbestand von 1000 Flacons aufkaufen. Die Frage »Wohin damit?« stellten sie sich erst auf der Rückfahrt. Da fiel ihnen ihr leer stehendes Kinderzimmer im Haus der Eltern ein. Das funktionierte Matti Niebelschütz am nächsten Tag zum Büro und Labor um. Und so nahm das Abenteuer neben dem Jurastudium seinen Lauf.
Anfang August 2008 fiel der Startschuss mit einer kleinen Eröffnungsfeier in der Bar einer Bekannten, wo sie beschlossen: »Wenn es nach den Semesterferien läuft, machen wir weiter. Wenn nicht, studieren wir wieder.« Yannis Niebelschütz kümmerte sich um den Businessplan, Patrick-André Wilhelm um Finanzen und IT und Matti Niebelschütz um Produktentwicklung und PR. Er kaufte sich das Buch *PR for dummies* und legte los mit ersten Pressemitteilungen und 100 Briefen an die lokalen Medien. Ein Begrüßungsgutschein von Google über 50 Euro finanzierte die erste Adwords-Kampagne.

Unerwartet erfolgreich

Dass drei junge Männer das Reich der Sinne digitalisieren und die Parfümbranche neu erfinden wollten, traf den Nerv der Presse. Das klang verrückt. Und eigentlich dachten alle, dass das nicht funktionieren könne. Doch zugleich waren sie neugierig, ob sich die Erfolgsstrategie der individualisierten Produktion durch den Kunden, die von

MyMuesli bis MyTea funktionierte, nicht auch auf Düfte übertragen ließe Radio, Fernsehen, Presse, Blogger – allen war das eine Nachricht wert. Das war kurz vor Weihnachten das perfekte Timing für das gewagte Vorhaben. Denn was die drei Gründer damals noch nicht wussten, war, dass die Parfumbranche ein extrem saisonales Geschäft ist. Die ersten Bestellungen gingen ein, anfangs ein bis zwei pro Tag, dann immer mehr und schließlich so viele, dass sie zu dritt Produktion, Marketing, Service und Auslieferung nicht mehr bewältigen konnten. Die Idee, dass Kunden online zum Parfümeur ihres eigenen Duftes werden, funktionierte. Damit fiel die Entscheidung weiterzumachen. Immer mehr Freunde und Freunde von Freunden kamen als studentische Aushilfen dazu. Als sie nach zwei Monaten auf 30 studentische Aushelfer angewachsen waren, die in dem zum Büro umfunktionierten Kinderzimmer im Haus der Eltern ein- und ausgingen und abends mit am gemeinsamen Esstisch saßen, hieß es schließlich: »Jetzt reicht's. Ihr braucht ein Büro.«

Vier Monate nach der Gründung mieteten sie Anfang Dezember 2008 ein 240 Quadratmeter großes Büro in Berlin-Schöneberg. Es herrschte Partystimmung. Im Businessplan war vorgesehen, nach drei Jahren den ersten Mitarbeiter einzustellen. Dieses Ziel hatten sie schon nach drei Monaten erreicht. Der Chemiestudent Thomas Wohlgemuth stieg zum Produktionsleiter bei MyParfum auf. Auf die Euphorie bei den Shootingstars am Himmel der Start-ups folgte jedoch rasch die Ernüchterung, wenngleich auf einem Niveau, von dem sie drei Monate zuvor noch nicht einmal zu träumen gewagt hätten.

Anfang Januar 2009 erlebten sie die Flaute des saisonalen Parfümgeschäfts, mit der sie nach dem phänomenalen Weihnachtsgeschäft nicht gerechnet hatten. Statt Bestellungen trafen die Rechnungen für den Umbau des neuen Büros ein, mit dem sie sich gerade erst auf Expansionskurs eingestellt hatten. Sie zehrten erst einmal von der Substanz und machten weiter. 2010 gewannen sie den ersten Platz beim Businessplan-Wettbewerb Berlin-Brandenburg und in den USA den Global Innovation Award. Außerdem wurden sie im Rahmen der

Kampagne »beBerlin« vom Bürgermeister als Berlin-Botschafter ausgezeichnet. Das beflügelte. Auf der Basis von »trial and error« sammelten »die drei Jungs« der Geschäftsleitung gemeinsam mit ihrem Kreativteam ihre Erfahrungen.

So experimentierten sie neben der Parfümproduktion mit einer eigenen Kosmetiklinie. Das Experiment mit »Choice of Nature« stellte sich jedoch als gigantische Fehlinvestition heraus. Die Ernüchterung saß, so dass Yannis Niebelschütz und Patrick-André Wilhelm beschlossen auszusteigen. Matti Niebelschütz machte allein weiter. Er glaubte nach wie vor an seine Idee und beschloss, sich nach all den Experimenten auf das Kerngeschäft von MyParfum zu konzentrieren, denn das Parfümgeschäft lief.

Gemeinsam mit dem Produktionsleiter Carsten Meier stellte er das Unternehmen neu auf. Es gelang ihnen, wieder in die Gewinnzone zu kommen. Doch sie wollten mehr. Sie wollten den Durchbruch, so erfolgreich und bekannt wie die großen Marken werden – und das, wenn möglich, weltweit. Im Herbst 2011 gelang es ihnen nach einigen Anläufen, einen Business Angel an Bord zu holen. Das war ein strategisch kluger Schachzug. Ab da gab es täglich Meetings, bei denen alles auf den Prüfstand gestellt wurde. Mit dem Erfahrungswissen ihres Mentors optimierten sie zahlreiche Prozesse. Auf die ersten drei Jahre der Experimente folgte nun eine Phase der Neupositionierung mit der Expertise eines erfahrenen Mentors. Als ihr Mentor mit ins Unternehmen einstieg, wussten sie, dass sie auf dem richtigen Weg waren.

Bereits sein erster Tipp, sich ganz auf das Weihnachtsgeschäft zu konzentrieren, war Gold wert. Durch eine clevere Marketingstrategie gelang es ihnen, ihren Umsatz um 70 Prozent zu steigern. Sie setzten auf Fernsehwerbung in Verkaufskanälen. Proportional zum eingesetzten Werbebudget vervielfachten sie ihre Umsätze. Sie waren begeistert von der Hebelwirkung. Der Traum vom weltweiten Durchbruch schien nur noch eine Frage des eingesetzten Marketingbudgets zu sein. Sie brauchten also mehr Kapital. Jung und hungrig, wie sie waren, wollten

Einzigartig gelöst

Die Frage war nicht, ob Menschen einen unbekannten Duft übers Internet kaufen würden, sondern wie es gelingen könnte, den Duft eines Parfüms so zu beschreiben, dass er allein beim bloßen Lesen in die Nase steigen würde. Der Internethandel mit Wein boomt, ohne dass Menschen zuvor den Wein probiert haben. Beim Wein kommt es auf das Geschmackserlebnis, beim Parfüm auf das Dufterlebnis an. Insofern steht der Internetvertrieb beider Produkte vor ähnlichen Herausforderungen. Es geht darum, Sinneswahrnehmungen durch Sprache und Bilder erfahrbar zu machen.

Wer schon einmal versucht hat, die Aromen von Geschmack oder Duft zu beschreiben, stößt dabei rasch an Grenzen. Es sind wahre Meister der Beschreibung, die dem Leser den Geschmack auf die Zunge und den Geruch in die Nase zaubern. MyParfum hat diese Herausforderung in doppelter Hinsicht raffiniert gelöst, denn es geht um mehr als die Beschreibung eines Duftes.

Als ich das erste Mal von dem Unternehmen hörte, war ich neugierig zu erfahren, wie es funktioniert, seinen eigenen Duft zu mischen. Es war kurz vor Weihnachten und damit genau die richtige Zeit, um Geschenke auszusuchen oder auch selbst zu gestalten. Ich setzte mich an den Laptop und rief den Online-Shop MyParfum auf. Als Erstes musste ich entscheiden, ob ich einen Herren- oder einen Damenduft komponieren wollte. Ich beschloss, ein Parfüm für meinen Mann zu designen, also Herrenduft. Dann ging es weiter mit der Charakterisierung der Person, für die der Duft bestimmt sein sollte. Da wurde es spannend. Ich hatte die Auswahl zwischen dynamisch, charismatisch, maskulin, extravagant oder sportlich. Ich ließ mich auf das Spiel ein.

Doch wie beschreibt man einen Duft? Wir haben keine Begriffe für Düfte, wir können immer nur Vergleiche ziehen, um das komplexe Zusammenspiel der Aromen vorstellbar zu machen. Etwas riecht wie Sandelholz oder Lavendel oder Orangen. Beim nächsten Schritt musste ich die Duftrichtung festlegen. Aromatisch, rauchig, holzig, erdig, herb würzig oder orientalisch – die Begriffe weckten Erinnerungen an bekannte Geruchserlebnisse. Nachdem die Duftrichtung festgelegt war, ging es um die Auswahl der Duftnoten aus der Vielzahl der Aromen mit Hilfe eines Duftkompasses. Aus 14 vorgeschlagenen und bis zu 47 weiteren Duftnoten konnte ich sechs zusammenstellen. »Kaschmirholz« verspricht eine warme, verführerische, außergewöhnliche Note mit einer unwiderstehlichen Aura. »Ozeanisches Aqua« soll einem Parfüm die Frische und Leichtigkeit von Wasser verleihen, »Fougère« fügt eine Prise Moos und Holz hinzu, »Blaue Zeder« ergänzt einen herben Holzduft, und »Havanna Tabak« verspricht stimulierend zu wirken. Welchen Nasenkitzel diese Mischung letztendlich bewirkt, konnte ich mir zwar nicht vorstellen, aber das Spiel mit dem Vorstellungsvermögen hatte seinen Reiz. Welcher Duft passt zu ihm? Wie wirkt er? Wie möchte er wirken? Wie soll er wirken?

Als die Duftkomposition abgeschlossen war, konnte ich einen Flakon auswählen und eine individuelle Beschriftung vornehmen. Ich war beeindruckt, wie man einen extrem komplexen Prozess, bei dem es hochgerechnet ungefähr acht Billionen Kombinationsmöglichkeiten der unterschiedlichen Duftnoten geben soll, so gestalten kann, dass der Kunde zum Parfümeur seines eigenen Dufts wird. Nun hatte ich ein besonderes Geschenk mit einem einzigartigen Duft, den ich noch nicht kannte, aber auf den ich gespannt war. Nachdem ich mich von dem kreativen Spiel mit Duftnoten habe verführen lassen, erwartete mich der Warenkorb zum abschließenden Kauf. 30 Milliliter kosten 39,99 Euro. Der Preis erscheint für ein so individuelles Geschenk angemessen.

Dennoch bin ich beeindruckt von dem Geschäftskonzept. Denn MyParfum ist es gelungen, Parfüm übers Internet anzubieten, das teurer ist als ein Markenprodukt wie Chanel oder Dior. Während in der Parfümerie nicht nur Parfümdüfte, sondern auch Preise miteinander verglichen werden, scheint sich ein individuelles Parfüm außerhalb der Konkurrenz zu befinden und genau damit rationalen Preisvergleichen zu entziehen. Dass etwas Einzigartiges nicht billig sein kann, steht außer Frage. Dass Menschen bereit sind, für das Gefühl der Einzig-

artigkeit etwas mehr auszugeben, ist bekannt. Und genau darauf setzt MyParfum mit dem schlichten Slogan: »Sie sind einzigartig.«
Für alle, die nie wieder jemandem mit dem gleichen Duft begegnen wollen, hat MyParfum damit eine einzigartige Lösung geschaffen. Und da Parfüm mit zu den beliebtesten Geschenken zählt, kann die Einzigartigkeit eines Duftes mit der Einzigartigkeit eines Geschenks verbunden werden, bei dem die Ko-Kreation nicht nur zwischen Unternehmen und Kunden, sondern auch zwischen Beschenktem und Schenkendem stattfindet. Denn bei kaum einem Geschenk macht sich der Schenkende so viele Gedanken über den Beschenkten wie bei einem eigens für den anderen kreierten. Vermutlich hängt damit zusammen, dass die Stornoquote nur bei 6 Prozent liegt – obgleich das Geld zurückerstattet wird, wenn das Parfüm nicht dem eigenen Geschmack entspricht. Doch wer würde ein Parfüm, das so liebevoll kreiert wurde und den eigenen Namen trägt, tatsächlich umtauschen?
Den Gründern ist es gelungen, den Parfümkauf, der zum klassischen Erlebnisshopping gehört, mit den Mitteln des Internets neu zu erfinden und mit anderen Erlebnissen zu verbinden. Denn auch der kreative Prozess der Parfümkomposition hat Erlebnischarakter. Es ist ein Spiel mit Vorstellungen, das Spaß macht. Am Ende stehen die eigene Duftmarke, die Spannung, wie das Parfüm riechen wird, und die Frage, ob der Duft den Geschmack des Beschenkten treffen wird. Und das macht so vielen Menschen Spaß, dass der Gründer tatsächlich einen Riecher für einen Trend der Zeit hatte.

Dramatisch gescheitert

Abstürzen kann nur, wer zuvor aufgestiegen ist. So folgte auch bei MyParfum der Absturz auf einen Höhenflug. Matti Niebelschütz musste den Großteil seiner Mannschaft, mit der er vier Jahre lang durch Höhen und Tiefen gegangen war, entlassen. Sie hatten viel Spaß zusammen gehabt, Höhenflüge erlebt, Erfolge gefeiert, hart gearbeitet, ausprobiert, verworfen, Experimente gewagt. Und nun der GAU, ein klassisches »Worst-Case-Szenario«. Wie man damit umgeht, lernt man nicht im Studium. Sein Mentor riet ihm, bei einem Meeting alle gemeinsam über den Stand der Dinge und den Ernst der Lage zu informieren. Das tat er, und das fiel ihm nicht leicht. Sie hatten ein tolles, fast familiäres Klima in dem jungen Unternehmen aufgebaut, bei dem der Chef kaum älter war als die meisten seiner Mitarbeiter und auch beim Umzug der Studenten mit anpackte, wenn Not am Mann war. Und dann musste er das Scheitern managen. Diesen Augenblick wird er nie vergessen.

Trotz der drastischen Entlassungen ließ sich die Insolvenz nicht abwenden. Was nun? Sein Mentor riet ihm, nachdem er die Insolvenz angemeldet hatte, erst einmal Urlaub zu machen, um Abstand zu gewinnen. Auch wenn ihm nicht nach Urlaub zumute war, war das der beste Rat, den man ihm geben konnte, um wieder einen klaren Kopf für eine nüchterne Betrachtung der Lage zu bekommen. Abstand ist keine Lösung, aber eine erste Maßnahme. Was ihn wieder auf die Beine brachte, war der Austausch mit seiner Unternehmergruppe und mit seinem Coach. Er sollte sich erinnern, wie er andere schwierige Situationen in seinem Leben gemeistert hatte.

Er bereut keinen Augenblick, einen vermeintlich verrückten, bisweilen größenwahnsinnigen Traum verfolgt zu haben. Im Gegenteil: »Visionen müssen groß sein«, sagt er. »Es hätte genauso gut funktionieren können. Und dann hätten wir alle gefeiert.« Heute sieht er die Falle, in die sie als junge Gründer hineingetappt sind. Sie wollten zu schnell wachsen wie all die Start-ups, die vor allem gegründet werden, um rasch wieder verkauft zu werden, und nicht, um dauerhaft am Markt zu bestehen.

Als ich ihn nach der atemberaubenden Schilderung von Aufstieg und Fall von MyParfum frage, was der mutigste Schritt in seinem Leben war, antwortet er nach kurzem Überlegen: »Als ich für einen Schüleraustausch allein nach Minnesota aufgebrochen bin, weil mein Bruder nicht mitwollte.« Und das zeigt: Mut wird belohnt. Denn wer die Angst überwindet und erlebt, was er aus eigener Kraft schaffen kann, wird ermutigt, weitere Schritte zu gehen. Mit MyParfum geht es weiter, weil Matti Niebelschütz den nächsten Schritt schon getan hat.

Unbeirrt weitergemacht

Matti Niebelschütz glaubt nach wie vor an seine Idee. Denn heute weiß er nicht nur, was er falsch gemacht hat, sondern auch, was er alles richtig gemacht hat. Darauf schaut im Moment der Insolvenz niemand, und deshalb braucht es eine immense innere Stärke, um an Schwierigkeiten nicht zu zerbrechen, sondern zu wachsen.

Gemeinsam mit seinem Bruder Yannis hat er das Unternehmen aus der Insolvenzmasse im Sommer 2013 wieder aufgekauft, um es – diesmal ohne Investoren – mit zehn Mitarbeitern neu aufzubauen. Kleiner, fokussierter, solider. Nach den Erfahrungen, die er in fünf extrem turbulenten Jahren gesammelt hat, kann er sich heute vorstellen, in den nächsten 50 Jahren ein Familienunternehmen zu managen.

Aus Krisen kann man einiges lernen, auch über sich. In dem Büro, wo wir das Interview führen, hängen eingerahmte Begriffe an der Wand: »Begeisterung«, »Familie«, »Fokus«, »Ausdauer«, »Flexibilität«, »Ehrgeiz«, »Ehrlichkeit«. Das sind die Werte, auf die es Matti Niebelschütz ankommt. »Nicht hinfallen ist tragisch, sondern liegen bleiben.« Deshalb ist er aufgestanden und hat weitergemacht. Heute wird er zu Konferenzen wie der Failcon in Berlin als Speaker eingeladen, wo offen über Ursachen und Folgen des Scheiterns diskutiert wird. Auf dem manchmal schmalen Grat zwischen Erfolg und Misserfolg sind solche Konferenzen ein Lichtblick. Denn Fehler sind dazu da, daraus zu lernen. Matti Niebelschütz hat einiges gelernt, was er nun anders macht. Anstelle von sprunghaftem Wachstum setzt er jetzt auf organisches Wachstum. Anstelle eines großen, von Investoren finanzierten Unternehmens setzt er jetzt auf ein Familienunternehmen. Und das reine Online-Angebot wird inzwischen durch ein Duftatelier in Berlin ergänzt, in dem Duft-Workshops und Schnupperkurse angeboten werden. Kunden, die erst einmal an den Düften riechen wollen, bevor sie

kaufen, können online ein Unisex-Kennenlern-Set mit 18 Duftproben bestellen oder in dem Atelier ihren eigenen Duft designen.
Was von vielen für unmöglich gehalten wurde, die zarte Geruchsempfindung durch den Online-Handel mit Parfüm auszuschalten und durch das Versprechen der Aura des Begehrens zu ersetzen, funktioniert. Es bleibt spannend zu verfolgen, wie sich der Verkauf zwischen stationärem Handel und Online-Shop aufteilen wird. Und wer weiß, ob nicht eines Tages sogar Duftproben im Internet möglich sein werden …

ERFOLGSGEHEIMNISSE

Hard Facts: Matti Niebelschütz hat ein erfolgreiches Konzept im Bereich der »Mass Customization«, der individualisierten Massenanfertigung, entwickelt und damit den Trend von MyMuesli über Chocri bis zum Spreadshirt erfolgreich fortgesetzt. Zu den Erfolgsfaktoren gehört, dass die Produktionskosten gering sind, »on demand« produziert wird, keine Kosten für Zwischenhändler durch den Direktvertrieb anfallen, relativ hohe Gewinnmargen bei der Parfümproduktion mit synthetischen Duftstoffen möglich sind und die fehlende Sinneswahrnehmung des Riechens durch spielerische Erlebnisse beim Duftdesign kompensiert werden. – Der Gründer hat erlebt, welche Gefahren damit verbunden sind, einen Nischenmarkt zu einem Massenmarkt pushen zu wollen. Gründern rät Matti Niebelschütz, ins Tun zu kommen, nicht aufzugeben, wenn es schwierig wird und sich in kollegialen Netzwerken mit Unternehmern auszutauschen, die sich vergleichbaren Herausforderungen stellen.

Soft Skills: Matti Niebelschütz kommt aus einem Elternhaus, in dem beide Eltern selbständig sind. Von Anfang an wurde er bei seinen Businessplänen unterstützt, finanziell und auch moralisch. Ihm wurde zugetraut, was er sich zutraute: »Du machst das schon.« Dieses Selbstvertrauen – gepaart mit Experimentierfreude und Durchhaltevermögen – hat ihm auch in der Krise geholfen, den nächsten Schritt zu wagen. Er gehört nicht zu denen, die aufgeben, wenn es schwierig wird, sondern zu denen, die das Unmögliche schaffen wollen.

Chance: Sein Bruder war und ist sein wichtigster Wegbegleiter. Von Kindesbeinen an haben sie verrückte Ideen zusammen ausgeheckt und umgesetzt. Ohne seinen Bruder hätte die Geschichte vielleicht einen anderen Verlauf genommen, auch wenn das Lebensmotto von Matti Niebelschütz lautet: »Schreib deine eigene Geschichte. Du kannst selbst entscheiden, wie es weitergeht. Du bist deinem Schicksal nicht ausgesetzt.«

www.myparfum.de
www.myparfum.de/atelier-berlin

TREND VI
SELBSTVERSTÄNDLICH MITGEMACHT

»Es zählt, was man macht, nicht, was man denkt, sagt oder vorhat.«[28]

Wer, wenn nicht wir? Wann, wenn nicht jetzt! Leidenschaft, Ideen, Ambitionen. Noch nie waren die Zeiten so gut, seine eigenen Ideen umzusetzen. Das Totschlagargument Geld ist tot und nichts mehr wert, seitdem es Crowdfunding-Plattformen zur Schwarmfinanzierung gibt. Finanziert wird, was überzeugt. Und so ist der erste Test für den Wert der eigenen Idee im Netz schnell gemacht. Im Jahr 2013 spendeten drei Millionen Menschen 480 Millionen Dollar für Projekte bei der amerikanischen Crowdfunding-Plattform Kickstarter.[29] Das sind 913 Dollar pro Minute. Die eingestellten Projekte kamen aus 214 Ländern aller Kontinente. Noch Fragen, wie man seine Projekte finanzieren soll? Selber machen oder mitmachen? Das ist die Frage.

Auf internationalen Plattformen wie Kickstarter (2009) oder Indiegogo (2008) können eigene Kampagnen gestartet oder fremde Kampagnen unterstützt werden. Crowdfunding ist ein Megatrend, der nicht nur Gründern ganz neue Perspektiven eröffnet. Unterstützt werden Projekte und Ideen von klassischen Crowdfunding-Plattformen wie Startnext, Spenden-Plattformen wie Betterplace, Investment-Plattformen wie Companisto, Kredit-Plattformen wie Auxmoney, themenspezifischen Plattformen wie Krautreporter oder auch regionalen Plattformen wie Berlincrowd.[30]

Für die einen wird über Crowdfunding die Umsetzung der eigenen Idee überhaupt erst möglich. Für die anderen ist Crowdfunding eine Frage des Prinzips, weil sie sich nicht von Banken oder Investoren abhängig machen wollen, sondern die Menschen für das eigene Projekt gewinnen möchten, die sie am Ende auch erreichen wollen. Genauso wichtig wie die finanzielle Unterstützung sind die Aufmerksamkeit der Crowd und das Feedback der vielen. Kreative können mit der Schwarmfinanzierung ihre Ideen im Netz vorstellen und erhalten auch sofort Resonanz. Die Marktforschung zur Akzeptanz der eigenen Idee setzt damit schon vor der Umsetzung ein. Crowdfunding ist zugleich Social Funding. Neue Communitys entstehen, tauschen sich aus und lernen voneinander.

Egal ob Kunst oder Comic, Theater oder Technologie, Fotografie oder Film, Sport oder Spiele, Musik oder Malerei, Journalismus oder Wissenschaft – für jeden Bereich lassen sich Crowdfunding-Plattformen finden. Was zählt, ist die Idee, der Mensch und seine Geschichte. Es gilt, andere für die eigene Idee zu begeistern. Die Chancen, Menschen zu treffen, die die eigene Idee unterstützen wollen, sind mit dem Internet und den sozialen Medien um ein x-Faches gestiegen.

Durch Crowdfunding können Projekte auf neuen Wegen finanziert werden, und durch Crowdsourcing kann der Input von vielen für die Entwicklung und Umsetzung der eigenen Idee genutzt werden. Dabei reicht es nicht, den Link zur Spendenseite über Facebook oder Twitter zu verteilen. Wer mitmacht, will über die Kosten und über den Stand der Dinge informiert werden. Die Darstellung des eigenen Projekts ist der Businessplan für das Expertengremium der Crowd.

Machen, selber machen, mitmachen. Wir erleben zu Beginn des 21. Jahrhunderts eine kreative Revolution. Mehr und mehr Menschen wollen eigene Ideen umsetzen. In Deutschland erscheinen laut *Frankfurter Börsenblatt* jährlich etwa 80 000 neue Buchtitel.[31] Laut Allensbacher Computer- und Technik-Analyse betreiben etwa 8,4 Prozent der Internetnutzer einen eigenen Blog, weltweit soll es 173 Millionen Blogs geben.[32] Die *Süddeutsche Zeitung* hat den Trend aufgegriffen und lädt auf Jetzt.de dazu ein, sich mit einer eigenen jetzt-Seite »dem Kosmos« vorzustellen, Texte zu schreiben und von anderen zu kommentieren.

Mitmachen lautet die Devise und der entsprechende Button bei der *Süddeutschen*. Pro Minute werden bei YouTube 100 Stunden Videomaterial hochgeladen.[33] Vier Milliarden Nachrichten werden täglich auf Facebook gepostet.[34] Früher hätte mich das erschreckt, und ich hätte mich gefragt: Wer soll das alles lesen, wahrnehmen, verarbeiten? Heute finde ich es großartig, dass immer mehr Menschen ihr kreatives Potenzial leben und zu einem kreativen Paradigmenwechsel der Gesellschaften weltweit beitragen. In welcher Welt wollen wir leben? Wir gestalten, die Welt, in der wir leben wollen. Kreative sind keine Randgruppe, sondern gehören zu den Gestaltern der Gesellschaft in den unterschiedlichsten Bereichen: im sozialen und im künstlerischen, im technologischen und im wissenschaftlichen, in Forschung und Handwerk. Wer was auswählt, wer wo mitmacht, wer wen unterstützt, wer wie dabei ist, entscheidet jeder für sich. Im Netz entstehen täglich neue Netzwerke und Communitys.

Zum Mitmachtrend zählt aber auch, dass Kunden ihre Produkte selbst mitgestalten. Mass Customization, individualisierte Massenanfertigung, breitet sich in immer mehr Bereichen aus. Individuelle Bedürfnisse verlangen nach individuellen Lösungen, und das möglichst von Kopf bis Fuß. Ob beim personalisierten Shampoo, das auf den eigenen Haartyp abgestimmt ist, wie bei HairCare4me, beim eigenen Duschgel von Mybodymix oder auch beim individuellen Make-up wie bei BelleRebelle. Doch nicht nur individualisierte Schönheitsprodukte liegen voll im Trend. Produktdesign für jedermann! Das Internet macht es möglich. Ob maßgeschneiderte Boxershorts von Tailorstore, individuelle Sportschuhe von Nike, selbst designte High Heels von Milk & Honey, Schokolade von Chocri, Saft aus der Saftfabrik oder Bier vom Braufaesschen – individualisierte Massenproduktion nach dem eigenen Geschmack der Kunden über digitale Kanäle zu vertreiben ist ein Trend bei Start-up-Unternehmen, und Deutschland gilt zurzeit als Hochburg der Mass Customization.[35]

Den Trend der Mass Customization hat Matti Niebelschütz für die Gründung seines Unternehmens MyParfum genutzt, wo jeder Kunde sein eigenes Parfüm kreiert. Den Trend zum Crowdsourcing hat Raúl Krauthausen mit seiner Plattform Wheelmap für barrierefreie Orte umgesetzt, wo täglich neue Orte von unzähligen Freiwilligen eingetragen werden. Und Thomas Klußmann unterstützt Gründer und Selbständige durch Internet-Marketing-Know-how, um mit der eigenen Idee im Netz erfolgreich zu werden.

Social Media, Open Source, Internet-Marketing: Das Internet kann zu einer demokratischeren Welt beitragen, zu großartigen neuen Lösungen und zu einem globalen Bewusstsein, das auf Vertrauen, Offenheit und Fairness basiert. Es bleibt zu hoffen, dass die Chancen der Digitalisierung genutzt und die damit verbundenen Risiken minimiert werden, wenn immer mehr Menschen in diesem Geist mitmachen.

VII ALLES EINE FRAGE DES STILS FASHION, LIFESTYLE, STILBEWUSSTSEIN

17 / Feuerwear Wie Martin und Robert Klüsener alte Feuerwehrschläuche in Lifestyleprodukte verwandeln

Unisex, nachhaltig, trendy – das ist Feuerwear. Die Brüder Martin und Robert Klüsener verleihen ausrangierten Feuerwehrschläuchen neues Leben, indem sie sie zu Taschen, Gürteln, Portemonnaies und Schlüsselanhängern verarbeiten. Feuerwehrschläuche, die Tausende Kubikmeter Wasser transportiert, durch Schlamm und Geröll gezogen wurden, Feuer und Hitze getrotzt und so manches Leben gerettet haben, werden von Feuerwear »upgecycelt«. Die Taschen aus Feuerwehrschlauch entdecke ich, als ich auf der Suche nach ungewöhnlichen Unternehmern durch die Messehallen bei der Ambiente in Frankfurt laufe. Die Idee, alte Feuerwehrschläuche zu verarbeiten, und die Ästhetik der Taschen sprechen mich sofort an. Jede Tasche ist ein Unikat: Aufdrucke wie »Berufsfeuerwehr Köln« oder »defekt«, Prüfnummern oder Herstellerzeichen verleihen jeder Tasche das gewisse Etwas.

Martin Klüseners Karriere begann, wenn man die Initialzündung mitberücksichtigt, schon als 13-jähriger. Als er in der Realschule an einem Nähkurs teilnahm, entdeckte er seine Passion fürs Nähen. Zu Hause nahm er daraufhin die Nähmaschine seiner Mutter in Beschlag. Seitdem näht er: während der Schulzeit, in der Ausbildung, im Studium. Bis heute fertigt er die Prototypen von Feuerwear an der Nähmaschine selbst an. Doch halt: Zwischen der Initialzündung in der Schule und der Gründung des eigenen Unternehmens lagen noch ein paar Etappen. Nach der mittleren Reife machte Martin Klüsener eine Ausbildung zum bekleidungstechnischen Assistenten, anschließend studierte er Bekleidungstechnik in Mönchengladbach. Seine Diplomarbeit schrieb er über die Gründung eines Labels für Taschen aus Recyclingmaterialien. Er wollte zeigen, dass umweltbewusste Mode stylish sein kann. Nachhaltigkeit war ihm genauso wichtig wie das Design. Die Arbeit wurde von seinem Professor nicht besonders gewürdigt. Doch das hielt Martin Klüsener nicht davon ab, seinen Weg weiterzuverfolgen. Parallel zur Diplomarbeit setzte er bereits einen Online-Shop auf, um seine in Handarbeit im Keller seiner Eltern gefertigten Taschen zu verkaufen. Mindestens eine Tasche wollte er pro Tag verkaufen. Das war sein Ziel.

Unverwüstlich, cool, einzigartig

Er nähte und experimentierte mit verschiedenen Materialien. Die Surfsegel stellten sich rasch als ungeeignet heraus, da das Material zu schwer zu beschaffen war. Auf der Suche nach anderen Materialien entdeckte er im Jahr 2005 bei der Feuerwache in seinem Heimatort Euskirchen bei Köln ausgemusterte Feuerwehrschläuche. Dort waren die alten, verschlissenen oder beschädigten Schläuche stapelweise in Gitterboxen gelagert. Auf die ungewöhnliche Anfrage von Martin Klüsener, ob er ein paar Schläuche zum Weiterverarbeiten bekommen könnte, reagierten die Feuerwehrleute erst etwas skeptisch. Doch da die Entsorgung des strapazierfähigen Materials teuer und aufwendig war, durfte er sich bedienen. Er griff zu, und das war ein Glücksgriff. Denn er entdeckte ein Material mit einem unglaublichen Potenzial, das so gut wie unverwüstlich war.

Die erste Tasche aus Feuerwehrschlauch nähte der heutige Designer auf einer Industrienähmaschine noch im Keller seines Elternhauses. Als der Prototyp fertig war, war der Entschluss gefasst: für das Material, für das Unternehmen und für das Label »Feuerwear«. Er legte los, ohne ausgefeilten Businessplan und ohne Förderkredite. Anfangs machte er alles selbst: Schläuche besorgen, schneiden, waschen, nähen. Der Vertrieb lief über Designmärkte und Endverbrauchermessen, B2C. Nachdem er nach einem halben Jahr unermüdlicher Telefonakquise die ersten 20 Händler gewonnen hatte, die seine Umhängetaschen ins Sortiment nahmen, wusste er, dass es Zeit war, sich eine Näherei zu suchen. Das war im Jahr 2005, zwei Jahre nach der Gründung.

Da es in Deutschland kaum noch Täschner gibt, machte sich Martin Klüsener auf die Suche nach möglichen Kooperationspartnern. Über Xing bekam er Kontakt zu einem deutschen Vermittler in Posen, der eine Näherei in Polen kannte. Kurze Zeit später fertigten zehn Näherinnen in Polen die Taschen für Feuerwear an. Sie bekommen die bereits gewaschenen und fertig zugeschnittenen Schläuche, um sie mit Gurtbändern, Schnallen, Nieten, Klett- oder Reißverschlüssen und allem, was dazugehört, nur noch zu verarbeiten. Die Auslagerung der Produktion war der erste Meilenstein in der Geschichte des Unternehmens. Drei Jahre später folgte der zweite Meilenstein. Das war im Jahr 2008.

Angestellt, selbständig, Partner

Martin Klüsener war selbständig, sein drei Jahre älterer Bruder Robert, der Medientechnik studiert hatte, war angestellt. Robert Klüsener war bei einem Unternehmen angestellt, das Start-ups für andere aufbaute. Dabei lernte er zwar viel, doch immer nur den Erfolg anderer mit aufzubauen, ohne am Ende daran beteiligt zu werden, machte ihm auf

sie es wissen. So wandten sie sich an potenzielle Investoren. Nach einigen Anfragen hatten sie Glück. Mit dem Kapital der frisch gewonnenen Investoren setzten sie kurz vor dem Weihnachtsgeschäft 2011 auf extremes Wachstum mit Fernsehwerbung. Die Rechnung ging auf. Die Nachfrage stieg dermaßen, dass sie im Jahr 2012 von 15 auf 60 Mitarbeiter anwuchsen. Aus dem 240 Quadratmeter großen Büro in Berlin-Schöneberg zogen sie in das neue 1000 Quadratmeter große Büro in Moabit um. »Das war wie im Märchen«, sagt Matti Niebelschütz. »Alles schien möglich. Warum also nicht weltweit expandieren?«
Nachdem der Hebel des Erfolgs gefunden war, wurde er ausgereizt. Nach einer Verdoppelung des Werbebudgets im Jahr 2011 verzwanzigfachten sie es im Jahr 2012. So bekannt werden wie MacDonald's, das war der Plan. Sein Mentor warnte ihn. Doch Matti Niebelschütz schlug die Warnungen in den Wind. Diesmal ging die Rechnung nicht auf. Das erhoffte Wachstum blieb aus. Das Marketingbudget im siebenstelligen Bereich und die Personalkosten im sechsstelligen Bereich überstiegen dramatisch die Gewinne, so dass MyParfum Liquiditätsprobleme bekam. Kurz darauf folgte der Stress mit Gläubigern, Vermietern und Investoren. Matti Niebelschütz musste Insolvenz anmelden. Auf dem Blog der Berliner Start-ups »whats-up-in.berlinvalley.com« wurde die Insolvenz als vorhersehbar bezeichnet: »... die Insolvenz von MyParfum war keine Überraschung. Denn es gibt tatsächlich Märkte, die vor der Konkurrenz aus dem Internet auf immer und ewig sicher sind – und dazu gehört mit ziemlicher Sicherheit auch der Markt für individuell zusammengestellte Parfüms.«
Doch ist das wirklich so sicher? Die für verrückt gehaltene Idee, die Nase beim Parfümkauf auszuschalten und Düfte übers Internet zu vertreiben, hatte doch durchaus erfolgreich funktioniert. Hier lohnt es sich, genauer hinzusehen. Denn Matti Niebelschütz hatte nicht nur manches falsch, sondern auch vieles richtig gemacht.

Dauer keinen Spaß. Deshalb spielte er mit dem Gedanken, sich auch selbständig zu machen, hatte aber noch keine zündende Idee. Das diskutierten die Brüder eines Abends und spielten verschiedene Ideen durch. Am nächsten Tag fragte Martin ihn, ob er bei ihm mit einsteigen wolle. Das war für Robert Klüsener der mutigste Schritt seines Lebens: seine alte Stelle zu kündigen und im Unternehmen seines Bruders einzusteigen. Damals war noch nicht sicher, ob das Unternehmen auch für zwei genug abwerfen würde.
Die Rollen waren klar verteilt. Martin war der Designer, der für die Produktlinie verantwortlich war, Robert war der Stratege, der Marketing und Vertrieb organisierte. Ihm ging es darum, Prozesse zu automatisieren, Vertriebswege zu professionalisieren und den Markt zu erschließen, national und international. Dass sich die beiden kongenial ergänzten, zeigte sich schon nach kurzer Zeit. Nach einem Jahr hatten sie die Umsätze verdoppelt, und so ging es weiter. Inzwischen arbeiten die beiden mit 250 Händlern und einer weiteren Näherei in Serbien mit 30 Näherinnen zusammen. Die Pressearbeit und den Online-Shop haben sie an Agenturen abgegeben, für Lager und Versand einen Dienstleister engagiert und den Vertrieb an freie Handelsvertreter übertragen. Was nach wie vor neben den Kernkompetenzen Chefsache ist, ist der persönliche Kontakt mit ihren Kunden über Facebook. Das lassen sie sich nicht nehmen. Über 40 000 Laptop- und Umhängetaschen, Handyhüllen und Portemonnaies gehen inzwischen pro Jahr über die Ladentheken. Das entspricht ungefähr 50 Kilometer Feuerwehrschlauch im Jahr.

Limited Edition

Feuerwehrschläuche beziehen sie inzwischen aus ganz Deutschland. Die Schläuche werden im Lager nach Farben sortiert. Rot, weiß, neongelb. Indem die gummierte Innenseite der Schläuche nach außen gedreht wird, ergänzt Schwarz das Sortiment. Die selteneren neongelben Schläuche werden einmal im Jahr zur Sonderedition »Lightline« verarbeitet. Zur Zielgruppe gehören junge, modebewusste Menschen der »Generation Umhängetasche«, wie Klüsener seine eigene Generation nennt. Was verbindet die Generation mit den Taschen? Drei Attribute: funktional, cool, vernetzt. In der Sprache des Marketings von Feuerwear klingt das dann so: »Ein kurzer Blick in die Tasche. DIN-A4-Block: Check. iPad: eingepackt. 13" Notebook: passt. Schlüssel: am Schlüsselfinder – alles perfekt verstaut und schnell griffbereit.« Wie sehr die »Generation Umhängetasche« Feuer und Flamme für Feuerwear ist, wird an der Limited Edition deutlich, die bereits nach wenigen Stunden ausverkauft ist.

Auf die Frage nach der Bedeutung des Internets und der Neuen Medien für das Unternehmen Feuerwear sagt Robert Klüsener nur: »Das Unternehmen Feuerwear wäre so vor 20 Jahren nicht möglich gewesen.« Online-Shops und Digitalisierung haben zu Reichweiten beigetragen, die überhaupt erst ermöglichen, mit individuellen handgefertigten Produkten größere Märkte zu erschließen. Über Facebook ist das Unternehmen mit seinen Kunden in Kontakt und bekommt darüber auch die eine oder andere Anregung für Produktveränderungen. Dass Kunden die Produkte testen und Feedback geben, ist den Gründern wichtig. So wurde eine Schreibmappe für Rechtshänder auf Anregung eines Kunden für Linkshänder ausgerüstet. Doch ansonsten bleiben neue Prototypen Chefsache, da für die beiden Brüder die Fokussierung auf Qualität und Marke zählt.

Upcycling: Vom Müll zum Sondereinsatz

Die Produktionsmethode von Feuerwear nennt sich Upcycling. Während es beim Recycling vor allem um die Wiederverwertung von Materialien geht, werden beim Upcycling aus Abfallprodukten neue Produkte hergestellt, die die Umwelt entlasten und damit zur Nachhaltigkeit beitragen. Die gebrauchten Feuerwehrschläuche, die sonst auf dem Müll gelandet wären, finden als hochwertige Taschen eine neue Bestimmung. Ethische Werte spielten schon in der Erziehung der Brüder eine Rolle. Müll wurde getrennt, und Robert Klüsener engagierte sich in einer Umweltgruppe, die er selbst gegründet hatte. Die beiden sind keine Ökofundamentalisten, sondern pragmatische LOHAS. »Wir verkaufen auch an Umweltsünder, die mit teurem Auto vorfahren«, sagt Robert Klüsener. Sie selbst sind zwar mit dem Auto unterwegs, um bei all den Messen vertreten zu sein, allerdings mit einem gemieteten. Sie legen Wert darauf, alle Prozessschritte im Unternehmen so ökologisch wie möglich zu halten. So verwenden sie umweltverträgliche Waschmittel aus nachwachsenden Rohstoffen für die Reinigung der Schläuche, nutzen Ökostrom von Greenpeace und gleichen die CO_2-Emission über »atmosfair« wieder aus. Sie gehören zu den bekennenden LOHAS, die Wert legen auf einen »Lifestyle of Health and Sustainability«. Und sie sind Partner der nobrands-Plattform für nachhaltigen Konsum, einer Community von Menschen, die sich für die Verbindung von Design und Nachhaltigkeit interessieren. Im Jahr 2013 wurde ihre Tasche »Walter« mit dem »Vegan Fashion Award 2013« für tierfreundliche Mode von PETA Deutschland ausgezeichnet. Es geht auch ohne Leder.

Martin und Robert Klüsener war es wichtig, ein Unternehmen aufzubauen, von dem sie leben können, und nicht so sehr, ein Unternehmen aufzubauen, das sie möglichst gewinnbringend weiterverkaufen können. Gründern empfiehlt Robert Klüsener, sich nicht zu fein zu sein, am Anfang alles selbst zu machen, um jeden Schritt im eigenen Unternehmen genau zu kennen. Es kommt für ihn nicht darauf an, das nächste Google oder Facebook zu erfinden, sondern darauf, eine gute Idee zu haben und die auch umzusetzen. Vorbilder sind für Robert Klüsener Unternehmer wie die Gründer von Flyeralarm oder DaWanda. Sie haben bestehende Märkte aufgemischt und neue Märkte aufgeschlossen. So hat Flyeralarm teure Druckereien mit seinen Angeboten unter Druck gesetzt und DaWanda allen Kreativen einen Online-Marktplatz für ihre Unikate geboten. Auch Feuerwear ist bei DaWanda vertreten. Aus einem Abfallprodukt haben sie trendige Accessoires und Lifestyleprodukte von Gürteln über Portemonnaies bis zu Schlüsselanhängern geschaffen, die praktisch und robust sind und als Unisexdesign von Frauen und Männern gekauft werden. Es ist gelungen, eine klare, unverwechselbare Formensprache von Feuerwear mit individuellen Produkten zu verbinden. Martin Klüsener hat bewiesen, dass umweltbewusste Mode stylish sein kann, und sein einstiges Ziel, eine Tasche pro Tag zu verkaufen, mit Unterstützung seines Bruders bei weitem übertroffen, indem er es verhundertfacht hat. Was früher Leben gerettet hat, rettet jetzt die Umwelt.

ERFOLGSGEHEIMNISSE

Hard Facts: Martin und Robert Klüsener sind ein starkes Team. Der eine bringt das handwerkliche Know-how aus der Bekleidungstechnik ein, der andere seine Erfahrungen aus der Medientechnik und dem BWL-Studium. Ihnen ist wichtig, dass sich jeder auf das fokussiert, was er am besten kann. Alles, was sie nicht selbst machen müssen, geben sie an Dienstleister ab: vom Nähen über Verpackung und Versand bis zur Pressearbeit. Sie haben eine klar umrissene Marke aufgebaut und orientieren sich an den Prinzipien der Markenführung mit einem klaren Fokus auf der Produktqualität. Deshalb haben sie nicht fünf verschiedene Handyhüllen im Angebot, sondern nur eine einzige.

Soft Skills: Die Brüder zeichnet eine gewisse Hemdsärmeligkeit aus. Sie konzentrieren sich auf das Naheliegende und auf das Machbare. Das schließt Expansion nicht aus. Was für sie zählt, ist, sich jeden Tag hinzusetzen und zu schauen, was sich besser machen lässt. Das ist ihre Vision von organischem Wachstum.

Chance: Die Brüder ergänzen sich nicht nur mit ihren Fähigkeiten, sondern auch mit ihren Temperamenten. Martin Klüsener hat mit gesunder Naivität einfach losgelegt. Ohne Businessplan, ohne Fremdkapital und ohne Bedenken. Mit einer Nähmaschine, einer Vision und Leidenschaft für die Sache. Robert Klüsener ist dagegen der Stratege, der sich um die Strukturen des Unternehmens kümmert und mit seiner Expertise die nationale und internationale Expansion ausbaut.

www.feuerwear.de

TREND VII
SCHÖN NACHHALTIG

»Der Planet ist nicht als Sackgasse angelegt, sondern als Kreislauf.«[36]

Der amerikanische Zukunftsforscher Dennis L. Meadows hat im Auftrag des Club of Rome 1972 die Studie *Limits to Growth – Die Grenzen des Wachstums* veröffentlicht, die mit ihren pessimistischen Prognosen für das 21. Jahrhundert für enormes Aufsehen sorgte. Denn es wurde deutlich, welche globalen Auswirkungen das individuelle Handeln aller hat. Nun sind wir im 21. Jahrhundert angekommen und leben immer noch, in manchen Teilen der Welt mit Smog, in anderen Teilen der Welt mit saubererer Luft als im Jahr 1972. Was ist passiert? Die düsteren Zukunftsszenarien – angesichts der steigenden Weltbevölkerung, der Industrieproduktion, der Umweltverschmutzung, der Nahrungsmittelproduktion für eine Massengesellschaft und des gigantischen Rohstoffverbrauchs – haben bei vielen Menschen einen Bewusstseinswandel bewirkt, was den Umgang mit Ressourcen und die eigene Lebensweise angeht. Wer die Welt retten will, muss etwas tun. Jeder da, wo er kann. Immer mehr Menschen entwickeln Gegenmodelle zu einer Kultur der Verschwendung, der Produktion von Müll und Emissionen. Auf der Suche nach einer Gesellschaft im Gleichgewicht ist das Bewusstsein für Umwelt- und Naturschutz in den letzten 30 Jahren enorm gestiegen. Auf apokalyptische Katastrophenszenarien und alarmistische »Fünf-vor-zwölf-Warnrufe« sind pragmatische Ansätze gefolgt: von nachhaltiger Landwirtschaft über Klima- und Umweltschutz, nachhaltiges Bauen oder nachhaltige Mobilität, Green Meetings und grünes Investieren bis zum nachhaltigen Tourismus oder den CO_2-Fußabdruck.[37]

Die Vorzeichen der Debatte haben sich verändert – vom Minus zum Plus. Es geht nicht mehr um Konsumverzicht, sondern um smarteren Konsum – zum Beispiel in Form von Sharing-Modellen.[38] Es geht nicht um Wachstumsstopp, sondern um intelligenteres Wachstum durch neue Wertschöpfungsketten. Anstelle von Appellen wie »Baum ab, nein danke« werden kollektiv Bäume gepflanzt.[39] Eine Billion Bäume will die Stiftung Plant for the Planet bis 2020 pflanzen, also kein ganz kleines Vorhaben. Es geht nicht um Profitkritik am Unternehmertum, sondern um nachhaltiges Unternehmertum mit CO_2-Fußabdruck. Es geht nicht um »Jute statt Plastik«, sondern um die intelligente Weiterverwendung von Plastik in Form von Upcycling. Dass »nachhaltig« nicht Verzicht bedeutet, schon gar nicht Verzicht auf Ästhetik, sondern schön, trendy und stylish sein kann, zeigen die neuen Trends beim Upcycling von Abfallprodukten zu modischen Accessoires, schicken Klamotten oder auch trendigen Möbeln.

Das Berliner Modelabel »schmidttakahashi« fertigt aus Altkleidern neue Designerstücke. Was andere aussortieren, entsorgen und wegwerfen, wird von ihnen neu kombiniert, umgearbeitet und wiederbelebt. Null Prozent Rohstoffverbrauch, Upcycling vom Feinsten. Einsammeln, waschen, nähen. So wird aus Container-Klamotten angesagte Mode. 2010 haben Eugenie Schmidt und Mariko Takahashi den Recycling-Designpreis gewonnen. Sie zeigen, dass sich Nachhaltigkeit und Fashion nicht ausschließen. Patchwork-Arbeit und Vintage sind »in«, nicht nur bei grünen Fashionshows. Die Haute Couture der beiden ist so gefragt, dass es inzwischen Stores in Berlin, London, Basel und Tokio gibt.

Wo manche nur Müll sehen, entdecken andere den kostbaren Stoff, aus dem die Träume für neue Produkte entstehen. Was alles weiterverarbeitet werden kann, ist nur eine Frage der Fantasie. Das zeigt allein der Taschenmarkt. Doch auf die Idee musste erst einmal jemand kommen, alte Rettungswesten oder Bälle, Fallschirmseide oder Motorradschlauch, abgefahrene Fahrradschläuche oder ausrangierte Kaffeesäcke, Traktorschläuche oder Bundeswehrdecken, Lkw-Planen oder Luftmatratzen, Turnmatten oder auch Feuerwehrschläuche in Taschen zu verwandeln. Allein die Anzahl der Taschenanbieter zeigt, wie viele Menschen Wert auf individuelle Produkte legen, die ökologisch verträglich hergestellt sind und sich sehen lassen können. Ob feine Materialien wie bei der Kleidung oder robuste Materialien wie bei den Taschen, entscheidend ist beim Upcycling, dass entsorgte Materialien wieder in den Warenkreislauf zurückfinden. Für diesen Trend, Nachhaltigkeit und Ästhetik miteinander zu verbinden, steht auch das Unternehmen Feuerwear.
Upcycling spielt aber nicht nur in der Mode eine Rolle. Möbel aus Schrott alter Flugzeuge, Leuchten aus alten Waschmaschinentrommeln oder auch gleich ein ganzes Studentenwohnheim aus alten Silos und Schiffscontainern wie in Johannesburg – Upcycling ist »in« und sieht auch noch dazu gut aus, ist also schön und nachhaltig.[40] Für den Berliner Architekten Van Bo Le-Mentzel ist die Verbindung von Schönheit und Nachhaltigkeit Programm. Unter dem Motto »Konstruieren statt konsumieren« will er stilbewusste Menschen mit wenig Geld dazu motivieren, selbst Hand anzulegen, und das gelingt ihm.[41] Le-Mentzel präsentiert eine beeindruckende Bilanz eines nachhaltigen Geschäftsmodells. Wenn er einen Geschäftsbericht schreiben müsste, würde der nach eigenen Angaben so lauten: »4000 bis 5000 Möbel in 12 Ländern produziert. Kundenzufriedenheit: sehr hoch. Ausgaben: null. Mitarbeiter: vielleicht 7000? Lagerkosten: null. Logistik: null. Carbon Footprint: null. Kosten für Werbung: null.«[42] Le-Mentzel hat sogenannte Hartz-IV-Designermöbel zum Selbstbauen mit geringem Kostenaufwand entworfen und die Bauanleitungen kos-

tenfrei in alle Welt verschickt. Ganz schön nachhaltig, ebenso wie Urban Gardening, Sharing-Modelle oder auch Social Travelling.

Urban Gardening ist nicht die Rückkehr zur Gartenarbeit in Kleingartenkolonien, sondern eine neue Form des gemeinschaftlichen Gärtnerns mitten in der Stadt.[43] Auf ehemaligem Brauereigelände, stillgelegten Bahntrassen oder auch Parkhausdächern werden brachliegende Flächen von urbanen Gartenaktivisten gemeinsam in grüne Lungen der Stadt und lebensfreundliche Umgebungen verwandelt. Schön und nachhaltig entstehen grüne Lungen mitten in der Stadt für die Selbstversorgung mit Obst und Gemüse. Säen und ernten, kochen und weiterverarbeiten, selber machen und mitmachen, wissen, wo die Dinge herkommen und wie sie angebaut werden, das lässt sich in den Oasen der Natur bei einem ansonsten urbanen Lebensstil kultivieren. In vielen Städten entstehen solche öffentliche Räume einer Do-it-yourself-Bewegung, die dazu einlädt, gemeinsam ökologisch zu gärtnern – in den Prinzessinnengärten in Berlin, auf dem Gartendeck in Hamburg, in den Annalinde-Gärten in Leipzig, um nur einige zu nennen.[44]

Ums gemeinsame Nutzen von Sessel, Sofa und Schlafcouch geht es auch beim Social Travelling, wo Privatleute ihre Wohnungen für Wildfremde öffnen. Ein Hausboot vor Hongkong, eine Dachterrasse in Berlin, ein Loft in New York – das Übernachten in Privatwohnungen ist der neue Reisetrend von Anbietern wie Airbnb, Coachsurfing, Hospitality Club oder auch Haustausch. Und all das funktioniert nur, weil viele mitmachen: sieben Millionen Menschen in 100 000 Städten allein bei Couchsurfing. »Mein Haus, mein Auto, mein Boot« ist Besitz, der zunehmend geteilt wird, so dass auch die Anreise zum Urlaubsort nicht unbedingt im eigenen Auto angetreten wird. Carsharing, Kurzzeitmiete oder Mitfahrgelegenheit – die Sharing-Modelle von Car2go über DriveNow bis Tamyca funktionieren alle mit Hilfe des Internets und über Smartphone-Apps. Mobilität, Klimaschutz und Nachhaltigkeit. Hier werden zwei Fliegen mit einer Klappe geschlagen.

Auf die pessimistischen Szenarien der Zukunft, die sich in der »Fünf-vor-Zwölf«-Metaphorik der Alarmisten länger als fünf Minuten bis zur Katastrophe gehalten haben, reagieren immer mehr Menschen pragmatisch mit konkreten Gegenentwürfen, die so überzeugend sind, dass sich daraus globale Bewegungen entwickeln. Es geht darum, intelligenter und das heißt auch nachhaltiger zu leben – bezogen auf die Mobilität, die Energieversorgung, den Konsum von Kleidung und Nahrung. In Form von Upcycling, Carsharing, Couchsurfing oder Urban Gardening entstehen neue Formen der Nachhaltigkeit und des Ko-Konsums, die einen Zugewinn an Lebensqualität und ein neues Gefühl der Verbundenheit mit den Ressourcen der Welt und miteinander vermitteln. Nachhaltig heißt heute nicht mehr »öko« im Sinne von Kleidung aus Jute oder selbst gesponnener Wolle, sondern lässt sich mit getragenem Samt und alter Seide in neuem Gewand ebenso wie mit schicken Taschen aus gebrauchten Fahrrad- oder Feuerwehrschläuchen verbinden.

Was schön und nachhaltig ist, braucht keine Anreiz- oder Belohnungssysteme. Schön nachhaltig ist nicht der Appell ans schlechte Gewissen, sondern das gute Gewissen beim Kaufen und Tragen, Gärtnern und Genießen, Einrichten und Wohnen, Fahren und Reisen. Und da es auf solche Pioniere und Macher, unbeirrte Experimentierer und kreative Vorreiter ankommt, brauchen wir Geschichten von Menschen, die nicht reden, sondern machen – und in Umkehr von Adornos Diktum »für das richtige Leben im falschen« nicht nur plädieren, sondern einstehen. Mach, was du kannst! Mach mit! Mach was draus.

VIII ALLES EINE FRAGE DES MENSCHENBILDES GESUNDHEIT, KRANKHEIT, ALTER

18 / Ein Perspektivenwechsel entscheidet über Schicksale
Wie Dirk Müller-Remus mit Auticon aus Schwächen Stärken macht

Wer würde nicht gern in nur einer Woche eine Fremdsprache lernen, bei seinem hochbegabten Kind zusehen, wie es sich das Klavierspielen selbst beibringt, oder nach einem 15-minütigen Hubschrauberflug über New York das Stadtpanorama aus dem Gedächtnis nachzeichnen können? Was unwahrscheinlich klingt, gibt es tatsächlich! Allerdings nur in Ausnahmefällen wie bei dem Gedächtnisgiganten Kim Peek, der mit 16 Monaten anfing zu lesen, mit vier Jahren acht Lexikon-Bände auswendig konnte und am Ende seines Lebens den Inhalt von 12 000 Büchern parat gehabt haben soll, nachdem er sie ein einziges Mal gelesen hatte. Bewunderung und Schrecken halten sich hier die Waage. Denn so eine außergewöhnliche Begabung hat – wie alles im Leben – ihren Preis. Der Preis im Fall von Kim Peek war hoch. Er kam mit einer schweren geistigen Behinderung auf die Welt.

Der Drehbuchautor Barry Morrow hat Peek 1985 beim amerikanischen Behindertenverband in Texas kennengelernt und war von seiner Geschichte so berührt, dass er das Drehbuch für den weltberühmt gewordenen Film Rain Main *verfasste, in dem Dustin Hoffman den autistischen Raymond spielt. Raymond hat im Film das sogenannte Savant-Syndrom, das auch als Inselbegabung bezeichnet wird. So kann er sich über Nacht sämtliche Nummern eines Telefonbuches einprägen oder auch beim Blackjack abräumen, da er sich alle Karten merken kann. Doch sein soziales und kommunikatives Verhalten ist massiv beeinträchtigt.*

Sein Sohn war vierzehn, als die Familie von Dirk Müller-Remus 2007 nach einem Test die eindeutige Diagnose bekam: Asperger-Syndrom. Dadurch erschien so manches irritierende Symptom plötzlich in einem anderen Licht. »Als Kind war Ricardo in der Wahrnehmung der anderen einfach sehr ruhig.« Allerdings fiel er manchmal durch merkwürdige Formulierungen auf, die den Eindruck vermittelten, als würde er nicht die gleiche Sprache sprechen. Und es fiel auch auf, dass er kein Verantwortungsgefühl für andere Menschen entwickelte. Die Dinge berührten ihn mehr als die Menschen. Wenn eine Herdplatte kaputtging, fing er an zu weinen. Wenn aber die eigene Mutter traurig war, zeigte er keine Regung. Dass etwas nicht ganz stimmte, fiel lange Zeit nicht auf, da er durch seine Hobbys Trommeln und BMX-Fahren viel mit anderen unterwegs war. Bei einem Intelligenztest wurde ihm eine Hochbegabung attestiert. Doch wenn die berühmte soziale Ader fehlt, dann nützt in der Schule auch der hohe Intelligenzquotient nicht viel. Der Junge kam mit dem Frontalunterricht in der großen Klasse nicht zurecht, und seine Mutter war verzweifelt, da sie nicht wusste, wie sie ihrem Sohn helfen konnte.

Nachdem die Diagnose feststand, war die Frage, wie man mit den zunehmenden Schulproblemen und der Diagnose umgeht. Dirk Müller-Remus und seine Frau diskutierten x-mal das Für und Wider verschiedener Wege. Schließlich entschieden sie sich, Ricardo in eine Schule für Körperbehinderte zu schicken, damit er in einem ruhigeren Umfeld in einer kleineren Klasse unterrichtet werden konnte. Doch dort fühlte sich Ricardo intellektuell unterfordert und dadurch genauso unwohl. Und als wäre das Maß noch nicht voll, kamen auch noch die klassischen Pubertätsprobleme hinzu. Es musste eine grundlegende Entscheidung getroffen werden.

Wohin man blickte, scheinbar nichts als Defizite. Abends bei einem Glas Wein kamen Dirk Müller-Remus und seine Frau auf die Idee, die alles verändern sollte: Nicht die Defizite bekämpfen, sondern die Stärken entdecken – und damit zu einer Lösung gelangen! Das war eigentlich naheliegend, denn Dirk Müller-Remus war es als Manager gewohnt, Herausforderungen zu entdecken, wo andere meist nur Probleme sehen.

Aus einer Selbsthilfegruppe von erwachsenen Autisten wusste er, welche Hürden es zu nehmen galt: Die Teilnehmer waren oft gut ausgebildet, hatten Schulabschlüsse, Berufsausbildungen, teilweise sogar Universitätsabschlüsse und waren trotzdem arbeitslos. Überzeugt davon, dass es für jedes Problem eine Lösung geben müsse, begann er gedanklich verschiedenste Möglichkeiten durchzuspielen. Er fragte sich, wie er für seinen Sohn und Menschen mit ähnlichen Problemen etwas aufbauen könnte, wo sie ihre besonderen Fähigkeiten und Stärken einbringen können. Es ist eine besondere Fähigkeit, Stärken zu entdecken, wo andere Schwächen sehen. In diesem Perspektivenwechsel lag das unglaubliche Potenzial, das es zu heben galt.

Stärken stärken, Potenziale erkennen

Müller-Remus ging die Frage der Berufsfindung für den Sohn wie eine neue Managementaufgabe an. Er überlegte sich, wie Menschen mit einem Asperger-Syndrom eine berufliche Erfüllung finden könnten. Könnte man nicht ein Unternehmen direkt für Menschen gründen, die in der Schule anecken und in der Gesellschaft kaum eine Chance haben? Auf seinem Handy legte Müller-Remus im Laufe von sieben Jahren eine Liste mit Geschäftsideen an. Als er 50 Geschäftsideen aufgelistet hatte, kam mit einem Mal der zündende Funke an der Schnittstelle seiner beruflichen Erfahrungen und seiner Lebenserfahrungen. Denn Dirk Müller-Remus war in seinem ersten Job IT-Experte. Und so stellte er fest, dass das Denken von Autisten ähnlich wie ein Computerprogramm strukturiert ist.

Ihr Denken ist häufig geprägt von klaren Alternativen wie »ja« oder »nein« und kausal-logischen Zusammenhängen wie »wenn …, dann …«. Zu den Stärken von Autisten zählen Genauigkeit, analytisch-logisches Denken, eine visuelle Mustererkennung, ein Scannerblick für Abweichungen und eine hohe Konzentrationsfähigkeit bei Routineaufgaben. Als Dirk Müller-Remus diese Erfahrungen machte, wurde ihm schnell klar, dass hier eine große Chance für die Qualitätssicherung von Computerprogrammen lag. Denn Asperger-Autisten bringen genau das mit, was Softwaretester können müssen: Sie entdecken jeden kleinsten Fehler im System, können sich unter entsprechenden Bedingungen extrem gut konzentrieren und arbeiten präzise wie ein Uhrwerk. So entstand die Idee, ein Softwareunternehmen für Menschen mit dem Asperger-Syndrom zu gründen, bei dem sie als Softwaretester arbeiten.

Dirk Müller-Remus veranschaulicht das Denken von Autisten mit einer Anekdote. Wer bei Auticon neu anfängt, bekommt einen Rucksack geschenkt. Normalerweise würde man erwarten, dass sich jemand für ein Geschenk erst einmal bedankt. Doch anstatt sich zu bedanken oder sich zu freuen, nehmen einige den Rucksack in die Hand, betrachten ihn von allen Seiten, probieren aus, ob der Reißverschluss funktioniert, und sehen nach, ob das Material Webfehler hat. Sie haben ein unglaubliches Auge fürs Detail und für kleinste Abweichungen. Mit einem Verhalten, mit dem sie sozial angeeckt wären, können sie bei Auticon punkten. Sie denken anders, und sie sprechen anders. Anstelle von verklausulierten Höflichkeiten wie »Könntest du bitte bei Gelegenheit einmal …« herrschen bei ihnen ganz klare Ansagen, die auf das Wesentliche reduziert sind. Dann heißt das kurz: »Mach bitte das …«

Deswegen war auch sofort klar, dass Auticon kein Unternehmen wie jedes andere sein konnte. Das fing bei den Arbeitsbedingungen an und hörte bei den Auswahlkriterien noch lange nicht auf. Gerade die Arbeitsbedingungen waren entscheidend für den Erfolg. Sie mussten an Autisten angepasst werden. Starke und zu viele Außenreize wären hinderlich für die Arbeitsleistung. Also kamen Großraumbüros nicht in Frage. Die Büros bei Auticon sind klein, weiß und schmucklos.

Da Autisten mit Sprache schlicht anders umgehen, verläuft auch ein Bewerbungsgespräch bei Auticon anders als üblich. Autisten wären nicht in der Lage, ihre Fähigkeiten wortgewandt zu verkaufen. Deshalb müssen ganz konkrete Fragen gestellt werden, um herauszufinden, was sie können. Ein Gespräch kann dann so verlaufen: »Womit beschäftigen Sie sich?« »Ich lese.« – »Was denn?« »Texte.« – »Was für Texte?« »Gebrauchsanweisungen.« – »Was machen Sie damit?« »Übersetzen.« Nach weiteren Fragen kann sich dann herausstellen, dass der Bewerber sieben Sprachen spricht, die er sich alle selbst beigebracht hat. Und genau um diese Potenziale geht es Müller-Remus. Um sie zu heben, wird die Stelle bei Auticon über Facebook ausgeschrieben und das gesamte Netzwerk aktiviert, zu dem der Autismusverband Deutschlands ebenso wie Autismus-Ambulanzen und Selbsthilfegruppen zählen.

Dabei sind die Anforderungen durchaus hoch. Denn gesucht werden Menschen mit einer Autismus-Diagnose, die sehr gute IT-Kompetenzen haben und zugleich über ein Mindestmaß an Sozialkompetenz verfügen, um im professionellen Umfeld eingesetzt werden zu können. In einem einstündigen Informationsgespräch wird mit den Bewerbern herausgefunden, ob sie dem Anforderungsprofil von Auticon weitestgehend entsprechen. Dann folgt ein fachlicher Eignungstest, mit dem das analytisch-logische Denkvermögen auf den Prüfstand gestellt wird. Dieser Test ist gemeinsam mit dem Team um Professorin Dr. Isabel Dziobek vom Exzellenzcluster »Languages of Emotions« von der Freien Universität Berlin entwickelt worden. Eine Auswertung mit entsprechenden Skalen entscheidet, ob die Bewerber in die engere Auswahl

Als er sein Konzept für Auticon entwickelte, war er noch angestellter Geschäftsführer. Parallel zu seiner Arbeit fing er an, die Unternehmensidee zu verfolgen und erste Kontakte zu knüpfen. Erst reiste er nach Kopenhagen, um sich dort ein ähnliches Unternehmen anzusehen, nahm Kontakt zum Autismus-Verband in Deutschland auf und sprach mit verschiedenen Stakeholdern. Seine Vision des Softwareunternehmens wurde immer konkreter. Aber wie sollte man das alles mit einem fordernden Beruf als Geschäftsführer verbinden? Und konnte man damit wirklich Geld verdienen? Oder setzte er am Ende seine ganze berufliche Existenz aufs Spiel? Wie es in solchen Momenten manchmal ist, braucht es einen Fingerzeig, eine besondere Begegnung, die den Knoten löst.

Start-up Auticon

Genau das passierte, als Dirk Müller-Remus im Sommer 2011 bei der Veranstaltung »Vision Summit« Michael Vollmer von Ashoka kennenlernte, der ihm empfahl, mit dem »Social Venture Fund« Kontakt aufzunehmen – einem Fonds, der soziale Projekte unterstützt, die sich wirtschaftlich selbst tragen können. »Die Chemie zwischen Herrn Weber vom Social Venture Fund und mir hat sofort gestimmt. Wir kommen beide aus der Wirtschaft und sprechen die gleiche Sprache.« Müller-Remus konnte seine Unternehmensidee präsentieren. Nach der Präsentation hieß es: »Okay, Sie haben uns alle überzeugt.« Dann kam die Frage: »Sind Sie Unternehmer?« – »Ich war bisher angestellter Geschäftsführer, nicht selbständiger Unternehmer, aber ich traue mir zu, es zu werden.« Diesmal ging es darum, etwas von null an aufzubauen. Wer selbst an seine Idee glaubt, kann auch andere dafür gewinnen.

Und so bekam er die notwendige Unterstützung vom »Social Venture Fund«, nicht nur finanziell, sondern, was ebenso wichtig war, auch ideell und mit guten Wirtschaftskontakten. Bei allem, was mit dem Aufbau eines Start-ups zusammenhängt, bekam er Unterstützung. Mit

500 000 Euro Startkapital kündigte er im Oktober 2011 seine Anstellung als Geschäftsführer, und im November gründete er Auticon.

Roter Faden

Müller-Remus blickte auf eine berufliche Karriere zurück, bei der bis dahin der rote Faden zu fehlen schien. Als Jugendlicher hatte er sich treiben lassen und aufgegriffen, was gerade am Wegesrand lag. So machte er eine Lehre als Reisekaufmann, um bei seiner ersten Stelle im Reisebüro zu merken, dass er im falschen Film saß. Diese Erkenntnis traf ihn so tief, dass er mit vierundzwanzig beschloss, ein anderes Drehbuch für sein Leben zu schreiben. Er immatrikulierte sich an der Universität in Frankfurt in Betriebswirtschaftslehre und erlebte zum ersten Mal, wie es sich anfühlt, wenn man von etwas richtig begeistert ist. Wirtschaftsinformatik, das war's – endlich! Datenbanken, Klassifizierungen, Systematik – dabei blühte er auf. Als es dann in seiner Diplomarbeit um Systeme zur Entscheidungsunterstützung für Manager ging, entwickelte er richtig Ehrgeiz und schloss seine Arbeit mit Auszeichnung ab. Er war stolz auf das, was er geleistet hatte. Das war ein neues Gefühl!

Nach dem Studium schrieb er acht über ganz Deutschland verteilte Initiativbewerbungen und beschloss, der ersten Zusage zu folgen. So landete er 1988, ein Jahr vor dem Mauerfall, als Softwareentwickler bei einem Großkonzern in Berlin. Erst ging es fünf Jahre lang die Karriereleiter aufwärts, bis ihn eines Tages das ungute Gefühl beschlich, dass sein ganzes Leben bereits vorgezeichnet war. Als er schließlich kündigte, erklärten ihn seine Kollegen für verrückt. Doch er war nicht mehr zu halten, auch nicht durch ein höheres Gehalt. Denn er hatte erkannt: »Geld ist nicht alles.«

Dann folgten zwölf spannende Jahre bei einem Telekommunikationsunternehmen, wo er zunächst als interner Revisor die gesamte Wertschöpfungskette von der Entwicklung über die Konstruktion bis zum Vertrieb überprüfte. Hier sammelte er wertvolle Erfahrungen für das Prozessmanagement im Hinblick auf die spätere eigene Gründung.

Dass es Zeit für einen erneuten Wechsel war, spürte er, als sich erste Symptome eines Burn-outs bemerkbar machten. Er verließ das Unternehmen als Mitglied der Geschäftsleitung mit einer Abfindung, die ihm eine Atempause zur Neuorientierung verschaffte. Als ihm die Geschäftsführung eines Medizintechnik-Unternehmens angeboten wurde, sagte er zu. Dort lernte er sich von einer neuen Seite kennen. Als das Unternehmen nach sechs Jahren durch die Finanzkrise in Liquiditätsengpässe geriet, investierte Müller-Remus privates Geld im hohen fünfstelligen Bereich, um sechs Monate lang die Gehälter und Sozialabgaben zahlen zu können. Diese Entscheidung, privates Kapital in erheblichem Umfang zu investieren, war einer der mutigsten Schritte seines Lebens, wie er im Nachhinein bekennt. Dabei machte er die Erfahrung, dass man manchmal einen sehr langen Atem haben muss. Als die Insolvenz nicht mehr aufzuhalten schien, tauchte buchstäblich in letzter Minute doch noch der rettende Investor auf. Müller-Remus hatte darauf vertraut, dass es gut gehen würde, und es war gut gegangen. Doch er hatte einmal in den Abgrund geschaut – und dabei einiges über sich erfahren. Vor allem, dass man erst in Krisen erfährt, wie man in Ausnahmesituationen reagiert.

Müller-Remus hatte seine Stressresistenz kennengelernt. In der kritischen Situation hatte er Haltung und Ruhe bewahrt. Keinen seiner Mitarbeiter hatte er spüren lassen, unter welchem Druck er stand. Und es war genau diese Erfahrung, die ihm das notwendige Selbstvertrauen für die Gründung von Auticon gab. »Ich wusste, ich schaffe das und kann mehr, als ich mir anfangs zugetraut habe.« Denn mit einem Mal erkannte er den roten Faden seines Lebens, der alle Schritte, die scheinbar zufällig aufeinander gefolgt waren, miteinander verband: Die Konzentration auf IT, die Erfahrungen mit konzeptioneller und strategischer Organisationsentwicklung, die Zeit als Geschäftsführer, die Erfahrungen mit Projektmanagement und Personalführung und selbst die Krise – alles hatte rückblickend seine Funktion. Die vielen Puzzleteile ergaben plötzlich ein zusammenhängendes Bild. Und alle Erfahrungen waren notwendig gewesen, um ein eigenes Unternehmen konzipieren und aufbauen zu können. Ab diesem Augenblick fügte sich alles. Er, der, wie er selbst sagt, dazu neigt, selbstkritisch mit sich ins Gericht zu gehen, war jetzt zutiefst überzeugt, genau das Richtige zu tun, indem er sein Management-Know-how für ein sinnvolles Projekt einsetzte.

Der Erfolg gab ihm recht. Schon zweieinhalb Jahre nach der Gründung von Auticon 2014 in Berlin hatte er bereits 54 Mitarbeiter und weitere Niederlassungen in Düsseldorf, Frankfurt, Stuttgart und München. In Düsseldorf konnte Müller-Remus den Nachhaltigkeitsbeauftragten von Vodafone als Kooperationspartner gewinnen, der sofort bereit war, das Unternehmen zu begleiten. In München ergaben sich gute Wirtschaftskontakte durch den »Social Venture Fund«. Da Autisten nicht einfach für einen mehrmonatigen Projekteinsatz irgendwohin geschickt werden können, ist Müller-Remus froh über diese Expansion. Neben Berlin, Düsseldorf, München und Frankfurt sind weitere Standorte in Hamburg und Stuttgart geplant.

Da sich nur ungefähr 15 Prozent der Asperger-Autisten für IT interessieren, denkt Müller-Remus bereits über ein Konzept nach, wie die ausgeprägten Spezialinteressen und Fachkompetenzen auch in anderen Bereichen eingesetzt werden könnten. Für die Chance, die Müller-Remus vom Arbeitsmarkt ausgeschlossenen Menschen gibt, ist er bereits ein Jahr nach seiner Gründung 2012 von der KfW mit dem Preis »GründerChampion« und 2013 vom Verein der Hochbegabten in Deutschland, Mensa in Deutschland e.V., mit dem IQ-Preis ausgezeichnet worden.

Wichtige Wegbegleiter

Die wichtigste Wegbegleiterin für Dirk Müller-Remus war seine Frau – mit ihr gemeinsam hat er in zahllosen Gesprächen Ideen entwickelt und von ihr in entscheidenden Situationen seines Lebens die wichtigsten Impulse bekommen – indem sie ihn immer wieder nach seinen wahren Motiven für sein Tun befragt hat. Erst durch ihre Fragen

ist ihm bewusst geworden, wie wichtig es ist, den eigenen Lebensmotiven zu folgen. Ebenso bahnbrechend für die Umsetzung seiner Idee war die Begegnung mit Johannes Weber vom »Social Venture Fund«. Müller-Remus hatte das Glück, den richtigen Menschen im richtigen Augenblick zu begegnen.
Daneben gab es für Dirk Müller-Remus auch immer Vorbilder, an denen er sich orientierte, wie zum Beispiel Steve Jobs, der genau das konnte, was ihn selbst fasziniert: die gesamte Wertschöpfungskette perfekt zu beherrschen, von der ersten Idee über Prototyp, Entwicklung, Design, Fertigung, Marketing bis zum Vertrieb. Es ist ein Unternehmertypus, der seiner Meinung nach leider vom Aussterben bedroht ist – »sozusagen ein Universaltalent in der Wirtschaft«. Müller-Remus ist selbst zu einem Vorbild in der Wirtschaft geworden. Menschen, die zuvor noch zu den Langzeitarbeitslosen gehörten, arbeiten inzwischen als IT-Consultants bei Auticon für namhafte Kunden. »Corporate Social Responsibility« ist für ihn mehr als ein Wort. Und so lautet sein Lebensmotto auch: »Sag, was du denkst, und tu, was du sagst.«
Anstatt mit dem eigenen Schicksal zu hadern, hat Müller-Remus die Herausforderung angenommen. Indem er vermeintliche Schwächen in Stärken verwandelt hat, hat er eine neue Nische am Arbeitsmarkt geschaffen und soziales Engagement mit der IT-Branche verbunden. Er zeigt, wie lohnenswert es sein kann, über das Potenzial im scheinbar Defizitären nachzudenken, aus tradierten Bewertungsschemata auszubrechen und Herausforderungen im Leben kreativ anzugehen, um seine eigene Chance zu entdecken. Darum wirkt es nur auf den ersten Blick wie eine Ironie der Geschichte, dass der eigene Sohn schließlich nicht für IT zu begeistern war, sondern eine Ausbildung als technischer Assistent für Metallografie vorgezogen hat. Doch durch die Auseinandersetzung mit dem Autismus steht inzwischen fest, dass Ricardo das Abitur nachholen und anschließend Musikwissenschaft studieren wird. Denn seine Passion gilt dem Schlagzeugspielen, und seine besondere Begabung ist sein absolutes Gehör.

ERFOLGSGEHEIMNISSE

Hard Facts: Der lebenserfahrene Realist rät vor allem, nicht naiv an Gründungsprojekte heranzugehen. Denn was in unserer Gesellschaft, die einem harten Wettbewerb unterliegt, zählt, ist Leistung. Die Mitarbeiter von Auticon haben keinen Bonus, sondern müssen sich an den Spitzenleistungen in der IT-Qualitätssicherung orientieren, um im Markt mitspielen zu können. Müller-Remus gehört zweifelsohne zu den Social Entrepreneurs. Doch geht es ihm nicht allein darum, Autisten eine Chance am Arbeitsmarkt zu geben, sondern auch wesentlich darum, Gewinne zu erwirtschaften, um das Unternehmen nachhaltig am Markt zu etablieren.

Soft Skills: Müller-Remus hat sich nicht damit zufriedengegeben, Autismus als Krankheit zu betrachten, sondern genau hingesehen, was Autisten auszeichnet. Seine genaue Wahrnehmung, wie Autisten denken und fühlen, hat ihn befähigt, Potenziale zu entdecken, wo andere Defizite gesehen haben. Abstrakte Kriterien von normal und unnormal, gesund und krank hat er zugunsten der leisen Zwischentöne überwunden, um das Anderssein wahrnehmen und integrieren zu können.
Zu den drei Erfolgsfaktoren für Gründer gehören für ihn strategisches Denken, Durchhaltevermögen und Umsetzungskompetenz. Die Energie zum Überwinden von Widerständen hat nur, wer selbst von seiner Idee und dem wirtschaftlichen Potenzial, das in ihr steckt, überzeugt ist.

Chance: Zu seinem eigenen Erfolg haben Geduld, ein ziemlich langer Atem und der feste Glaube an seine Idee beigetragen sowie die Begegnung mit den richtigen Menschen zum richtigen Augenblick.

www.auticon.de

19 / Alter ist keine Krankheit
Warum für Lutz Karnauchow Pflege und Selbstbestimmung kein Gegensatz ist

Die Zahl der 100-jährigen hat sich in Deutschland innerhalb von zehn Jahren mehr als verdoppelt – das hat eine Studie der Universität Heidelberg ergeben, die im Sommer 2013 veröffentlicht wurde.[45] *Danach lebten in Deutschland im Jahr 2000 nur rund 6000 Menschen im Alter von 100 oder mehr Jahren, 2010 waren es bereits rund 13 000. Und nicht nur dieses Ergebnis der Studie ist spektakulär. Denn es stellte sich heraus, dass die 100-jährigen deutlich fitter waren als noch vor zehn Jahren und fast drei Viertel von ihnen keineswegs »lebensmüde« waren, sondern durchaus sehr gern weiterleben wollten. Dieser Befund wirft ein besonderes Schlaglicht auf den demografischen Wandel, in dem sich unsere Gesellschaft befindet. Wir haben ein Ausmaß an Lebenszeit dazugewonnen, das im historischen Vergleich beinahe unvorstellbar ist: Wer vor 100 Jahren geboren wurde, konnte im statistischen Durchschnitt als Mann mit rund 47 Lebensjahren rechnen, als Frau mit rund 50 Jahren. Ein Mädchen, das 2012 geboren wurde, kann im Schnitt mit rund 83 Lebensjahren rechnen, ein Junge mit 78 Jahren. Die Kurve zeigt seit Jahrzehnten kontinuierlich nach oben und wird dies auch in Zukunft tun. Die alternde Gesellschaft ist einer der Megatrends unserer Zeit. Doch die Frage ist, ob sich der alte Menschheitstraum vom »biblischen Alter« trotz allen medizinischen Fortschritts nicht immer mehr in sein Gegenteil verkehrt. Traum und Albtraum liegen häufig nah beieinander, wenn Demenz oder Parkinson immer öfter der Preis für die Langlebigkeit sind.*

Alter ist keine Krankheit, die sich heilen lässt, sondern eine Verlustgeschichte in mehreren Akten, bei der die Lebenskraft zunehmend nachlässt: Man sieht und hört schlechter, riecht und schmeckt weniger, wird unbeweglicher und kraftloser. Wie geht man damit um? Einige Verlusterfahrungen lassen sich durch eine aktive Lebensweise hinauszögern, andere durch Brillen, Hörgeräte oder Gehhilfen kompensieren. Doch pro-

portional zu der Zahl der Hochaltrigen steigt auch die Zahl der Menschen, die ihre Autonomie und Fähigkeit zum selbstbestimmten Leben zunehmend verlieren. Wir verdrängen das gerne in der Hoffnung, dass es uns nicht treffen möge. Aber immer mehr Menschen erleben die Folgen dieser Alterung auch schon in jüngeren Jahren, etwa wenn Angehörige zu Pflegefällen werden. Wie wir den Umgang mit dem Alter gestalten wollen, wird zur zentralen Frage für jeden Einzelnen und für die Gesellschaft im Ganzen. Sie stellt sich vor allem in einer Gesellschaft, in der die Autonomie des Individuums und die Selbstbestimmung über das eigene Leben einen hohen, wenn nicht sogar dominierenden Stellenwert genießt. Was heißt in einer solchen Gesellschaft »Autonomie« und »Selbstbestimmung« bis ins hohe Alter? Diese Frage hat den Psychologen Lutz Karnauchow beschäftigt. Das Ergebnis seiner Auseinandersetzung mit dem Thema war die Gründung von domino-world, einem Unternehmen, das den Gedanken der individuellen Autonomie in den Mittelpunkt seines Konzepts der Pflege alter Menschen stellt.

Den Umgang mit Alter und Krankheit neu denken

Das erste Mal erlebe ich den jugendlich wirkenden 61-jährigen Lutz Karnauchow bei einem seiner mitreißenden Vorträge bei der degut, den deutschen Gründer- und Unternehmertagen in Berlin. Von seinem dynamischen Auftreten und seinem eher künstlerischen Outfit mit schwarzer Designerbrille, schwarzem Jackett und Jeans würde man ihn auf den ersten Blick nicht für den Manager eines Altenpflegeunternehmens halten. Er hält ein leidenschaftliches Plädoyer für eine neue Kultur im Umgang mit Alter und Krankheit und stellt die Philosophie seines Unternehmens domino-world vor, das er 1982 mit 29 Jahren gegründet hat.

2012 führt er auf der degut mit 30 Jahren Expertise und zahlreichen Auszeichnungen im Gepäck vor, worauf es bei der Gründung und Entwicklung eines Unternehmens ankommt. Interessierte Zuhörer wie mich um sich zu scharen fällt dem begnadeten Redner nicht schwer.

Mit seiner am Menschen orientierten Einstellung, die Geld als Totschlagargument nicht gelten lässt, passt er zu meiner Vorstellung eines ungewöhnlichen Unternehmers. Und so spreche ich ihn nach seinem Vortrag an, um mich für ein Interview mit ihm zu verabreden. Ein paar Wochen später besuche ich ihn in der Zentrale seines Unternehmens, einer schönen alten Villa in Birkenwerder bei Berlin.

Und dann erzählt er, dass man ihn anfangs für einen Spinner hielt mit seiner Vision, die Pflege neu gestalten zu wollen. Davon unbeirrt analysierte er ein Jahr lang die Pflegeangebote in Deutschland und kam zu einem ernüchternden Fazit: Die Pflegeeinrichtungen böten alle die gleichen Leistungen an, allerdings als ziemlich »theorie- und kunstlose Veranstaltung«, wie er meint. Krankenschwestern und Pfleger träten als Hilfskräfte des Arztes auf. Sie versorgten die hilfsbedürftigen Menschen, indem sie sich in erster Linie um Hunger und Durst, Körperpflege und Krankheiten kümmerten. Das sei alles wichtig, ist aber in den Augen von Karnauchow nicht genug. Seine Kritik bringt er auf die Kurzformel: »Satt, sauber, trocken – das reicht nicht.«

Was passiert denn, wenn ein Mensch einen Schlaganfall erleidet? Er verliert seine Selbständigkeit und damit fast alles, was ihn als autonomes, selbständiges Individuum bis dahin ausgemacht hat. Der Verlust der Autonomie ist eine Katastrophe für den Betroffenen ebenso wie für die Angehörigen. Die daraus entstehenden Defizite nur zu kompensieren, das könne keine Antwort auf das Problem sein. Vielmehr müsse es darum gehen, die verlorenen Fähigkeiten so gut wie möglich wiederzugewinnen. Ein aussichtsloses Unterfangen? Keineswegs, wenn man versuche, die Rehabilitation ins Zentrum des Pflegeangebots zu stellen. Ein ebenso klarer wie einleuchtender Gedanke, der aber in der Praxis eine große, vor allem finanzielle Herausforderung darstellt.

Wie teuer die bereits bestehenden Lösungen in der Pflege waren, wusste Karnauchow. Rasch wurde klar, dass die Rehabilitation mit einem noch höheren Kostenaufwand verbunden sein würde. Wie könnte es also gelingen, eine bessere Leistung zu gleichen Kosten zu erbringen? Das war die Frage, über die er sich jahrelang gemeinsam mit den besten Mitarbeitern von domino-world den Kopf zerbrach. Das Team diskutierte alle Erfahrungen aus dem stationären und ambulanten Bereich, Theorie und Praxis wurden wieder und wieder verglichen. Schließlich war klar: Für die Rehabilitation braucht man Therapeuten. Und die sind teuer. An dieser Stellschraube setzte Karnauchow an. Er schulte die Pflegekräfte von domino-world so, dass sie therapeutisch arbeiten konnten. Damit wollte er Pflegekräfte zu den gleichen Konditionen wie Therapeuten einsetzen. So sollten die Menschen so lange wie möglich ihre Selbständigkeit bewahren oder sie zumindest so weit als möglich zurückgewinnen. Und das nicht zu einem Preis, den sich ein normaler Mensch nicht mehr leisten kann.[46]

Der Kerngedanke lautete also: Aktivität, nicht Passivität! Eigene Anstrengung, also ständige konsequente Übungen unter therapeutischer Anleitung sollten aus »Bedürftigen« – im Rahmen des Möglichen – wieder aktive Menschen machen. Das Ziel musste sein, die ganze körperliche und mentale Kraft auf die Reaktivierung der vorhandenen Potenziale zu konzentrieren. Nicht das Gegebene hinzunehmen, sondern das Machbare zu ermöglichen, das stand und steht im Mittelpunkt des ganzheitlichen Pflegekonzepts, das Karnauchow gemeinsam mit der neuen Geschäftsführerin Dr. Petra Thees im Jahr 2000 entwickelte. Es folgt dem Motto: »Beim Älterwerden jung bleiben.« Das klingt nach der Quadratur des Kreises. Aber das Paradoxon bringt es auf den Punkt: die Selbständigkeit der Menschen selbst im hohen Alter so weit als möglich zu erhalten oder wiederzuerlangen. Das bedeutet Menschenwürde im Alter. Und dieser Anspruch ist für Karnauchow kein billiges Werbeversprechen und erst recht keine Utopie. Er ist überzeugt, dass jeder Mensch fähig ist, sich permanent zu verändern, sich weiterzuentwickeln und über sich hinauszuwachsen, auch noch im hohen Alter.

Diese Überzeugung setzt er in seinem Pflegekonzept mit einer Mischung aus fürsorglicher Zuwendung und einer gewissen Strenge um. »Tough love« nennt er das. Denn als Familientherapeut weiß er, dass

Liebe in der Erziehung genauso wichtig ist wie eine gute Portion Strenge. Der Erfolg hat nicht allein mit körperlichem, sondern auch mit mentalem Training zu tun. Was für Karnauchow zählt, ist die Haltung, beim Patienten ebenso wie bei den Therapeuten. Um das an den Fähigkeiten des Patienten orientierte Ziel zu erreichen, wird mit jedem Patienten ein individueller Therapieplan aufgestellt und – wie beim Coaching üblich – eine Zielvereinbarung abgeschlossen. Um verloren gegangene Fähigkeiten zu trainieren und wiederzugewinnen, stehen Bewegungs- und Gedächtnistraining, Kunst- und Kochtherapie, Qigong oder auch Gesundheitskarate auf dem Plan. Das sieht in der Praxis etwas anders als in einem Fitnesscenter mit dynamischen jugendlichen Sportlern aus. Die Bewegungen der alten Menschen sind oft extrem langsam und kosten die ganze Kraft. Entscheidend ist, durch regelmäßige Übungen wieder und wieder an die eigenen Grenzen zu gehen.

Den eigenen Beruf selbst schaffen

Wie kommt ein 29-jähriger dazu, sich mit dem Thema Pflege zu beschäftigen? War der erste Impuls eher Zufall, war der zweite Entschlossenheit. Karnauchow hat Psychologie an der Freien Universität Berlin studiert, weder sonderlich zielstrebig noch mit einer klaren Berufsperspektive im Kopf, wie er mit Understatement und verschmitztem Lächeln erzählt, sondern eher als Legitimation eines Lebens zwischen Marx-Lektüre und »Dolce Vita«. Da er 1979 nach seinem Studium nicht gleich eine Stelle als Diplom-Psychologe bekam, nahm er erst einmal einen Job auf Honorarbasis als Familienhelfer an. Damit war er von heute auf morgen für schwierige Jugendliche und Kinder zuständig. Was eigentlich nur dazu gedacht war, sich finanziell über Wasser zu halten, wurde schließlich der Ausgangspunkt für die Gründung von domino-world.

Er lernte drei arbeitslose Akademiker kennen und gründete gemeinsam mit ihnen einen Verein für Familien- und Gruppenarbeit. Da ein

Verein ohne Budget nicht viel wert war, machte er sich auf die Suche nach Fördermöglichkeiten und stellte fest, dass Sozialstationen mit den Krankenkassen abrechnen können. So entstand die Idee, selbst eine Sozialstation zu gründen. Kurzerhand wurden zehn Ford Fiestas angeschafft, um Essen auf Rädern ausfahren zu können. Die erste Sozialstation startete 1982 mit 20 Mitarbeitern und wuchs bis 1989 auf 30 Mitarbeiter an. Dann kam die Wende. Als die Mauer am 9. November 1989 fiel, war klar, dass andere Zeiten anbrechen würden. Im Februar 1990 fiel bei Karnauchow der Beschluss: »Go east«. Damit gehörte er mit zu den Ersten, die in den »Osten« gingen. Er fuhr über die Grenze nach Oranienburg, erkundigte sich nach der Verwaltung und stellte erstaunt fest, dass er überall mit offenen Armen empfangen wurde. Das war die Zeit der runden Tische für Vermittlungsprogramme zwischen West und Ost, und plötzlich gehörte er zu den Pionieren des Aufbaus der neuen Bundesländer.

In einer alten Villa, die heute der Sitz von domino-world ist, begann alles mit Fortbildungen für ambulant tätige Krankenschwestern. Dann gründete Karnauchow die ersten drei Sozialstationen in Oranienburg, Birkenwerder und Henningsdorf. Alles lief gut, bis er 1991 ein Pflegeheim mit 200 Plätzen übernahm. Innerhalb von anderthalb Jahren verzehnfachte er die Mitarbeiter von 40 auf 400. Rückblickend sagt Karnauchow, dass das der kritischste Punkt seiner gesamten Laufbahn war. Mit 40 Leuten kam er gut zurecht. Doch diese Expansion erforderte ein vollkommen anderes Management. »Es hätte nicht viel gefehlt und wir wären an diesem schnellen Wachstum zugrunde gegangen. Wir waren völlig überfordert«, gesteht er. Es gelang ihm gerade noch, die Insolvenz abzuwenden.

Aus der Krise hat er einiges gelernt. Vor allem setzt er seitdem auf langsames und organisches Wachstum. Heute leitet Karnauchow als Gründer und Vorstand von domino-world ein Unternehmen mit über 500 Mitarbeitern, 11 Filialen und 20 Millionen Euro Jahresumsatz. Doch Karnauchow gehört nicht zu denen, die allein an den Umsatz denken. Für ihn zählen vor allem die Menschen, die dahinterstehen.

Denn er weiß, was für eine extrem anspruchsvolle Aufgabe es ist, tagtäglich mit gebrechlichen, hilfsbedürftigen und oft wehrlosen Menschen umzugehen. Deshalb ist ihm Mitarbeiterschulung wichtig. Dafür hat er zehn domino-Regeln aufgestellt. Eine davon heißt: »Jede Veränderung in der Außenwelt, die du bewirken willst, fängt mit deiner eigenen Veränderung in deinem Kopf und in deinem Herzen an.« Um ein solches Denken in den Köpfen und Herzen von 500 Mitarbeitern zu verwurzeln, braucht es Geduld und Zeit und Übung. All das hat Karnauchow investiert. Deshalb geht es ihm um eine neue Kultur im Umgang mit dem Alter, die eine Kultur im Umgang mit den Mitarbeitern voraussetzt. Menschen brauchen Werte, die Orientierung und Sinn geben, und Unternehmen brauchen Werte, damit sie nicht der Versuchung bloßer Gewinnmaximierung erliegen. Der ganzheitliche Ansatz von domino-world spiegelt sich daher auch in der modernen Architektur der Pflegeeinrichtungen mit begrünten Lichthöfen, harmonischen Farbkonzepten, einer wohnlichen Atmosphäre und in einem System kontinuierlicher Verbesserungen mit einem internen und externen Bewertungssystem.

Pflege zwischen Wunsch und Wirklichkeit

Karnauchow freut sich, dass eine Reihe von Auszeichnungen wie der European Business Award, Deutschlands Beste Arbeitgeber, Deutschlands Kundenchampions belegen, dass das Konzept offenbar viele überzeugt. Aber er macht sich auch keine Illusionen. Denn wir leben in einer leistungsbestimmten Welt, in der Krankheit, Alter und Tod in einem beträchtlichen Ausmaß tabuisiert werden. Ja, wir erleben ein scheinbares Paradox: Je älter die Bevölkerung wird, umso wichtiger wird der Wert von Gesundheit, Schönheit und Jugendlichkeit. Kaum ein Markt wächst so rasch wie der »zweite Gesundheitsmarkt« mit Feldern wie Medical Wellness, Nutricosmetics, Sport, Healthfood oder auch Schönheitsoperationen. Kaum ein Wert steht bei Umfragen bei den Menschen so hoch im Kurs wie die persönliche Gesund-

kommen. In der nächsten Phase werden etwa sechs Kandidaten in einer Vorbereitungsphase bei Auticon 40 Einzel- und Gruppenaufgaben gestellt, um herauszufinden, wie jemand kommuniziert, wie sein Sozialverhalten, seine Leistungsbereitschaft und seine Motivation sind und wie er sich bei Stress verhält. Die Auswertung der Stärken-Schwächen-Analyse ist die Grundlage für die Job-Coachs, um die Menschen mit ihren Eigenheiten kennenlernen und anschließend begleiten zu können. Dabei steht der Job-Coach bei späteren Projekteinsätzen der Consultants in permanentem Kontakt mit den Autisten, entweder direkt oder auch via Skype, SMS oder E-Mail.

Dieser Aufwand ist Grundlage des Erfolgs. Man kann es förmlich spüren. Als ich nach dem Interview durch die Räume geführt werde, ist es draußen schon dunkel. Doch drinnen sitzen noch immer einige Mitarbeiter hoch konzentriert vor ihren Rechnern und scheinen die Zeit vollkommen vergessen zu haben. Sie wissen, dass sie gebraucht werden. Und sie wissen, dass sie Experten sind, die auf dem Arbeitsmarkt gesucht werden. Endlich! Denn die meisten von ihnen waren vor ihrer Zeit bei Auticon Arbeitslose, viele sogar Langzeitarbeitslose – mit der einzigen Perspektive, lebenslang auf soziale Unterstützung des Staates angewiesen zu sein.

Neustart mit Anfang fünfzig

Gute Ideen haben viele Menschen. Doch erst die Umsetzung zeigt, welcher Wert in ihr steckt. Und gerade für die Umsetzung spielt eine lange Lebenserfahrung häufig eine entscheidende Rolle. Hier liegt die große Chance der Midlifeboomer. Müller-Remus hat mit viel Berufserfahrung im Gepäck die Selbständigkeit mit Anfang fünfzig gewagt. Im Zeitalter des demografischen Wandels werden Lebensphasen neu ausgelotet. Während im Marketing von Silver Ager, Best Ager oder Platin Ager die Rede ist, hat Margaret Heckel den Begriff Midlifeboomer für die aktiven 50-Jährigen geprägt, die noch einmal durchstarten, so wie auch Müller-Remus.

heit. Das ist Chance und Last zugleich. Chance, weil die Menschen gerade in einer alternden Gesellschaft immer mehr auf Gesundheit und Selbstbestimmung auch im Alter achten. Last, weil andererseits die Folgen des Alters immer stärker zugunsten eines »Jugendwahns« tabuisiert werden.

In einer Gesellschaft, in der Leistung statt Würde, Energie statt Erfahrung und Mut statt Weisheit zählen, gilt es, den Blick vom Zeitgemäßen auf das Altersgemäße zu lenken. Karnauchow ist überzeugt davon, dass Politik und Gesellschaft sich der Herausforderung der Pflege noch viel stärker stellen müssen. Es könne nicht länger sein, dass man mit mittelmäßiger oder gar schlechter Pflege genauso viel oder sogar mehr Geld verdiene als mit einem ambitionierten Pflegekonzept.

Denn es kann letztlich nicht darum gehen, Altersheime in luxuriöse Seniorenresidenzen zu verwandeln, die sich nur wenige leisten können, sondern darum, dass alle Menschen einen elementaren Wert unserer Gesellschaft – Autonomie und Selbstbestimmung – auch im hohen Alter und unter widrigen Bedingungen so lange wie möglich erleben können. Und er weiß: Je älter die Gesellschaft wird, umso stärker wird sich dieses Bedürfnis auch durchsetzen. Ist es Zufall, dass der Roman *Der Hundertjährige, der aus dem Fenster stieg und verschwand* des schwedischen Autors Jonas Jonasson allein in Deutschland mit über einer Million verkauften Exemplaren eines der erfolgreichsten Bücher der letzten Jahre war? Es ist ein Buch über den 100-jährigen Allan Karlsson, der aus einem Altersheim flieht und einfach »sein Ding macht«!

Die eigenen Wegbegleiter selbst wählen

Vorbilder waren für Lutz Karnauchow der Gesellschaftstheoretiker und Philosoph Karl Marx und der Anthropologe und Systemtheoretiker Gregory Bateson. Bei dem einen hat ihn das dialektische, bei dem anderen das systemtheoretische Denken fasziniert. Diese Denkschulen haben seinen Managementansatz beeinflusst. Als einen der wichtigsten Unternehmer nennt er Steve Jobs, dessen Prinzip, Altes neu zu denken, seiner eigenen Herangehensweise entspricht. Als ich ihn nach seinen wichtigsten Wegbegleitern frage, strahlt er wieder: Seine Frau, in jeder Hinsicht. 1992 hat sie als Assistentin der Geschäftsführung bei domino-world angefangen. Heute gehört sie zur Geschäftsführung. Sie ist für ihn Sparringspartnerin und durch den Altersunterschied von zehn Jahren diejenige, die noch weitermachen wird, wenn er aus Altersgründen aufhören wird.

ERFOLGSGEHEIMNISSE

Hard Facts: Die Ausbildung als Psychologe und systemischer Familientherapeut war für Karnauchow wesentliche Voraussetzung, um ein Unternehmen in der Altenpflege mit 500 Mitarbeitern aufbauen zu können. Mitarbeiterführung ist in erster Linie Menschenführung, also angewandte Psychologie. »Alles, was ich mache, ist angewandte Psychologie«, sagt er. Karnauchow betrachtet und leitet das von ihm aufgebaute Unternehmen als großes soziales System, in dem die Menschen im Mittelpunkt stehen und nicht die Gebäude oder das Geld. Geld ist für ihn nur ein Medium, aber kein Selbstzweck. Deshalb leitet er domino-world auch als gemeinnützigen Verein und nicht als privatwirtschaftliches Unternehmen.

Soft Skills: Um die eigene Idee zum Erfolg zu führen, brauchte er Leidenschaft, Mut und Disziplin. Exzellenz ist für ihn das Produkt aus Leidenschaft und Disziplin. Deshalb rät er Gründern, nur Ideen umzusetzen, für die sie wirklich brennen. Wo Herzblut fließt, fallen auch große Anstrengungen leichter. Sein Lebensmotto: »Wo ein Wille ist, ist auch ein Weg.«

Chance: Karnauchow hat Chancen, die sich ihm geboten haben, erkannt und ergriffen. Ohne festgelegte Berufsperspektive nach dem Studium war er offen für das, was kam, bereit, klein anzufangen, und in der Lage, groß zu werden. Der Name domino-world wurde bei einem geselligen Abend erfunden: Domino wie das Anlegespiel. Domino war eine gute Metapher für das soziale Netzwerk, in dem verschiedene Aktivitäten miteinander verbunden werden sollten.

www.domino-word.de

20 / Leben – Limited Edition
Wie Barbara Rolf einem stigmatisierten Beruf neue Impulse gibt

Es gibt kaum einen Film, in dem nicht ein Todesfall oder eine Bestattung vorkommt. Ist Ihnen das schon einmal aufgefallen? Doch zu Hauptdarstellern wurden Bestatter erst zu Beginn des 21. Jahrhunderts in der amerikanischen Serie Six Feet Under, *auf Deutsch:* Gestorben wird immer. *Medial ist der Tod präsent vom Krimi bis zu den Nachrichten. Doch wie tabuisiert der Tod in unserer Gesellschaft nach wie vor ist, habe ich selbst erlebt. Bei Partys kommt es im angeregtesten Gespräch irgendwann zu der unvermeidlichen Frage: »Was machen Sie eigentlich beruflich?« Das war für mich zehn Jahre lang der Moment der Wahrheit. Sobald ich mich als Geschäftsführerin des Kuratoriums Deutsche Bestattungskultur vorstellte, veränderte sich der Gesichtsausdruck bei meinem Gegenüber. Als hätte man sich verhört, wurde noch einmal ungläubig nachgefragt: »Was machen Sie?« Und dann gab es zwei klassische Reaktionen. Entweder sagte mein Gesprächspartner nach kurzem nachdenklichem Schweigen »Das ist ja interessant« und begann von seiner letzten Erfahrung mit einer Bestattung zu erzählen, um endlich alle Fragen stellen zu können, die er schon immer einmal zu Tod und Sterben stellen wollte. Oder aber er wandte sich nach einem kurzen betretenen Schweigen ab, nicht nur vom Thema, sondern häufig auch von mir als Gesprächspartnerin. Die unvermittelte Konfrontation mit dem Thema Tod und damit auch mit der eigenen Sterblichkeit hält nicht jeder aus. Und obgleich es seit dem Mittelalter als siebentes Werk der Barmherzigkeit zählt, Tote zu bestatten, will es eigentlich keiner machen. Bis heute hat sich die Bestattungsbranche nicht aus dieser Stigmatisierung befreien können.*

Wer Bestatter werden möchte, hat dafür einen Grund. Entweder ist er als Kind von Bestattern mit dem Beruf aufgewachsen und empfindet ihn als so normal wie jeden anderen. Oder er hat eine Erfahrung mit dem Tod gemacht, die ihn nicht mehr loslässt. Wer über die Auseinan-

dersetzung mit einem traumatischen Erlebnis zur Bestattungsbranche kommt, erlebt seinen Beruf häufig als Berufung. Manchmal ist es auch der berühmte Zufall, der so manchen Quereinsteiger in die Branche verschlagen hat. Die Theologin Barbara Rolf wurde mit dem Tod bereits mit 20 Jahren konfrontiert, als sich ihr zwei Jahre jüngerer Bruder das Leben nahm. Danach war nichts mehr, wie es einmal gewesen war. Sie setzte sich erst mit dem Tod und später auch mit der Bestattungsbranche auseinander und fand schließlich mit Ende zwanzig als Quereinsteigerin ihre Berufung. Als sie 2008 ihr Bestattungsinstitut in Stuttgart gegründet hatte, sorgte sie als junge Existenzgründerin für Aufmerksamkeit und Aufruhr in der Branche. Ein Platzhirsch machte ihr den Prozess. Das war für eine Jungunternehmerin, die sich kurz nach der Gründung vor Aufträgen kaum retten konnte, eine Herausforderung, die es in sich hatte. Es gibt Menschen, die polarisieren. Die Theologin Barbara Rolf gehört dazu.

Wenn man Barbara Rolf begegnet, fällt einem sofort auf, wie kurz sie ihre Haare trägt. Schon ihr Äußeres ist ein Statement. Dass sie keinen Wert auf Mode oder Styling legt, das zeigt sie. Statusdenken ist ihr fremd, wenn nicht gar verhasst. Dem Jahrmarkt der Eitelkeiten begegnet sie betont unprätentiös. Ebenso wenig schert sie sich um Konventionen. Was für sie zählt, ist das Wesentliche: das Leben, die Menschen, der Tod – wie wir miteinander umgehen und wie wir mit den Toten umgehen.

Wie gehen wir mit unseren Verstorbenen um? Können Sie sich vorstellen, Ihren verstorbenen Vater oder Ihre verstorbene Mutter selbst zu versorgen? Die Augen zu schließen, den toten Körper zu waschen, das Haar zu kämmen, den Verstorbenen ein letztes Mal zu kleiden, ihn aufzubahren und die Hände zu falten? All diese Tätigkeiten wurden früher von den Angehörigen der Verstorbenen übernommen. In unserer diesseitsorientierten Gesellschaft haben wir den Tod so stark verdrängt, dass die meisten Menschen nach einem Todesfall so schnell wie möglich einen Bestatter rufen.

Doch wie unterschiedlich selbst die Profis mit dem Tod umgehen, hat Barbara Rolf noch während ihres Theologiestudiums erlebt. Sie machte ein Praktikum beim Bestattungsinstitut Horizonte von Arne Rapp-Mehl in Freiburg und wusste beim Betreten des Instituts, dass sie Bestatterin werden wollte. Wenn eine Theologin ein Bestattungsinstitut betritt und dort ihre Berufung findet, will das etwas heißen. Ich wusste sofort, was sie meinte. Denn als Chefredakteurin der Fachzeitschrift *bestattungskultur* habe ich das Institut selbst einmal besucht und war von der Aura der Räume und dem Geist, der dort im Umgang mit Verstorbenen und Hinterbliebenen herrschte, berührt. Obgleich der Tod in einem Bestattungsinstitut zum Alltag gehört, hatte er hier nichts Alltägliches, sondern etwas Heiliges. Was heilig ist, lässt sich schwer beschreiben, aber hier ließ es sich erleben.

Grenzerfahrungen

In der Akademikerfamilie, aus der Barbara Rolf kommt, war sie das Enfant terrible. Sie ließ sich nichts sagen, hatte ihren eigenen Kopf, wollte Krankenschwester oder Altenpflegerin werden und machte in den Sommerferien Praktika in der Altenpflege, während ihre Familie Urlaub machte. Sie dokumentierte ihre Entschlossenheit. Ihre Eltern hofften, dass sich das legen würde. Was sie antrieb, war eine Mischung aus Protest gegenüber dem Establishment und dem Bedürfnis, Menschen zu helfen, die nicht zu den Happy Few gehören, sondern zu den Schwächsten am Rande der Gesellschaft. Dass sie trotz aller Protesthaltung Abitur machte, war letztendlich das Ergebnis einer Auseinandersetzung mit ihrer Mutter, die mit den resignierten Worten endete: »Du machst Abitur, und dann kannst du Altenpflegerin werden.«

Doch wie das Leben in der Adoleszenz so spielt, kam alles anders als gedacht. Nach dem Abitur wollte sie nicht mehr Altenpflegerin, sondern Kriminalpolizistin werden. Beim Vorstellungsgespräch, bei der Sportprüfung und beim Intelligenztest schloss sie mit Bestnoten ab.

Doch ein ärztlicher Tauglichkeitstest machte ihr einen Strich durch die Rechnung. Eine Schuppenflechte war das K.-o.-Kriterium. Da sie sich in der kirchlichen Jugendarbeit engagiert hatte, schrieb sie sich nach der Ablehnung bei der Polizei kurz entschlossen an der Katholischen Fachhochschule für Religionspädagogik ein, um Gemeindereferentin zu werden. Von der Religionspädagogik fühlte sie sich unterfordert und wechselte nach dem Vordiplom zur katholischen Theologie an die Universität Freiburg. Da fühlte sie sich dann gefordert. Protest, Rebellion, die Suche nach Grenzerfahrungen und die Frage nach dem Wesentlichen im Leben – von allem war etwas dabei, wenn Rolf Entscheidungen traf.

Todeserfahrungen

1997 passierte das Unfassbare. Ihr Bruder nahm sich das Leben. Sie fürchtete sich vor der Beerdigung und auch vor dem Gerede der Leute im vornehmlich katholischen Freiburg, wo ein Suizid von vielen noch als Sünde betrachtet wurde. Flucht nach vorn. Sie beschloss, die Trauerrede bei der Beerdigung ihres Bruders selbst zu halten, um wenigstens etwas zu seinem Tod sagen zu können. Sie hatte Angst vor der Beerdigung und auch vor der Rede. Dass es ihr gelungen ist, in diesem bewegenden Moment zu sprechen, wundert sie heute noch. Eine Grenzerfahrung.

Als wenige Jahre später ein guter Freund unter traumatischen Umständen ums Leben kam, erschien ihr das wie ein Wink des Schicksals. Sie musste sich mit dem Tod auseinandersetzen. Sie fing an, Bücher über den Tod zu lesen: Kinderbücher, Jugendbücher, Bücher für Erwachsene – bis sie über 100 Veröffentlichungen gelesen hatte. Dann meldete sich eine Freundin bei ihr, um sie zu bitten, ihre verstorbene Mutter zu beerdigen. Ihre spontane Reaktion war ein entschiedenes Nein. Sie war weder Bestatterin noch Trauerrednerin. Doch die Bitte arbeitete in ihr weiter, und schließlich rief sie ein paar Stunden später zurück und sagte zu. Der Pfarrer ließ sich etwas widerwil-

lig auf die unkonventionelle Trauerfeier ein, bei der er für die Liturgie, sie für die Trauerrede und die Rituale zuständig war.
Bereits mit dieser Trauerfeier, bei der geweint und gelacht wurde, setzte Barbara Rolf ihr erstes Zeichen in der Bestattungsbranche. Allen führte sie den heiligen Zauber des Lebens und des Todes vor Augen. »Wir brauchen die jahrtausendealten Worte bei einer Trauerfeier ebenso wie das Urpersönliche, das die Einzigartigkeit des Verstorbenen ausdrückt«, sagt Rolf. Und genau damit traf sie das Bedürfnis der Menschen, die sich eine individuelle Trauerfeier wünschten, die zum Leben des Verstorbenen passte. Der Mut, kirchliche und weltliche Rituale für den Übergang vom Diesseits zum Jenseits unkonventionell miteinander zu verbinden, fand breiten Widerhall. Es ging nicht mehr darum, eine Grenzerfahrung auszuhalten, sondern sie zu erleben. Wenn es eine Seele gibt, wurde sie in diesem Moment erfahrbar.
Als Barbara Rolf ihrer Familie mitteilte, dass sie im Anschluss an ihr Studium Bestatterin werden würde, hielt sich die Begeisterung in Grenzen. Aber in den Weg stellte sie sich ihr nicht, wissend, dass das ohnehin zwecklos wäre. Dass ihre Mutter eines Tages im Institut der Tochter mitarbeiten würde, konnte sie damals noch nicht ahnen. Parallel zu ihrem Studium machte Rolf 2002 Praktika bei verschiedenen Bestattern. Ihre Erfahrungen in den Bestattungsinstituten waren wie Tag und Nacht. Bei Horizonte in Freiburg lernte sie den Bestatter Arne Rapp-Mehl kennen, der Quereinsteiger war und als alternativ galt. Das war der, der mit den Toten sprach. Er vermittelte ihr ein Selbstverständnis im Umgang mit Verstorbenen, bei dem sie spürte, dass es hier um das Wesentliche ging, nach dem sie auf der Suche war.
Bei einem anderen Bestattungsunternehmen war sie entsetzt über das, was sie an Lieblosigkeit erlebte. Die Pole, zwischen denen sich die Branche bewegte, hatte sie damit ausgelotet. Mit einem Vorbild und einem Gegenbild im Kopf begann sie im Anschluss an die Praktika ihre Arbeit in einem Bestattungsinstitut in Stuttgart, bei dem sie drei Jahre als Filialleiterin angestellt war. Das waren kostbare und auch harte

Lehrjahre. Sie war angestellt, arbeitete aber im Prinzip wie eine Selbständige.
Oft war sie morgens zwischen fünf und sechs Uhr in der Firma und erst spät am Abend wieder zu Hause. Sie hatte ihre Berufung gefunden und opferte ihr Privatleben ihrer Arbeit. Sie wollte die Wünsche der Angehörigen erfüllen, aber auch eigene Vorstellungen umsetzen und neue Wege gehen. Der Körper des Verstorbenen war leblos, aber seine Seele hatte eine Ausstrahlung. Das sollten die Angehörigen erleben. Deshalb führte sie wieder die Hausaufbahrung und das gemeinsame Versorgen der Verstorbenen ein. Die Menschen sollten die Berührungsängste verlieren, sehen und begreifen, was »tot sein« bedeutet. Teilhabe, Teilnahme, das war ihr wichtig.
Man hatte nichts gegen die Innovationen der Theologin. Sie leistete viel und war bei den Kunden beliebt. Rolf verbuchte es als Erfolg, wenn vermögende Leute eine bescheidene Bestattung durchführten. Wenn sie auf Statussymbole wie teure Särge oder postmortale Eitelkeiten wie großformatige Anzeigen in der Zeitung verzichteten und sich stattdessen auf das konzentrierten, was in ihren Augen zählte: der persönliche Abschied mit Gesten, Worten, Gebeten und Gedanken. Unter kaufmännischen Gesichtspunkten war Barbara Rolf für ihren Arbeitgeber nicht gewinnbringend genug.
Dass ihr Handeln nicht in erster Linie an Gewinnmaximierung, sondern an ethischen Werten orientiert war, hatte Konsequenzen. Erst wurde sie nicht mehr zu den wohlhabenderen Kunden geschickt, und dann wurden die einfachen, günstigen Naturholzsärge aus dem Sortiment genommen. So wollte man sie zwingen, hochpreisigere Produkte zu verkaufen. Als die Geschäftsleitung ihr diese Entscheidung mitteilte, war Barbara Rolf fassungslos und kündigte umgehend ihre Stelle.
Was nun? Sie spielte mit dem Gedanken, sich als Trauerrednerin und Leichenwäscherin selbständig zu machen. Auch liebäugelte die inzwischen konvertierte Theologin damit, in den evangelischen Pfarrdienst zu gehen. Sie brauchte Rat und wandte sich an einen Pfarrer,

der ihr riet, unbedingt in der Bestattungsbranche zu bleiben: »Die Branche braucht neue Impulse von Menschen wie Ihnen.«
Der Versuch, sich in Kooperation mit einem ehemaligen Arbeitskollegen in der Branche selbständig zu machen, scheiterte kläglich, schenkte ihr aber wichtige Erfahrungen und kostbare Erkenntnisse über sich selbst, die Menschen, das Geld und die Macht. Von vielen ermutigt, wagte sie, sich 2008 mit einem eigenen Bestattungsinstitut selbständig zu machen. Ihre Eltern unterstützten diesen Schritt in die Selbständigkeit mit 50 000 Euro Startkapital. Längst war klar, dass es hier nicht um die Flausen einer renitenten Halbwüchsigen, sondern um die Entscheidung einer Erwachsenen ging.

Branchenerfahrungen

Als sie ihr Gewerbe bei der Handwerkskammer anmeldete, riet man ihr dringend davon ab, ein weiteres Bestattungsinstitut in Stuttgart zu eröffnen. Der Markt sei vergeben, hieß es. Es gäbe mehr als genügend Bestattungsinstitute. Sie sollte sich das noch einmal gut überlegen und erst einen Businessplan mit Marktanalyse und Wettbewerbssituation erstellen. Doch dafür hatte Rolf keine Zeit. »Ich probiere es mal, und wenn es nicht klappt, mache ich etwas anderes« waren die Worte, mit denen sie die HWK verließ. Es war ein mutiger Schritt, in einem vermeintlich gesättigten Markt ein weiteres Bestattungsinstitut zu eröffnen und dann auch noch in einem Gewerbegebiet.
Sie schaltete ihre erste Anzeige in der Zeitung und führte noch am gleichen Tag das erste Trauergespräch. Ihre unkonventionelle Art sprach sich rasch herum. Da kam jemand, der war anders. Sie setzte sich ab von dem Bild, das man von einem Bestatter hat. Das Trauergespräch führte sie nicht im schwarzen Anzug, sondern im Beisein ihrer Katze. Vom ersten Tag an lief ihr Unternehmen. Nach einem Jahr hatte sie als Alleinunternehmerin bereits 100 Trauerfälle begleitet. Das hatte es noch nicht gegeben, dass ein Quereinsteiger in einem gesättigten Markt innerhalb kürzester Zeit eine bessere Auftragslage erzielte

als viele alteingesessene Bestattungsinstitute, die davon nur träumen konnten.
Ihre unkonventionelle, charismatische Art zog die Menschen an. Man spürte, dass sie keine Marketingseminare absolviert oder Ratgeber studiert hatte, sondern dass sie wie auch bei der Gemeindearbeit für den anderen da war. Als Einzelunternehmerin konnte sie die Anfragen kaum bewältigen. Angestellte konnte sie sich noch nicht leisten. So griff sie zu unkonventionellen Maßnahmen und heuerte Freunde und Bekannte als Helfer bei Abholungen an und machte auch sonst so einiges anders als die anderen. Das fiel auf. 2009 erschien ein Artikel im Wirtschaftsteil der *FAZ* über die Gründerin ohne Businessplan.

Selbsterfahrungen

Sie selbst hält sich nicht für ungewöhnlich, sondern meint, nur das Selbstverständliche zu tun, das, was wirklich zählt. Auf die Frage, was ihren Erfolg ausmacht, sagt sie ganz schlichte Sätze: »Ich belüge Trauernde nicht. Ich gehe gut mit den Toten um. Ich mache das, was ganz normal ist. Der andere ist mein Mitmensch. Und ich will wissen, was er jetzt braucht. In der Phase nach dem Tod passiert Entscheidendes für die Angehörigen – und auch für den Verstorbenen. Doch das Selbstverständliche ist heute außergewöhnlich geworden.«
Die Menschen, die zu Barbara Rolf kommen, spüren, dass ihnen jemand gegenübersitzt, der seinen Beruf mit Hingabe macht. Allein wie sie zuhört, nachfragt, spricht und auf die Bedürfnisse der Menschen eingeht, strahlt eine innere Haltung aus. Als Theologin geht es ihr um die großen Fragen des Lebens: Woher kommen wir? Wohin gehen wir? Was bleibt? Als Bestatterin möchte sie den Tod für die Angehörigen wieder erfahrbar machen. Der Tod war früher ein selbstverständlicher Teil des Lebens als heute. Es ist der Tod, der uns mit der eigenen Sterblichkeit konfrontiert und damit immer wieder neu mit der Frage, was im Leben wirklich zählt.

Für Rolf ist der Tod ein Übergang, kein Abbruch. Ihr ist wichtig, mit den Verstorbenen so gut umzugehen wie mit den Lebenden. Die Menschen, die zu ihr kommen, spüren, dass ihre Verstorbenen bei ihr in guten Händen sind. Mit dem Tod schließt sich der Kreis, in dem der Mensch – nackt und bloß, wie er auf die Welt kam – auf die Fürsorge des Mitmenschen angewiesen ist. »Leben und Tod sind heilig«, sagt Barbara Rolf und erzählt im gleichen Atemzug, dass sie aus politischen und spirituellen Gründen aus der katholischen Kirche ausgetreten ist.

Das Enfant terrible, das mit Konventionen bricht, wenn es um eigene Überzeugungen geht, betrachtet heute den Katholizismus nur noch als einen von vielen Mosaiksteinen, wenn es um das Göttliche geht. »Die Dinge, wo wir uns über Zeiten und Grenzen hinweg einig sind, weisen uns hin auf die wahren Dinge«, sagt sie. Doch wie lassen sich ethische Normen und kommerzielle Angebote miteinander verbinden? Bei der Preiskalkulation ist sich die Branche nicht einig.

Barbara Rolf kalkuliert ihre Preise so, dass sie die Spielregeln der Branche durchbricht. Teure Särge muss der Kunde selbst einfordern, ansonsten bleibt es bei dem schlichten Modell. Als Missstand in der Branche kritisiert sie, wenn die Ausnahmesituation der Angehörigen ausgenutzt wird, um ihnen etwas aufzuschwatzen, was sie weder brauchen noch wollen. Doch wer die Spielregeln durchbricht, kann schnell zum Stein des Anstoßes werden.

Extremerfahrungen

Der Erfolg ihres ersten Gründungsjahres blieb in der Branche nicht unbemerkt und wurde von einer gewaltigen Hetzkampagne ihres Ex-Arbeitgebers überschattet. Er warf ihr vor, Geschäftsdaten entwendet zu haben, und verwickelte sie in einen Prozess, der es in sich hatte. Aller Anfang ist schwer. Aber mit solchen Schwierigkeiten hatte sie nicht gerechnet. Auf Neid, Missgunst und unfaires Geschäftsgebaren hätte sie auch kein Businessplan vorbereiten können. Angesichts des renommierten Anwalts des Klägers blieb ihr nichts anderes übrig, als sich selbst einen Anwalt zu nehmen. Die Richterin wunderte sich, als sie die Internetseiten der beiden Parteien miteinander verglich, und fragte sich, warum ein Goliath mit 25 Niederlassungen gegen einen Spatzen wie die junge Existenzgründerin ein so schweres Geschütz auffuhr. Wenn ein Platzhirsch so nervös auf eine Newcomerin reagierte, musste sie wohl eine ernsthafte Bedrohung darstellen. Der Prozess zog sich über Monate hin und kostete Zeit und Nerven.

Doch damit noch nicht genug. Hinzu kam eine von anderen alteingesessenen Wettbewerbern angestiftete Verleumdungskampagne in der Presse. Sie verschickten einen offenen Brief an sämtliche Stadträte, Pfarrer und Zeitungen, um auf die vermeintlichen Machenschaften der jungen Bestatterin aufmerksam zu machen. Barbara Rolf erfuhr davon am Vorabend des Erscheinens durch einen Anruf der Redaktion, in dem sie vor vollendete Tatsachen gestellt wurde: »Der offene Brief geht gleich in den Druck. Aber Sie haben die Möglichkeit, in drei Sätzen auf die Vorwürfe zu reagieren«, hieß es.

Barbara Rolf wusste überhaupt nicht, wie ihr geschah, und bat um ein paar Minuten Bedenkzeit, um zu verstehen, was gerade vor sich ging, und sich mit den Vorwürfen auseinanderzusetzen. Gemeinsam mit einem befreundeten Juristen formulierte sie eine knappe Stellungnahme zu den unglaublichen Unterstellungen. All das widerfuhr ihr in ihrem ersten Geschäftsjahr.

Als sie am nächsten Tag den Leitartikel »Bestatter erheben schwere Anschuldigungen« vor sich liegen sah, wäre sie am liebsten vom Erdboden verschwunden. Was sollte man über sie denken? Ihre Eltern, ihre Kunden, die Leser der Zeitung? Ein befreundeter Pfarrer bot ihr an, mit der Zeitung zu sprechen. Er war überzeugt, dass die Auseinandersetzung für sie gut ausgehen würde. Jeder, der sie auch nur einmal gesehen, gehört oder erlebt hatte, würde ihr glauben. Darauf sollte sie vertrauen. Vom Erdboden verschwinden konnte sie nicht, denn sie musste an diesem Tag eine Beerdigung mit vielen hundert Trauergästen durchführen.

Und dann passierte etwas, womit Barbara Rolf nicht gerechnet hatte. Menschen traten aus dem Trauerzug heraus, um ihr die Hand zu geben und ihre Solidarität mit ihr zum Ausdruck zu bringen. Eine Woche lang wurde die Zeitung anschließend mit Leserbriefen von Menschen bombardiert. Eine Woche lang wurden täglich zahlreiche dieser Briefe abgedruckt. Eine bessere PR-Kampagne hätte Rolf nicht planen können. Daraufhin verdoppelten sich ihre Aufträge von 100 auf 200 im Jahr. Rolf wusste nicht, wie sie die Nachfrage stemmen sollte. Wer so etwas erlebt, weiß, was »Worst-Case-Szenario« bedeutet. Rückblickend sagt sie nach der Hetzkampagne und nach dem Prozess, den sie in der zweiten Instanz gewonnen hat: »Ich war die Beklagte und habe mich so geschämt. Wenn mich die Bevölkerung von Echterdingen nicht so unterstützt hätte, hätte ich das nicht durchgestanden. Diesen Rückhalt zu erfahren, selbst von Menschen, die ich nicht kannte, hat mir die Kraft gegeben, das alles auszuhalten.«

Dass Barbara Rolf kein Neuland betreten hat, sondern bereits aufgeteiltes Territorium, wusste sie. Dass sie von alteingesessenen Unternehmen mit Argusaugen beobachtet werden würde, damit konnte sie leben. Sich einer Konkurrenzsituation am Markt zu stellen, dazu war sie bereit. Doch auf die Verzerrung des Wettbewerbs mit unlauteren Mitteln war sie nicht vorbereitet. Durch den Prozess hat sie in den Abgrund einer Branche geblickt, die es Quereinsteigern nicht leicht macht.

Lebenserfahrungen

Nachdem sie die Gründung bewältigt und den Prozess überstanden hatte, musste sie die nächste Hürde meistern. Die rasant gestiegene Auftragslage ließ sich nicht mehr mit Aushilfskräften bewältigen. Sie brauchte fest angestellte Mitarbeiter. Auch dabei wollte sie unkonventionelle Wege gehen und beweisen, dass auch Gescheiterte und Randexistenzen der Gesellschaft etwas leisten können. Doch dieses Experiment hatte seinen Preis. Als Dank für ihr soziales Engagement wurde sie von ihren Mitarbeitern hintergangen und bestohlen. Die Erfahrungen waren schmerzhaft und lehrreich zugleich. Heute spendet sie für soziale Projekte, orientiert die Auswahl neuer Mitarbeiter aber zuallererst am Wohle des Unternehmens.

Nach fünf Jahren hat sie ein Team aufgebaut, das zu ihren Werten und Vorstellungen passt – ein außergewöhnliches Team. Bei einem Team-Coaching-Tag im Bestattungsinstitut Rolf erlebte ich eine Atmosphäre der Identifikation mit der eigenen Arbeit und der Wertschätzung der Kollegen, die man als Coach nur selten erlebt. Wenn in einer Vorstellungsrunde fast jeder sagt, dass es für ihn oder sie ein großes Glück sei, in dem Bestattungsinstitut von Barbara Rolf arbeiten zu dürfen, dann hat jemand vieles, wenn nicht sogar alles richtig gemacht. »Das ist jetzt ein Meilenstein, dieses Team zu haben«, sagt Rolf und berichtet von dem fünfjährigen Firmenjubiläum, das eine Woche lang mit Veranstaltungen gefeiert wurde, die man in einem Bestattungsinstitut nicht erwarten würde. Dass ein Bestattungsinstitut zu einem Ort des Tanzens, Lachens und Feierns werden kann, ist bei Barbara Rolf denkbar. Ob Weinprobe, Liederabend, Trommelworkshop oder Schnitzkurs – jeder Abend war gut besucht, die meisten Veranstaltungen waren sogar überbucht.

Barbara Rolf möchte, dass die Menschen ihre Angst vor Tod und Sterben und Toten verlieren, und unternimmt dafür einiges – mit Erfolg. Die Menschen kommen in dieses außergewöhnliche Bestattungsinstitut, in dem Leben und Tod, Lachen und Weinen, Tanzen und Trauern zusammengehören. Dass es ihr gelungen ist, sich als Bestatterin einen Namen zu machen und von vielen Menschen für ihre Arbeit geschätzt zu werden, erlebe ich während unseres Interviews im Restaurant. Eine Dame steht vom Nachbartisch auf und kommt an unseren Tisch, um Barbara Rolf ihre Bewunderung für ihre Arbeit auszusprechen. Das ist alles andere als gewöhnlich. Die Bevölkerung hat die unkonventionelle Bestatterin ins Herz geschlossen.

Dann leuchtet eine SMS auf ihrem Handy auf. Als Bestatterin muss sie immer erreichbar sein, auch nach den Bürozeiten. Ihre Mutter, die sie inzwischen in dem Institut unterstützt, informiert sie über einen Trauerfall. Rolf führt ein paar Telefonate, um alles Notwendige in die Wege zu leiten. Nach einigen Gesprächen ist geklärt, dass sie nicht selbst aufbrechen muss, um zu den Angehörigen zu fahren, sondern dass das einer ihrer Mitarbeiter übernehmen kann.

Die Schwierigkeiten des Anfangs sind überstanden. Heute steht sie vor neuen Herausforderungen, die mit dem rasanten Wachstum ihres Unternehmens zusammenhängen. Das Managen als Geschäftsführerin liegt ihr nicht. Sie möchte Rituale gestalten, aber nicht Bilanzen überwachen. Mit der Selbständigkeit sind ihr zu viele Verwaltungsaufgaben verbunden. »Wenn es ein Institut gegeben hätte, das meinen Vorstellungen entsprochen hätte, wäre ich lieber angestellt geblieben«, sagt sie. Doch wem es gelungen ist, nach nur fünf Jahren zu den regional und überregional bekanntesten Bestattern zu zählen, für den gibt es keinen Weg zurück.

Zahlreiche Zeitungsartikel sind über sie erschienen, vom Fernsehen und Radio wird sie als Expertin eingeladen, und die Regisseurin Andrea Lotter vom SWR hat einen Film über ihre Arbeit gedreht. 2013 wurde sie vom FID-Verlag im Rahmen des Bestatterkongresses als Bestatterin des Jahres ausgezeichnet. Die Bestattungsbranche hat mit dem Tod von Fritz Roth im Jahr 2012 einen der medial bekanntesten Bestatter verloren. Barbara Rolf könnte das neue Gesicht für die Medien als Expertin für den Umgang unserer Gesellschaft mit dem Tod werden. Unsere Gesellschaft braucht Menschen wie Barbara Rolf, die in Erinnerung rufen, was es mit dem Tod im Leben auf sich hat. Denn wer so viel Angst vor dem Tod hat, dass er bei der Begegnung mit einer promovierten Germanistin, die als Geschäftsführerin des Kuratoriums Deutsche Bestattungskultur arbeitet, erbleicht, ist nicht einmal entfernt vorbereitet auf das, was ihn erwartet.

Menschheitserfahrungen

Als die meisten Menschen noch zu Hause starben und nicht in Krankenhäusern oder Pflegeheimen, wussten die Angehörigen, wie man mit einem Verstorbenen umzugehen hatte. Dieses Wissen vom Umgang mit Verstorbenen, das früher von Generation zu Generation weitergereicht wurde, ist mit der zunehmenden Professionalisierung der Branche verloren gegangen. Wer bahrt heute seine Verstorbenen noch zu Hause auf? Wer hält noch Totenwache? Wer singt noch Trauerlieder? Barbara Rolf knüpft an diese alten Traditionen wieder an.
Wer sich entscheidet, Bestatter oder Bestatterin zu werden, schaut dem Tod furchtloser ins Auge und begegnet Menschen in einer der schwierigsten Situationen ihres Lebens. Vom Arbeiter bis zum Akademiker – vor dem Tod sind wir alle gleich. Und wer wäre zum Beistand berufener als eine diplomierte Theologin? Wenn sich auch manche Menschen nur schwer vorstellen können, dass Bestatter ein Traumberuf sein kann, so trifft das doch gerade bei diesem Beruf zu, wenn es Berufene sind, die ihn ausführen.
Die Bestattungskultur einer Gesellschaft spiegelt ihr Menschenbild und ihre Haltung dem Sterben und dem Tod gegenüber. Die Abschiedsrituale sind individueller geworden und haben sich aus dem Korsett der Konventionen befreit. Frei von etwas zu sein bedeutet aber auch immer, frei zu etwas zu sein. In dem Maß, in dem kirchliche Traditionen und gesellschaftliche Konventionen brüchig geworden sind, kann jeder die Abschiedszeremonie nach seinen Vorstellungen gestalten. Als Theologin und Nonkonformistin ist Barbara Rolf dafür prädestiniert, das, was Menschen miteinander verbindet und Individuen voneinander unterscheidet, gleichermaßen zu Wort kommen zu lassen.

Vorbilder

Auf die Frage nach ihren Vorbildern nennt Rolf in einem Atemzug ihre Biologielehrerin, ihren Gesangslehrer, ihre Reitlehrerin und ihren ehemaligen Professor für Kirchenrecht. »Das waren alles Menschen mit Herz und Verstand, kluge, glaubwürdige, begeisterungsfähige Menschen.« Als wollte sie ihre Aussage noch unterstreichen, betont sie: »Promis sind mir völlig wurscht.« Als Akademikerin aus einer Beamtenfamilie fühlt sich Rolf den Menschen verbunden, die weder Hochmut noch Dünkel haben: »Ich mag die Inhaberin von Hochlandkaffee, die schafft, die packt voll mit an und macht sich auch mal die Hände schmutzig.« Die Stuttgarter Unternehmerin hat sich für Postkarten porträtieren lassen, die auf das Degerlocher Hospiz hinweisen: »Leben jetzt. Sterben später. Nicht allein.«

In der Welt der Unternehmer fühlt sich Rolf nach wie vor nicht zu Hause, obwohl sie inzwischen selbst eine Unternehmerin geworden ist. Doch genau damit hadert sie. Und das ist vielleicht eines ihrer Erfolgsgeheimnisse. Genauso wie ihre Suche nach Grenzerfahrungen und das Ausloten eigener Grenzen. Die Arbeit als Bestatterin fordert sie täglich neu: physisch, psychisch und auch zeitlich. Lange Zeit hatte sie den Eindruck, Energie für fünf zu haben. Diese Energie brauchte sie, um ihr Unternehmen in einem bereits aufgeteilten Markt aufzubauen und den Wettbewerb mit den Traditionsinstituten aufzunehmen. Sie hat gezeigt, worauf es Menschen bei einer Bestattung wirklich ankommt und dass es die eigene Haltung ist, die zählt. Sie hat an christliche Traditionen angeknüpft und diese mit den heutigen Wünschen und Bedürfnissen der Menschen verbunden. Sie hat als Quereinsteigerin eine etablierte Branche durch Demut, Schlichtheit und das Selbstverständnis, mit dem sie sich um die Körper der Verstorbenen wie auch um ihre Seelen kümmert, provoziert. In einer diesseitsorientierten Gesellschaft, die den Tod weitgehend verdrängt, sowohl in seiner kreatürlichen als auch in seiner spirituellen Dimension, nimmt sie sich der beiden Seiten an, die das Menschsein ausmachen. Ihr Geheimnis lautet vereinfachen, denn das Wesentliche ist einfach.

ERFOLGSGEHEIMNISSE

Hard Facts: Die Erfahrungen in der Altenpflege und in der Gemeindearbeit, das Theologiestudium und die Zeit als angestellte Theologin in einem Bestattungsunternehmen bilden das Fundament ihrer Arbeit. Dass sie wider alle Unkenrufe und Anfangsschwierigkeiten ihr Unternehmen zum Erfolg geführt hat, führt sie auf ihre enorme Arbeitsbereitschaft, ihre Begeisterung für das, was sie tut, und ihre tiefe Überzeugung zurück, dass das, was sie tut, für die Menschen wirklich wichtig ist.
Existenzgründern rät sie, sich Netzwerken wie dem Business Network International anzuschließen. Netzwerkarbeit ist gerade am Anfang wesentlich, um andere Unternehmer kennenzulernen, um sich gegenseitig zu unterstützen, voneinander zu lernen und auch, um sich gegenseitig zu empfehlen.

Soft Skills: »Das Wesentliche ist einfach«, sagt Barbara Rolf. Deshalb geht es ihr vor allem darum, das Selbstverständliche bei ihrer Arbeit zu tun, das nicht mehr selbstverständlich ist. Ihr Lebensmotto lautet: »Liebe! Und dann kannst du tun, was du willst.« Ihre Arbeit ist Nächstenliebe. Das spüren die Menschen. Barbara Rolf ist unkonventionell, authentisch, sozial, unprätentiös, spirituell, wesentlich. Was sie nicht ist: profitorientiert. Das ist ihr Erfolgsgeheimnis.

Chance: Barbara Rolf hat die Krise zur Chance gewendet, ihr Unwohlsein angesichts der Firmenphilosophie ihres Arbeitgebers als Anlass zur Kündigung genommen und dann ein Unternehmen nach ihren eigenen Werten aufgebaut.

www.bestattungen-rolf.de

TREND VIII
EFFIZIENT MENSCHLICH

»Verantwortung haben wir für uns selbst und für andere. Beides ist nicht zu trennen, denn beides spielt ineinander.«[47]

Menschen sind aufeinander angewiesen, in unterschiedlichen Lebensphasen unterschiedlich intensiv, je nach Alter und Gesundheit. Unmittelbar nach der Geburt wären wir ohne menschliche Zuwendung nicht überlebensfähig. Wachsen und erwachsen werden heißt unabhängiger werden. Doch was das Leben erst lebenswert macht, ist die menschliche Zuwendung: Liebe und Lachen, Anteilnahme und Austausch, Fürsorge und Freundschaft. Am Ende des Lebens schließt sich der Kreis der menschlichen Abhängigkeit und Bedürftigkeit wieder, wenn die Kräfte nachlassen, die Gebrechen zunehmen und die eigene Autonomie im schlimmsten Fall durch Altersleiden eingeschränkt wird. Wie viel Menschlichkeit kann und will sich eine an Effizienz orientierte Gesellschaft leisten?

Wir leben in einer Gesellschaft, die zahlreiche Institutionen geschaffen hat, um Krankheit, Gebrechen, Not und Leiden aufzufangen, kommerzielle und nichtkommerzielle, von Krankenkassen und Pflegeheimen über Kirchen und karitative Vereine bis zu Hospizen oder auch Bestattungsinstituten. Sozialstaat, ehrenamtliches Engagement und die Haltung von Menschen, die sich anderen zuwenden, tragen dazu bei, wie menschlich eine Gesellschaft ist. Ungefähr ein Drittel der Menschen sind bundesweit ehrenamtlich engagiert.[48] Doch die private oder ehrenamtliche Menschlichkeit ist nur die eine Seite der Medaille. Wie sieht es mit dem Gemeinsinn der Gesellschaft aus?

Müssen sich Effizienz und Menschlichkeit ausschließen? Oder brauchen wir nur einen Perspektivenwechsel, um Markt und Menschlichkeit, Gewinn und Gemeinwohl, Salär und Solidarität zusammenzudenken? Wer sich auf die Suche macht, entdeckt zahlreiche positive Ansätze, die den Kosten- und Effizienzdruck wieder mit Menschlichkeit verbinden, und unzählige Menschen, denen es nicht nur um das reine Überleben und die Sorge um sich selbst geht, sondern um das gute Leben und die Sorge umeinander. Das ist eine Frage der Haltung. Sozialen Bewegungen, die sich mit dem Status quo nicht arrangiert, sondern für eine menschlichere Welt engagiert haben, verdanken wir die weitgehende Abschaffung der Sklaverei, die fortschreitende Durchsetzung der Demokratie oder auch die Verankerung sozialer Rechte. Jede soziale Bewegung wurde von Menschen initiiert, die eine Haltung hatten, für die sie sich eingesetzt haben.

Effizient menschlich heißt, Effizienz und Menschlichkeit, Unternehmertum und soziales Engagement, Gewinnorientierung und karitatives Handeln nicht als sich ausschließende Gegensätze zu betrachten. Dieser neue Trend kommt in der Bewegung des »Social Entrepreneurship« zum Ausdruck. Beim sozialen Unternehmertum geht es um eine unternehmerische Tätigkeit, die sich innovativ, pragmatisch und langfristig für einen positiven Wandel der Gesellschaft einsetzt. Ob bei der Arbeitsplatzbeschaffung für Menschen mit Einschränkungen wie bei dem Unternehmen Auticon von Dirk Müller-Remus, bei der Bildung wie bei dem Theaterprojekt »Jobact« von Sandra Schürmann, die Jugendliche durch Theaterarbeit aus der Langzeitarbeitslosigkeit holt oder auch bei der Pflege wie bei dem von Lutz Karnauchow gegründeten Pflegekonzept domino-world. Diese Unternehmen sind keine Non-Profit-Unternehmen, aber es geht nicht primär und schon gar nicht ausschließlich um Profit. Effizienz und Menschlichkeit werden hier neu zusammengebracht.

Sozialunternehmer müssen effizient sein, um am Markt bestehen zu können. Doch ihr Erfolgsgeheimnis ist, dass ihr Einsatz für mehr Menschlichkeit ihre beste Marketingmaßnahme ist. Denn Menschlichkeit spricht sich rasch herum, insbesondere da, wo Menschen existenziell darauf angewiesen sind wie bei der Bekämpfung der Armut, der Pflege oder auch der Beisetzung von Angehörigen, wo Barbara Rolf mit ihrem Bestattungsinstitut Rolf neue Maßstäbe gesetzt hat. Sozialunternehmer lösen soziale Probleme mit unternehmerischen Mitteln, indem sie sich an den Bedürfnissen der Menschen orientieren. Die erwirtschafteten Gewinne sind ein Mittel zum Zweck, kein Selbstzweck. Ein besonders prominentes, 2006 mit dem Friedensnobelpreis ausgezeichnetes Beispiel für einen solchen Perspektivenwechsel sind die Mikrokredite der von dem Wirtschaftswissenschaftler Muhammad Yunus gegründeten Bangladesh Grameen Bank zur Bekämpfung der Armut. Solche Beispiele zeigen, was möglich ist, wenn sich Menschen für Menschen sozial unternehmerisch einsetzen.

Zu Beginn des 21. Jahrhunderts wurden zahlreiche Organisationen und Stiftungen in Deutschland ins Leben gerufen, die soziales Unternehmertum fördern.[49] Pionier der Bewegung für Social Entrepreneurship ist die internationale Non-Profit-Organisation Ashoka, die 1980 von Bill Drayton in Amerika gegründet wurde. Inzwischen ist Ashoka eines der weltweit größten Netzwerke für soziales Unternehmertum, das über 3000 Social Entrepreneurs in mehr als 70 Ländern als »Fellows« ausgewählt und gefördert hat.[50] Zu den Ashoka Fellows der hier porträtierten zählen Raúl Krauthausen mit seinem Projekt wheelmap.org, einer »living map« für Menschen mit Mobilitätseinschränkungen, ebenso wie Dirk Müller-Remus mit seinem Unternehmen Auticon, das Menschen im Autismus-Spektrum als Consultants im IT-Bereich einsetzt.

Der 2010 von Johannes Weber initiierte und mitbegründete Social Venture Fund springt ein, wenn die traditionellen Kapitalquellen bei Sozialunternehmen, die unternehmerische Antworten auf drängende soziale und ökologische Fragen liefern, nicht ausreichen, um Finanzierungslücken zu schließen. Und sie sind selbst effizient menschlich. Denn das Ziel des Social Venture Fund ist, investiertes Kapital eines Tages zurückzuerhalten, um es für Investitionen in weitere Sozialunternehmen einsetzen zu können, um nur die Kraft des Kapitals, nicht jedoch das Kapital selbst für eine positive Veränderung einzusetzen.[51] Wenn sich Banken mit Risikokapital bei der Gründung von Sozialunternehmen zurückhalten, haben Sozialunternehmer heutzutage wesentlich mehr Möglichkeiten als noch vor wenigen Jahren, vom

Social Venture Fund über die BonVenture Gruppe bis zum 2012 von der Bundesregierung aufgelegten Finanzierungsprogramm für Soziales Unternehmertum gemeinsam mit der KfW Bankengruppe.[52]

Zu welchen Ufern soziales Unternehmertun gerade unterwegs ist, wird bei der seit 2008 jährlich stattfindenden Global Entrepreneurship Summer School der TU München deutlich, die unter dem Motto steht: »Eine-Milliarde-Euro-Projekte, um gesellschaftlichen Wandel zu fördern«.[53] Hier geht es nicht um kleine Projekte oder Unternehmen, sondern um Lösungen für weltweite soziale Probleme, die in internationalen und interdisziplinären Teams entwickelt werden, die eine Milliarde Euro erwirtschaften oder auch einsparen. Ein vergleichbar ambitioniertes Ziel verfolgt der 2007 von Peter Spiegel, dem damaligen Generalsekretär des Global Economic Network, ins Leben gerufene Vision Summit des Genisis Institut. Bis 2020 soll die systematische Entwicklung von sozialen Innovationen von der Öffentlichkeit als ebenso selbstverständlich und zentral angesehen werden wie die Entwicklung von technischen Innovationen. Vision Summit ist als »Think-and-do-Tank« zurzeit eine der größten internationalen Leitkonferenzen für soziale Innovationen und soziales Unternehmertum. Ihre Vision ist ein weltweites soziales Wirtschaftswunder. Das bedeutet: »Think big«.

Um groß zu denken, braucht es viele kreative Köpfe. Und die finden sich auch in der Start-up-Szene. Welchen Stellenwert soziales Unternehmertum in der Start-up-Szene hat, zeigt der 2012 ins Leben gerufene Blog »Social Startups«.[54] Wer sich ansieht, wie mit dem Verkauf von Socken Spenden gesammelt werden, wie mit dem Trinkröhrchen »LifeStraw« selbst stark verschmutztes Wasser ohne Bedenken getrunken werden kann[55], wie man mit Urban Farming leer stehende Fabrikanlagen nutzen und mit Aquaponik-Farmsystemen Gemüse und Fisch ressourceneffizient produzieren kann[56], wie der Lebensmittelaktivist »Foodfighter« gegen Lebensmittelverschwendung vorgeht, wie »Granny Aupair« Frauen als Oma auf Zeit in Gastfamilien in alle Welt vermittelt, wie Andreas Heinecke mit seinen Dialogmuseen Arbeitsplätze für Blinde schafft oder wie »Flinc« Mitfahrgelegenheiten online organisiert, entdeckt Kreativität, neue Ansätze und soziales Engagement, das Spaß macht. Überall bilden sich Enklaven von Menschen, die etwas bewegen und verändern wollen, die voller Zuversicht und Mut neue Wege einschlagen, die motiviert sind und Aufbruchsstimmung verbreiten. Der Gedanke, mit sozialen Leistungen Geld zu verdienen, ist hierzulande noch jung, aber das Thema ist stark im Kommen. Social Entrepreneurs sind eine Community, die als »change maker« die Welt menschlicher gestalten wollen. Sie krempeln Märkte um, setzen sich für soziale Innovationen ein und entdecken, was effizient und menschlich wirkt.

Nischenphänomen oder Trend? All die Organisationen für das Sozialunternehmertum – von der Finanzierung über die Erforschung und Diskussion bis zur Preisverleihung – zeigen, dass es sich um einen Trend handelt mit dem Potenzial zu einer großen, weltweiten Bewegung. Jeder einzelne Sozialunternehmer zählt. Denn große gesellschaftliche Veränderungen brauchen Pioniere, die vorangehen. Sozialunternehmer schaffen Mehrwert, indem sie Werte wie Engagement, Solidarität und Mitmenschlichkeit wieder stärker in die Gesellschaft einbringen. Sie brechen starre gesellschaftliche Strukturen auf und geben neuen Ideen eine Chance, die von anderen oft nicht für realisierbar gehalten werden. Sie haben die Gesellschaft im Blick und warten nicht, bis ein anderer etwas für die Gesellschaft tut, sondern handeln selbst, weil sie sich mitverantwortlich fühlen. Ob Alter, Armut, Bildung, Generationendialog, Gesundheit, Ökologie, Inklusion oder auch Pflege – die Geschäftsmodelle von Sozialunternehmern überraschen, die Geschichten berühren und folgen alle einem Motto: »Don't wait. Innovate!« Mach, was du kannst!

IX ALLES EINE FRAGE DER FRAGEN NACHDENKEN, QUERDENKEN, VORAUSDENKEN

21 / Quergedacht Wie Otmar Ehrl das Querdenken vermehrt, indem er es mit Hunderttausenden teilt

Otmar Ehrl ist Querdenkologe. Als Querdenkologe ist er nicht allein Querdenker und Initiator des Querdenkens, sondern sozusagen Chefquerdenker. Mit dem magischen Begriff des Querdenkens hat Otmar Ehrl im ersten Jahrzehnt des 21. Jahrhunderts einen Nerv der Zeit getroffen. 2008 gründete er den Querdenker-Club in München, dem bereits nach vier Jahren über 300 000 Mitglieder angehören. Was als Mitgliederplattform für Querdenker anfing, hat Ehrl mit strategischem Geschick innerhalb kürzester Zeit zu einem satellitenartig aufgestellten Querdenker-Imperium entwickelt. Denken begleitet unser Leben wie Atmen. Es ist fast unmöglich, nicht zu denken. Wir denken nach, mit oder auch voraus, manchmal sogar um die Ecke. Doch wie denken Menschen, die querdenken? Welches magische Potenzial steckt im Querdenken, das 300 000 Menschen zum Dabeisein und Mitmachen inspiriert?

Was querdenken heißt

Otmar Ehrl definiert Querdenken als »Out-of-the-box-Denken«. Professionell deformierte Brillen werden abgesetzt, Disziplingrenzen überschritten, Neues gewagt. Sein Lieblingszitat zum Querdenken ist von Francis Picabia: »Unser Kopf ist rund, damit das Denken die Richtung ändern kann.« Und da er Zitate liebt, gibt es jeden Tag ein Zitat zum Querdenken über den Querdenker-Twitteraccount, Facebook oder Xing. Für einen einzigen Kopf wäre es ein ambitioniertes Vorhaben, jeden Tag ein Zitat zum Querdenken zu finden. Deshalb lässt Ehrl seine gesamte Community mitdenken und über den Ideenticker der Plattform querdenker.de ihre Lieblingszitate austauschen. Und das ist schon Teil der Faszination, dass bei den Querdenkern Ideen jongliert, getauscht, geteilt, modifiziert und weitergedacht werden. Hier denkt niemand nur so vor sich hin, sondern gemeinsam im Austausch mit vielen anderen.

Ehrl nutzt die spielerischen Möglichkeiten und die Reichweite der Social Media mit Methode und System. So gehört zum Querdenker-Club eine Ideenfabrik, in der Unternehmen nach neuen Lösungen für ihre Probleme suchen lassen können. Fragen wie »Wie sieht das Büro der Zukunft aus?« oder »Wie sieht die Schuhproduktion der Zukunft aus?« werden als Wettbewerb in der Ideenfabrik ausgeschrieben, so dass die Mitglieder der Querdenker-Community ungewöhnliche Lösungsvorschläge einstellen können. Anschließend stimmt die Community über das beste Ergebnis ab. Der Vorteil für das Unternehmen: Aus reinem Spaß am Querdenken wird eine Vielzahl an Lösungsvorschlägen eingereicht, die neue Perspektiven eröffnen. Wie könnte eine solche Lösung aussehen? Beispielsweise könnte ein Schuhproduzent die 40-prozentige Stornoquote seines Unternehmens verringern wollen und dieses Problem als Denksportaufgabe der Querdenker-Community stellen. Die Lösung könnte wie bei dem Sportschuhhersteller NIKEiD aussehen, dass die Kunden Farben, Materialien, Passform, Traktion, Größe, Namen und andere Kleinigkeiten so hochgradig individuell mit einem Computerprogramm designen, dass der

Schuh erst nach Zahlungseingang maßangefertigt wird. Damit wäre die Stornoquote nicht nur gesenkt, sondern aufgehoben, da diese Maßanfertigungen vom Umtausch ausgeschlossen sind. Zugleich wäre in der Wertschöpfungskette der Zahlungseingang vor die Produktion verlegt. Das Modell ließe sich weiterentwickeln, indem Kunden mitverdienen könnten, sobald ihr Modell als Prototyp von anderen Kunden bestellt würde. Und so weiter.

Was Querdenker bewegt

Querdenker jonglieren nicht nur mit Gedanken, sondern bewegen auch einiges, wenn sie ihre Ideen in den unterschiedlichsten Bereichen des Lebens umsetzen. Sei es als Erfinder von Solarstromautos zur klimaneutralen Weltumrundung, sei es als Initiator einer Stiftung für die Bergung tödlich Verunglückter in der eisigen Bergwelt der Seven Summits, sei es als skateboardfahrende Nonne, die das Herz schwer erziehbarer Jugendlicher berühren wollte. Da innovative Ideen, geniale Gedanken und außergewöhnliche Ansichten vom Austausch leben, findet einmal im Jahr der Querdenker-Kongress in München statt – als Ideenoffensive gegen Bedenkenträger –, bei dem Best-Practice-Beispiele vorgestellt und einmalige Einfälle mit dem Querdenker-Award in den Kategorien Vordenker, Marketing, Innovation, Nachhaltigkeit, Unternehmen und Zukunft ausgezeichnet werden. Und damit wird bewiesen, dass eine Idee nur so lange für verrückt gehalten wird, bis sie von Erfolg gekrönt wird.

Durch die Ausschreibung wird Ehrl zum privilegierten Sammler ungewöhnlicher Unternehmens- und Geschäftsideen. Entsprechend anregend ist das vielseitige Vortragsprogramm, das von Netzwerkökonomie über Klimapolitik bis zu ungewöhnlichen Marketingstrategien und außergewöhnlichen Weltumrundungen reicht. So lässt sich ein Geschäftsführer von BMW von einem Unternehmensphilosophen zu neuen Marketingideen inspirieren oder der Chef eines IT-Konzerns von einem als Coach arbeitenden Orchesterdirigenten zu neuen Methoden der Mitarbeitermotivation anregen. Professoren und Promis, Mönche und Nonnen, Bestsellerautoren und Business-Gurus, Extremsportler und IT-Experten – zu Wort kommt, wer etwas Ungewöhnliches zu sagen hat. Und davon gibt es mehr, als man denkt, bevor man dabei war.

Teilnahme und Teilhabe sind zentrale Stichworte für Otmar Ehrl, der alle Kanäle bespielt, da er weiß, dass Ideen geteilt werden müssen, damit sie sich vermehren. Auf dem TV-Channel Q-TV sind die Vorträge der vergangenen Querdenker-Kongresse und -Gipfeltreffen zu sehen, und das *Querdenker-Magazin*, das viermal im Jahr klassisch als Printversion und parallel als E-Book erscheint, liefert Impulse für neue Denkansätze und kreatives Handeln an den Schnittstellen klassischer Fachdisziplinen. Im Magazin werden Visionäre und Macher, Helden und Hidden Champions, Könner und Wagemutige, Verantwortungsbewusste und Wortgewandte vorgestellt. Ungewöhnliches, Wegweisendes und Vorbildliches – »perfekt komplex« und »sicher riskant« für alle, die die dynamischen Veränderungen der eigenen Lebenszeit miterleben und mitgestalten wollen.

Wo querdenken anfängt

Für Otmar Ehrl ist jeder Mensch als Querdenker auf die Welt gekommen. Kinder sind prädestiniert zum Querdenken, da sie einfach alles hinterfragen und spielerisch an die Welt herangehen, solange sie noch in keinem Schubladendenken gefangen sind. Doch bei diesem Thema wechselt Ehrl die Tonart. Sein leidenschaftliches Plädoyer fürs Querdenken in Dur schlägt in Empörungsarien in Moll um, wenn er über Bildungs- und Ausbildungssysteme spricht, von denen er die meisten für Kreativitätsvernichtungsmaschinerien hält. Seine eigene Bildungssozialisation in dem Hundert-Seelen-Ort Langenkreith sitzt tief.

Seit seiner Kindheit interessiert sich Otmar Ehrl für alles, was ungewöhnlich, neu und anders ist. Mit 16 Jahren war seine Kindheit vorbei, denn es stellte sich die Frage für den aus einem landwirtschaftlichen Elternhaus stammenden Jungen, welchen Beruf er nun erlernen sollte. Die Frage war für ihn rasch beantwortet: Datenverarbeitungskaufmann. Otmar war entschieden, ohne genau zu wissen, was ein Datenverarbeitungskaufmann eigentlich ist, allein weil der Beruf neu war. Er spürte, dass dieser Beruf die Welt verändern würde. Und an genau diesen Veränderungen wollte er teilhaben.

Da es weniger Ausbildungsplätze als Auszubildende gab, schrieb er über 100 Bewerbungen. Vergeblich. Wer damals keine Ausbildungsstelle bekam, wurde von der Agentur für Arbeit in ein Berufsgrundschuljahr vermittelt, um für den Arbeitsmarkt weiterqualifiziert zu werden. Die Erstveranstaltung, zu der ihn sein Vater begleitete, bot beiden einen unvergesslichen Anblick. Otmars Blicke wanderten von gepiercten Nasenflügeln zu steif gegelten, in alle Richtungen abstehenden Haaren, und ihm wurde klar: »Jetzt gehörst du zu einer gefährlichen Spezies!« In diesem Augenblick spürte er, was es hieß, keinen Ausbildungsplatz zu bekommen.

Doch am gleichen Tag erhielt er wie durch ein Wunder eine Einladung zu einem Vorstellungsgespräch bei einer Firma, bei der er sich nach eigenem Erinnern gar nicht beworben hatte. Zumindest stand die Firma nicht auf seiner akribisch geführten Liste der 100 bereits angeschriebenen Adressen. Das Vorstellungsgespräch kam ihm wie absurdes Theater vor: »Spielen Sie gern? Lieber Brettspiele, Karten oder Schach?« Er konnte die Fragen nicht einordnen und fühlte sich mies. Doch bei der Verabschiedung sagte der Chef den magischen Satz, der alles verändern sollte: »Wir schicken Ihnen den Ausbildungsvertrag dann zu.« Sein Vater war so glücklich, dass er ihm noch am selben Tag ein Mofa schenkte. Unvergesslich! Und so machte Otmar Ehrl eine Lehre als Speditionskaufmann, obgleich er eigentlich Datenverarbeitungskaufmann werden wollte.

Was Querdenker auszeichnet

Nach der Ausbildung begannen für Otmar Ehrl die Lehr- und Wanderjahre mit Umbrüchen, die sein ganzes Weltbild auf den Kopf stellten. Auf die Lehre folgte die Bundeswehrzeit, anschließend begann er ein Studium als Wirtschaftsingenieur an der Fachhochschule der Wirtschaft in München. Die Wahl des Studienfachs hatte einen einzigen Grund: Er wollte eine Frau wiedertreffen, in die er sich verliebt hatte. Doch manchmal kommt alles anders, als man denkt. Ehrl hatte zu Beginn seines Studiums einen schweren Verkehrsunfall und lag zwölf Wochen mit einer Kreuzbeintrümmerfraktur, einem doppelten Schädelbasisbruch und Verdacht auf Hirnhautentzündung im Krankenhaus. In dieser Zeit wurde ihm klar, wenn er das überleben würde, würde er vieles anders machen als alle anderen. Er überlebte und machte vieles anders.

Regel Nummer eins lautete: Gegen alle Regeln verstoßen. Damit begann er bereits im Krankenhaus beim Üben mit dem Ergometer. Er trainierte wie besessen, um wieder laufen zu können. Regel Nummer zwei lautete: Einfach machen. Ohne genau zu wissen, was ein Wirtschaftsingenieur eigentlich ist, legte er einfach los und meldete sich als Erstsemester für einen Kongress für Wirtschaftsingenieure in Berlin an, wo er sich umringt von lauter fortgeschrittenen Semestern wiederfand. Die beäugten das Greenhorn zunächst mit einer gewissen Portion Skepsis. Und so kam Regel Nummer drei hinzu: Seinen eigenen Weg gehen und sich davon nicht abbringen lassen. Sein Mut wurde belohnt. Kurz nach dem Kongress wurde er Mitglied in der studentischen Hochschulgruppe. Und da die älteren Semester den unbeirrt Wagemutigen von dem Kongress in Berlin bereits kannten, wurde er kurzerhand bei der nächsten Wahl als Vorstandsmitglied vorgeschlagen – und gewählt!

Rückblickend meint Ehrl, dass diese Wahl bahnbrechend für seine gesamte Querdenker-Karriere war. Beim Verband Deutscher Wirtschaftsingenieure war er erst Vorstandsvorsitzender der Hochschulgruppe München, dann studentischer Vorstand des Bundesverbandes und schließlich Vizepräsident. Selbstbewusstsein, Selbstdisziplin und Sparsamkeit waren auf diesem Weg seine Begleiter. Der VWI organisierte seine erste Tagung, und als Ehrl gefragt wurde, ob er diese Aufgabe übernehmen wolle, wusste er selbst nicht genau, wer gerade sprach, als er sich sagen hörte: »Gern, aber nur zu meinen Bedingungen.« Und so wurde er zum Veranstalter des Deutschen Wirtschaftsingenieurtages, den er 1995 unter dem Titel »Innovation und Management« zum ersten Mal durchführte und nach seinen eigenen Bedingungen kurz entschlossen von Berlin nach München verlegte. Obgleich zahlreiche Bedenkenträger ihn warnten, dass das nicht funktionieren würde, folgte Ehrl konsequent seinen eigenen Regeln, und der Erfolg gab ihm recht.

Bei der Konferenz lernte er jemanden von der Gesellschaft für Innovationsmanagement kennen, der dem unerschrockenen Macher einen Job als Geschäftsführer und Unternehmensberater anbot. Ehrl war mit seinem Studium noch nicht fertig, aber das Angebot lautete: Jetzt oder nie. Damit begann für ihn ein ebenso stressiges wie beflügelndes Doppelleben. Er arbeitete als Unternehmensberater und ging vor jeder Prüfung für drei Wochen in Klausur, mit so vielen Konservendosen, dass er nonstop mit einem Minimum an Schlaf den Stoff eines ganzen Semesters pauken konnte. Nach drei Wochen erkannte er sein eigenes Spiegelbild kaum wieder, aber er schaffte mit der Unterstützung der älteren Semester die meisten Prüfungen auf Anhieb. Beflügelt durch die konzeptionelle Arbeit als Berater, doch zugleich frustriert, wie wenige seiner Ideen von den Unternehmen umgesetzt wurden, entschloss er sich 1997, seine eigene Firma zu gründen.

An einem Flipchart notierte er die Ideen, die ihm am Herzen lagen: »innovation«, »communication«, »cooperation«, »organization«, »management«. Damit stand der Unternehmensname fest: Iccom. In kurzer Zeit baute Ehrl fünf Mitarbeiter auf und wollte zu einem der innovativsten Ideenlieferanten avancieren. Gleichzeitig ging es ihm darum, eine Struktur zu entwickeln, die allen Beteiligten erlaubte, ihre Ideen einzubringen. Von 2000 bis 2008 brachte Iccom das Fachmagazin der Wirtschaftsingenieure *technologie & management* heraus. Otmar Ehrl fühlte sich beim Verband Deutscher Wirtschaftsingenieure jedoch mit seiner Kreativität zunehmend nicht mehr am richtigen Platz und spürte, dass es Zeit war, das Denken in eine andere Richtung zu lenken. Ende 2008 machte er dann den mutigen Schritt und gab den Kongress und das Magazin des VWI und die damit verbundene Sicherheit auf. Mit dem Aufbruch kam der Durchbruch. Aus einer Agentur ohne Aufträge wurde ein Club von und für Querdenker, dem es gelang, die Währung Begeisterung in bare Münze umzuwandeln.

Wie es zum Querdenker-Club kam

Einer seiner Freunde hatte ihn zwei Jahre lang bearbeitet, Mitglied bei dem Business-Netzwerk Xing zu werden. Im Jahr 2006 registrierte er sich und ärgerte sich dann maßlos, dass er einen Mitgliedsbeitrag dafür zahlen sollte, dass er das Netzwerk von Xing mit seinen eigenen Kontakten erweiterte. Mit diesem Ärger im Bauch fing er an, den Erfolg von Xing zu analysieren, systematisch und akribisch. Zwei Monate lang untersuchte er das Geschäftsmodell des Business-Netzwerks, bei dem Menschen andere einladen, Mitglied zu werden, und damit eine gigantische Community aufbauen. Nachdem er erkannt hatte, dass bei diesem System Leute für Xing arbeiten, die dafür keinen Lohn verlangen, machte es bei ihm Klick. Er gründete mit dem Querdenker-Club im Jahr 2008 seine eigene Gruppe auf Xing, die sich innerhalb kürzester Zeit zu einer der größten Gruppen entwickelte und zu einer der drei Säulen seines eigenen Unternehmens wurde.

Der Begriff Querdenker entfaltete eine magische Wirkung. Mehr und mehr Menschen traten der Gruppe bei, die sich als Querdenker fühlten oder die Gesellschaft von Querdenkern suchten. Ob Astronaut oder Blogger, CEO oder Kreativökonom, Digital Native oder Digital Immigrant, hier tauschen sich kreative Geister über die Diszi-

plingrenzen hinaus aus und inspirieren einander. Nach vier Jahren waren über 100 000 Menschen beim Querdenker-Club auf Xing dabei.
Die Macht der Social Media hatte Otmar Ehrl anfangs unterschätzt. Erst nachdem er seinen Querdenker-Club auf Xing gegründet hatte, entdeckte er, welches immense Potenzial in dem virtuellen Netzwerk steckte.
Er nutzte die Gruppenfunktion, gewann Moderatoren und entwickelte seine eigene Gruppe mit Foren für Querdenker-Kontakte, Querdenker Blickwinkel und eine Querdenker-Werkstatt. Rätsel, Ideen, Wortspiele, Zitate, Umfragen, Weisheiten, Tipps, Termine, Buchempfehlungen, Jobs – lieber denken als bedenken und vor allem querdenken, so lautet die Devise. Durch die unermüdlich wachsende Vielzahl an Perspektiven, Blickwinkeln, Themen und Ideen trägt die Gruppe täglich dazu bei, den Querdenker-Club bekannter zu machen.
Das webbasierte Modell von Xing hat Ehrl quergedacht und neben seiner Xing-Gruppe zu einem Querdenker-Club in der Online- und Offline-Welt weiterentwickelt. Bei querdenker.de gibt es analog zu Xing eine kostenfreie und eine kostenpflichtige Mitgliedschaft. Das Geschäftsmodell des Querdenker-Clubs beruht aber nicht primär auf Mitgliedsbeiträgen, sondern setzt sich aus einem Satellitensystem an Angeboten zusammen: dem Magazin-Abonnement, den Kongressbeiträgen, dem kostenpflichtigen Award, den Beratungsdienstleistungen in Form von Open-Innovation-, Design-Thinking- und Creative-Intelligence-Workshops, einer Open-Innovation-Software, einem Shop mit Bestsellern zum Querdenken bis hin zu schrägen Möbeln, kostenpflichtigen bundesweiten Events wie Kamingespräche bei ausgewählten Unternehmen für einen Blick hinter die Kulissen, Gipfeltreffen zu gesellschaftlichen Trends oder Expertengespräche sowie dem Download per Pay der gefilmten Vorträge beim Querdenker-Kongress.
Mit Denken zu verdienen ist die geistvollste Weise, nicht zu verarmen. Doch neben den pekuniären Aspekten zählen vor allem die An-

regungen zum Quer-, Mit- und Vorausdenken. Und damit kann man gar nicht früh genug beginnen, da Kinder zum Querdenken prädestiniert sind. Deshalb hat Otmar Ehrl im Jahr 2012 auch noch eine Querdenker-Stiftung ins Leben gerufen, um gezielt die Kreativität und Ideenentwicklung von Schülern und Auszubildenden zu fördern. Kreativitätstechniken werden zu Themen wie Globalisierung, Nachhaltigkeit oder Klimaveränderung in Erfinder-Clubs, Schülerlabs und auf Expeditionen spielerisch vermittelt. Die Finanzierung übernehmen Paten aus dem Unternehmer-Netzwerk der Querdenker.

So hat Otmar Ehrl seinen querulantisch gefärbten Ärger über seinen Mitgliedsbeitrag bei Xing konstruktiv gewendet, indem er eine eigene Community mit einer quer durch alle Lager gehenden gigantischen Reichweite aufgebaut hat. Doch 100 000 Mitglieder waren Ehrl nicht genug. Nachdem er die Prinzipien von Xing erfolgreich angewandt und übertragen hatte, nahm er die Erfolgsprinzipien von Facebook unter die Lupe und gründete im Jahr 2010 seine Querdenker-Facebook-Seite. Innerhalb weniger Monate entwickelte sich auch die zweite Säule des Querdenker-Clubs mit über 80 000 Fans aus Regelbrechern, Um-die-Ecke-Denkern, Anti-Bedenkenträgern, Lückensuchern, Traumrealisierern, Komplexitätskünstlern und anderen Weltgestaltern. Seitdem postet der Querdenkologe täglich neben Zitaten auch Bilder, Videos oder Events für alle erwartungsvollen »Liker«. Mit seinem Querdenker-Club zeigt Otmar Ehrl, was querdenken bedeutet: geniale Ideen, funktionierende Systeme und unschlagbare Methoden anwenden und weiterentwickeln.

Mit dem Querdenker-Club will Ehrl auf die Herausforderungen eines globalen Marktes reagieren, der Unternehmen dazu zwingt, immer schneller, innovativer und kurzfristiger zu denken und zu handeln. Für Querdenker aus Leidenschaft stellen diese Entwicklungen kein Problem dar, sondern eine tägliche Herausforderung – neue Denksportaufgaben für die Community. Oder wie Egon Friedell sagen würde: »Kultur ist Reichtum an Problemen.«

Wer sich unermüdlich dafür einsetzt, außergewöhnliche, mutige Menschen miteinander zu vernetzen wie Unternehmer, die ausgetretene Pfade verlassen, um eigene Wege zu gehen, Querdenker, die sich vom Mainstream verabschieden, um Neues zu wagen, hat nicht nur Awards zu vergeben, sondern ist auch selbst preisverdächtig. Im Jahr 2006 hat Otmar Ehrl mit seinem Unternehmen Iccom International GmbH den Innovationspreis für herausragendes Marketing gewonnen, im Jahr 2008 wurde er mit dem Industriepreis auf der Hannover Messe für besten Service ausgezeichnet, und im Jahr 2009 wurde sein *Querdenker-Magazin* mit dem Innovationspreis der Deutschen Druckindustrie in der Kategorie Zeitungen und Zeitschriften ausgezeichnet. Und man darf gespannt sein, was dem Querdenker noch alles einfallen wird.
Otmar Ehrl hat mit dem Querdenker-Club eine neue Denkcommunity geschaffen, die die medialen Möglichkeiten des 21. Jahrhunderts nutzt, um sich den Herausforderungen der Gegenwart zu stellen, und zwar gemeinsam! Nach dem selbst gewählten Motto, dass ein Schiff im Hafen zwar am besten aufgehoben ist, dafür aber nicht gebaut wurde, bricht Ehrl, obgleich er Bayer ist, jeden Tag zu neuen Ufern auf. Denn er weiß, dass die Bereitschaft, neue Wege zu gehen, erst dann von Erfolg gekrönt werden kann, wenn man diese Wege auch geht.

ERFOLGSGEHEIMNISSE

Hard Facts: Otmar Ehrl rät Existenzgründern, wenn sie einen tollen Firmennamen gefunden haben, sofort zu prüfen, ob er bereits im Markenregister angemeldet ist. Der Name seines Unternehmens Iccom war zwar nicht vergeben, aber dafür strebte ein Unternehmen mit der ähnlich lautenden Telefonanlage Hicom eine Klage an. Auch wenn Iccom den Prozess gewonnen hat, hätte Ehrl die Zeit und Energie lieber in sinnvollere Denkprozesse investiert. Doch aus dem

Prozess hatte er für die Querdenker gelernt und kaufte dem ersten Inhaber die Domain querdenker.de ab, um sie auch sogleich als Marke schützen zu lassen.

Soft Skills: Der Querdenker Ehrl weiß, dass sich Ideen erst entfalten, wenn man sie teilt. Deshalb rät er jedem Gründer, sich einen Sparringspartner zu suchen. Ehrl hatte selbst in jeder Lebensphase ein Vorbild für neue Ideen, an dem er sich orientieren, mit dem er sich messen und austauschen konnte. Sei es in der Schule, im Ortsverein, beim Bund, während des Studiums, als Berufsberater oder als Redakteur – immer suchte und fand er Menschen, die etwas anders machten als alle anderen, etwas cleverer anstellten, etwas erfolgreicher umsetzten und die visionär die Welt gestalteten. Deshalb rät er, alle guten Ideen, die man finden kann, als Inspirationsquelle für eigene Ideen zu nutzen. Als pragmatischer Macher rät Ehrl Existenzgründern, mit der Umsetzung der eigenen Idee nicht zu warten, bis sie zum perfekten Gedankenkunstwerk gereift ist, sondern loszulegen und dann im Entwicklungsprozess nachzubessern, wo nötig. Denn Hindernisse sind dafür da, dass sie überwunden werden: mutig, beharrlich und mit Leidenschaft für die eigene Idee.

Chance: Alles hat seinen Preis, und Ehrl weiß, dass man wissen muss, welchen Preis man bereit ist zu zahlen. Für sein berufliches Engagement zahlt Ehrl den Preis, dass sein Business sein Leben ist. Er liebt beides, sowohl sein Leben als auch sein Business, nur viel Zeit für das, was man gemeinhin als Privatleben bezeichnet, bleibt ihm nicht beim Austausch mit 300 000 Querdenkern.

www.querdenker.de

TREND IX
VORAUSSETZUNGSLOS ZUGÄNGLICH

»Die Möglichkeiten sind grenzenlos, doch jeder Weg beginnt mit dem gleichen ersten Schritt: dem Überwinden von Vorurteilen.«[57]

Während von fremden Autoritäten definierte Ausschlusskriterien wie weiblich oder männlich, reich oder arm, gebildet oder ungebildet, schwarz oder weiß, atheistisch oder religiös, behindert oder nicht behindert etc. über Jahrhunderte das Schicksal von Menschen bestimmten, die zu einer Gemeinschaft gehörten oder auch von ihr ausgeschlossen wurden, schließen sich heutzutage immer mehr Menschen freiwillig und selbstbestimmt, individuellen Interessen, Neigungen und Fähigkeiten folgend, Communitys ihrer Wahl an.

Horden, Sippen, Clans, Familien, Gemeinden, Salons, Geheimbünde, Vereine, Kirchengemeinden, Rotary- oder Lions-Clubs – all diese Formen der Gemeinschaft stehen für die alte Welt der Autoritäten, Hierarchien sowie der In- respektive Exklusion.

Unabhängig von Geschlecht, Hautfarbe, Staatsangehörigkeit, religiöser Zugehörigkeit, fachlicher Ausbildung, Beruf oder Einkommen schließen sich Menschen heute – primär von eigenen Interessen geleitet – in Internet-Communitys zusammen, um sich rund um den Globus miteinander zu vernetzen und auszutauschen. Dabei geht es um den Austausch von Wissen, Erfahrungen, Meinungen und Eindrücken, Privatem und Beruflichem, das sich zunehmend hybrid vermischt.

Jürgen Habermas hat den *Strukturwandel der Öffentlichkeit* (1962) für das 18. Jahrhundert beschrieben, als die repräsentative Öffentlichkeit des Hofes durch eine bürgerliche Öffentlichkeit der Publizität abgelöst wurde. Dieser Strukturwandel hält bis heute an und nimmt durch die Möglichkeiten des Internets ganz neue Formen an. Zum ersten Mal in der Geschichte der Menschheit können alle Menschen, die durch einen Zugang zum Internet über die Grundvoraussetzung für die Teilhabe am digitalen Austausch verfügen, weltweit in Echtzeit miteinander kommunizieren. Voraussetzungslos zugänglich, mit Ausnahme der Technik. Damit sind die technischen Bedingungen für einen weltumspannenden Dialog respektive Multilog geschaffen, bei dem sich alle mit allen gleichzeitig als Sender und Empfänger austauschen können. Das Abenteuer des uneingeschränkten Denkens nimmt seinen Lauf. Basisdemokratisch kann mitdiskutiert und abgestimmt werden, Wissen geteilt, Erfahrungen ausgetauscht und die individuelle Meinung ins weltumspannende Orchester der Meinungspluralität eingebracht werden.

Die Erfindung der sogenannten neuen sozialen Medien hat einen Paradigmenwechsel der Mediengeschichte eingeleitet, der für die Wissensspeicher und Kommunikationsformen der Menschheit ebenso bahnbrechend ist wie die Erfindung des Buchdrucks durch Johannes Gutenberg im 15. Jahrhundert.

Wir befinden uns inmitten eines spannenden Prozesses der Neuorientierung und Neustrukturierung unserer lokalen und globalen Kommunikationsströme, weg von autoritären Systemen des Herrschaftswissens, hin zu basisdemokratischen Systemen der Teilhabe aller am großen Menschheitsdiskurs. Nichts bleibt unhinterfragt oder unkommentiert. Alles, was geäußert wird, wird von einer sich ständig verändernden und ständig neu zusammensetzenden Teilnehmerzahl von »Followern« verfolgt, kommentiert, diskutiert, kritisiert, weitergedacht, korrigiert. Kein Einzelner entscheidet mehr, was die Topthemen sind. Die Diskussion selbst kristallisiert die Topthemen heraus. Sie fragen sich, wo das alles hinführen wird?

Noch sind die Online-Communitys in Systemen organisiert, die weitgehend systemintern funktionieren und – abgesehen von Verlinkungen – kaum plattformübergreifende Kommunikation erlauben. Deshalb hat Otmar Ehrl die mitgliederstarken Communitys Facebook und Xing genutzt, um in kürzester Zeit eine beeindruckende Reichweite zu erzielen, aber zugleich seine eigene Plattform geschaffen, um unabhängig von den anbietergesteuerten Communitys zu bleiben, die ihre Spielregeln jederzeit ändern können.

Wie sich die Wissensspeicher der Menschheit durch die Online-Communitys verändern, hat die Netz-Enzyklopädie Wikipedia vor Augen geführt. Die renommierte Encyclopædia Britannica hat ihr Erscheinen im Jahr 2012 nach 244 Jahren als Printmedium eingestellt. Neben solchen Wissens-Communitys in Form von Wikis gibt es inzwischen Voting- und Rating- oder auch Entwickler- und Kunden-Communitys. Welche Verweildauer die Online-Communitys gegenüber der Verweildauer der Printmedien haben und wie sie sich in Zukunft entwickeln werden, bleibt spannend. Open end! Let's see.
Unterschiede von Gemeinschaft und Community lassen sich durch Abgrenzung versus Offenheit, Begrenzung versus Entgrenzung, Homogenität versus Heterogenität oder auch Autarkie versus Crowd Sourced Open Innovation schlaglichtartig charakterisieren. Während sich die Gemeinschaft durch die klare Abgrenzung von anderen Gruppen definiert, charakterisiert die Community gerade die Offenheit für jeden, der etwas beizutragen hat. Während die Gemeinschaft durch eine überschaubare, zählbare, verwaltbare Mitgliederzahl charakterisiert wird, ist die Community offen für die gesamte Menschheit auf diesem Planeten. Während die Gemeinschaft eine Homogenität der Mentalitäten und Weltanschauungen anstrebt, ist die Community offen für Meinungspluralismus und Heterogenität, bedingt durch Sozialisation und Weltbilder. Während die Gemeinschaft ökonomisch und sozial autark sein möchte, ist die Community offen für Neues von Crowdfunding bis Crowdvoting.
Der Soziologe Ferdinand Tönnies hat zwischen *Gemeinschaft und Gesellschaft* (1887) unterschieden. Dabei differenzierte er zwischen Gemeinschaften des Blutes (Verwandtschaft), des Ortes (Nachbarschaft) und des Geistes (Freundschaft). Die ebenso unausweichliche wie zugleich willkürliche Gemeinschaft der Verwandtschaft und Nachbarschaft hat sich zugunsten der Solidarität im Geiste verschoben. Die Frage ist, welches Wir-Gefühl wir in der Zukunft suchen, brauchen und wollen. Wer sich der Community der Querdenker zurechnet, solidarisiert sich mit einer intellektuellen Community jenseits

der genealogischen Verbindungen und der geografischen Grenzen. Religions-, Ordens- und andere Gemeinschaften existieren nach wie vor. Doch was zunehmend zählt, sind Lebens-, Solidar-, Geistes- und Wissensgemeinschaften. Dabei geht es um nicht mehr und nicht weniger als die Möglichkeit einer Bewusstseinsevolution sämtlicher auf diesem Planeten lebender vernunft-, intuitions- und gefühlsbegabter Menschen.
Die Menschheit hat durch die neuen digitalen Techniken die Chance, in einen kollektiven Prozess der Selbsterkenntnis und -findung einzutreten. Die uralten Fragen nach den anthropologischen Konstanten der Suche nach Glück, Frieden, Freiheit, Gesundheit, Entfaltung etc. werden in dem Orchester der Pluralität der Stimmen neu zur Debatte gestellt. Ein Biotop ist umso stabiler, je vielfältiger seine Lebensformen sind. Insofern lässt die Pluralität der Meinungsvielfalt der Neuen Medien auf eine neue globale Kultur hoffen, die das Überleben unserer Spezies nachhaltig ermöglicht.

Drei Gründe für ein selbstbestimmtes Leben

Schiffe sind im Hafen am sichersten aufgehoben,
aber dafür sind sie nicht gebaut.

Wer nicht selbst bestimmt, wird bestimmt. So einfach ist das im Spiel der Kräfte. Wer sich bestimmen lässt, erlebt Abhängigkeit statt Selbständigkeit, Frust statt Flow, Vorgaben statt Visionen, Autoritäten und Hierarchien statt Selbstbestimmung und Selbstverantwortung. Die Porträts der ungewöhnlichen Unternehmer zeigen, wie unterschiedlich ein selbstbestimmtes Leben aussehen kann. 21 Unternehmer, 21 Lebenswege, 21 Berufe, 21 Abenteuer. Warum also abschließend noch drei Gründe für ein selbstbestimmtes Leben anführen? Weil das, was als Appell so einfach klingt, alles andere als leicht umzusetzen ist. Würden alle ein selbstbestimmtes Leben führen, wären wir umgeben von Menschen, die ihre Wünsche und Träume verwirklichen, ihre Ziele verfolgen und ihre Werte leben. Sie wären erfüllt, glücklich und zufrieden. Doch das ist leichter gesagt als getan.

Als ich meine Stelle als Geschäftsführerin gekündigt hatte, wollte ich mit meiner Agentur für KommunikationsGestaltung sofort den großen Durchbruch erzielen. Ich habe mir selbst Druck gemacht. Es ging um eine neue Identität. Wer bin ich? Was mache ich? Womit verdiene ich mein Geld? Das sind existenzielle Fragen. Ich hatte Position und Einkommen, Beruf und Status aufgegeben, um meinem Leben eine neue Richtung zu geben. Plötzlich schien mir die Selbstlegitimation zu fehlen. Ich hatte vertraute Strukturen verlassen, viele neue Ideen im Kopf, aber die neuen Strukturen noch nicht aufgebaut. Da mein Businessplan von der Agentur für Arbeit für eine Förderung mit einem Existenzgründerzuschuss positiv beschieden wurde, konnte ich auch ein Coaching in Anspruch nehmen. Darauf war ich gespannt. Was ich wollte, wusste ich: mit meinen langjährigen Erfahrungen in der Wissenschaft und Wirtschaft eine Karriere als Beraterin, Coach und Speaker aufbauen und ein Buch schreiben. Doch nach jedem Coaching ging es mir schlechter, so dass ich nach zehn Stunden das Coaching – selbstbestimmt – abgebrochen habe.

In der eigenen Ausbildung zum Coach habe ich gelernt, was bei meinem Coaching schiefgelaufen war. Veränderungsprozesse verlaufen nicht ohne Verunsicherungen und Krisen. Doch anstatt in der Phase der Neuorientierung meine Ressourcen zu stärken, wurden meine Ziele in Frage gestellt. Vielleicht war es gut gemeint. Doch gut gemeint ist oft das Gegenteil von gut. »Werde, was du kannst« heißt: Lass dir deine Ziele nicht nehmen, sondern suche dir Menschen, die dich beim Erreichen deiner Ziele unterstützen. Rückblickend war meine eigene Coaching-Erfahrung zwar keine gute, aber eine für meine eigene Coaching-Praxis lehrreiche Erfahrung. Um herauszufinden, was jemand wirklich will und kann, kommt es auf die richtigen Fragen an. Einen guten Coach erkennen Sie daran, dass er Ihnen ermöglicht, Ihre wahren Ziele zu erkennen, dass er Sie dabei unterstützt, Ihre eigenen Ziele zu erreichen, und dass er Ihre Ressourcen stärkt, die Sie benötigen, um Ihre Vorstellungen eines erfüllten Lebens umzusetzen.

Wer nicht selbst bestimmt, wird bestimmt. Meine Entscheidung, meine Festanstellung als Geschäftsführerin aufzugeben, habe ich nie bereut. Doch ich weiß, auf welches Abenteuer man sich einlässt, wenn man eine feste Stelle kündigt. Man bricht zu neuen Ufern auf und lässt alte zurück, kommt aufs offene Meer und muss seinen Kompass neu ausrichten, auf ein Ziel, das so attraktiv ist, dass sich die Anstrengungen auch lohnen. Denn eines ist gewiss: Niemand behauptet, dass die Selbständigkeit einfach ist. Wer sich selbständig machen möchte, braucht mehr als eine gute Idee. Er braucht Ausdauer und Umsetzungsstärke, Selbstdisziplin und Durchhaltevermögen sowie die Bereitschaft, aus

Fehlern zu lernen und Hürden zu überwinden. Wer die Komfortzone verlässt, bewegt sich auf unbekanntem Terrain und geht damit auch Risiken ein. Das unterscheidet die jüngeren von den älteren Gründern neben Energie und Erfahrung vielleicht am meisten: Wer jung ist, hat meist noch nicht viel zu verlieren. Wer älter ist, hat oft Verpflichtungen, die mit Verantwortung verbunden sind: eine Familie, die ernährt werden muss, ein Haus, das noch nicht abbezahlt ist, oder auch pflegebedürftige Eltern, bei denen sich der Kreislauf von Abhängigkeit und Selbstbestimmung wieder schließt.

Selbstbestimmung bedeutet auch Selbstverantwortung. Es sind die individuellen Lebensumstände, die den eigenen Lebensweg prägen, aber nicht determinieren. Auch die Entfaltung der eigenen Kreativität hat ihren Preis. Ich weiß, wie es sich anfühlt, Status und Sicherheit aufzugeben. Was die paradoxe Formulierung der Krise als Chance bedeutet, versteht man erst, wenn die Krise überwunden ist. Doch die Krise der Verunsicherung, die mit der Neuorientierung häufig einhergeht, ist eine produktive Krise. Heute genieße ich den Flow bei meiner selbstbestimmten Arbeit. Und ich weiß: Es gibt keine Weiterentwicklung ohne Verunsicherung. Man zahlt für alles einen Preis: dafür, unbefriedigende Strukturen zu verlassen, aber auch dafür, in unbefriedigenden Strukturen zu verharren. Überlegen Sie, welchen Preis Sie bereit sind zu zahlen. Wer das Abenteuer wagt, zu neuen Ufern aufzubrechen, weiß vorher nie genau, wo es ihn hinführen wird.

Ich habe mich mit ungewöhnlichen Unternehmern beschäftigt, weil ich, als ich selbst den Schritt in die Selbständigkeit gewagt habe, feststellte, dass ich durch meine berufliche Karriere als Angestellte fast nur Angestellte kannte. Erst durch die Kündigung ist mir bewusst geworden, dass Angestellte anders als Selbständige ticken. Sie denken anders, sie fühlen anders, und sie handeln anders. Viele Angestellte haben eine ausgeprägte Sicherheitsorientierung und eine geringe Risikobereitschaft. Deshalb empfehle ich Menschen, die zu neuen Ufern aufbrechen, sich mit Menschen zu umgeben, die Mut machen, die Kraft geben und die Stärken stärken.

Die Interviews mit den Unternehmern haben mir Einblick in eine neue Welt gegeben und Mut gemacht, als Einzelunternehmerin selbst ungewöhnliche Wege zu gehen. Diese Anregungen und Einblicke, Tipps und Erfolgsgeheimnisse von Menschen, die etwas aus eigener Kraft aufgebaut haben, gebe ich mit diesem Buch weiter. Ein Coaching kann dabei helfen, sich nicht leichtsinnig in ein Abenteuer zu stürzen, sondern mit einem Sparringspartner, der weiß, wovon er spricht, die Chancen und Risiken abzuwägen. Denn: **Wer nicht selbst bestimmt, wird bestimmt. Das ist der erste Grund für ein selbstbestimmtes Leben.**

Die Möglichkeiten, sich selbständig zu machen, waren noch nie so gut wie heute. Günter Faltin schreibt in seinem Buch *Kopf schlägt Kapital*: »Der erste intelligente Schritt in Richtung Entrepreneurship ist *nicht*, wo wir Geld verdienen könnten, sondern herauszufinden, welche eigenen Ideen und Visionen in einem stecken. Ist das gelungen, sind alle weiteren Schritte eher formaler Natur. Entrepreneurship ist eben mehr als Freiberuflichkeit: Es ist Passion, Selbstfindung, Berufung. Die Aufforderung, sich den eigenen Träumen zu stellen, sich in seiner Arbeit selbst zu verwirklichen und wirklich Großes zu leisten.«[58] Die Komponentengründung, die Faltin in seinem Buch beschreibt, sowie neue Nischen in Ego-Märkten und die Erschließung neuer Märkte durch die Reichweite der sozialen Medien ermöglichen heute, auch ohne großes Eigenkapital, eine Selbständigkeit aufzubauen. Die intelligente Nutzung von Wissen ist im 21. Jahrhundert entscheidender geworden als das Startkapital, das sich über Business Angels oder Crowdfunding-Plattformen für überzeugende Ideen gewinnen lässt. Erfolg wird neu definiert, nicht im Sinne von Dienstwagen, Einkommen, Karriereleiter oder Statussymbolen, sondern als persönliche Erfüllung im Sinne von Selbstentfaltung und Selbstbestimmung.

Sie haben die Wahl – weitgehend frei von Fremdbestimmung und frei zur Selbstbestimmung. Die Grundbedingungen der Selbstentfaltung sind in Deutschland gegeben: Frieden, Freiheit, ein hoher Gesundheits- und Ernährungsstandard, Bildung und Mobilität. Das ist alles andere als selbstverständlich. Entscheiden Sie, ob Sie etwas Normales oder etwas Verrücktes, etwas Gewöhnliches oder etwas Außergewöhnliches aus Ihrem Leben machen. Jeder kann entscheiden, wo, mit wem und wie er leben will und welche Arbeit ihn erfüllt. Bei einem selbstbestimmten Leben gibt es einen einzigen Menschen, der Ihnen im Weg stehen kann: Das sind Sie selbst. Denn Sie bestimmen über Ihr Denken, Fühlen und Handeln. **Das ist der zweite Grund für ein selbstbestimmtes Leben, um am Ende nicht zu bereuen, die eigenen Möglichkeiten nicht genutzt zu haben.**

Das Leben ist begrenzt und wartet nicht. Jeder entscheidet für sich, was er aus seinem Leben macht, wie er es nutzt, was ihm wichtig ist, was ihn antreibt oder auch beflügelt, wofür es sich zu leben lohnt, was dem eigenen Leben Sinn gibt, was es schön und lebenswert macht. Der Philosoph Wilhelm Schmid schreibt in seiner Einführung in die Lebenskunst: »Käme der Tod nicht als Begrenzung, als ›Horizont‹ im eigentlichen Sinne des Wortes in den Blick, hätte dies ein bedeutungsloses Leben zur Folge, denn es gäbe keinen Grund, sich um ein schönes und erfülltes Leben zu sorgen. Und gelänge es einst, das Leben ewig dauern zu lassen, schwände die Anstrengung, es wirklich zu leben, dramatisch, und die Individuen brächten ihr Leben wohl erst recht damit zu, auf ›das Leben‹ zu warten.«[59]

»Werde, was du kannst« ist der Appell, die eigenen Fähigkeiten und Chancen zu entdecken und zu nutzen. Wir sind nur Gast auf Erden und führen ein Leben mit einem Verfallsdatum. Zeitpunkt und Ort unserer Geburt, Kultur und Familie, in die wir hineingeboren wurden, haben wir nicht selbst bestimmt. Doch was wir aus unserem Leben machen, das können wir selbst bestimmen. **Das Leben auf dieser Erde ist ein Geschenk von begrenzter Dauer. Das ist der dritte Grund für ein selbstbestimmtes Leben.**

Leben Sie Ihre Träume, oder träumen Sie Ihr Leben? Werden Sie am Ende Ihres Lebens staunen, was Sie alles gewagt haben, oder werden Sie bereuen, was Sie alles unterlassen haben? Sind Sie im Flow, oder fühlen Sie sich über- oder unterfordert? Drei Fragen, die nicht neu sind. Drei Antworten, die nur Sie geben können. Drei Gründe für ein selbstbestimmtes Leben. Der erste Grund ist durch eine liberale Kultur der Wahl bedingt, in der es auf die eigenen Entscheidungen ankommt. Der zweite Grund hat mit den technologischen Innovationen zu tun, die neue Möglichkeiten eröffnen. Und der dritte Grund ist existenziell motiviert, da das Leben begrenzt ist. Und das ist alles andere als banal.

Wie selbstbestimmt ist Ihr Leben? Das ist die Frage, wenn es um Selbstachtung, Selbstbewusstsein, Selbstfindung, Selbstentfaltung, Selbstverwirklichung, Selbstvervollkommnung, Selbstheilung, Selbständigkeit, Selbstwirksamkeit oder auch Selbstermächtigung geht. »Werde, was du kannst« bedeutet, Verantwortung für die Entfaltung der eigenen Fähigkeiten zu übernehmen.

Erfüllt Sie Ihr Leben? Begeistert Sie, was Sie tun? Entfalten Sie Ihre Talente? Wenn nicht, heißt es jetzt: Nutze, was du hast. Starte, wo du bist. Werde, was du kannst!

Zur Autorin

Dr. Kerstin Gernig hat als Hochschuldozentin, Geschäftsführerin und Chefredakteurin gearbeitet, bevor sie sich 2011 als Business-Coach, Unternehmensberaterin und professionelle Rednerin selbständig gemacht hat. Durch eigene Perspektivenwechsel – von der Wissenschaft in die Wirtschaft in die Selbständigkeit – weiß sie, wovon sie spricht, wenn es um die Entfaltung von Potenzialen geht. Ihr Lebensmotto: Einfach gewagt!
Als Coach begleitet sie Menschen, die das Beste aus ihren Fähigkeiten machen wollen. Sie berät deutschlandweit Selbständige und Freiberufler bei der Entwicklung und erfolgreichen Umsetzung ihrer persönlichen Karrierestrategie.

Haben Sie Interesse an einem Vortrag, einer Lesung oder Diskussion?
Interessieren Sie sich für ein Coaching?
Oder möchten Sie an einer Erfahrungsaustauschgruppe als Gründer, Selbständiger oder Unternehmer teilnehmen?
Dann freue ich mich über einen Anruf oder eine E-Mail!

Dr. Kerstin Gernig
Coaching & Beratung
Bertramstr. 125
13467 Berlin

Fon: 0 30/40 00 97 61
info@WerdeWasDuKannst.de
www.WerdeWasDuKannst.de

Anmerkungen

1 http://de.wikipedia.org/wiki/Liste_von_Ausbildungsberufen; http://www.bmwi.de/DE/Themen/ausbildung-und-beruf.html, zuletzt geöffnet am 13.5.2014. Im Folgenden wird das Datum der letzten Öffnung hinter dem jeweiligen Link angegeben.
2 Lotter, Wolf: *Die kreative Revolution. Was kommt nach dem Industriekapitalismus?*. Hamburg 2009, S. 12.
3 Die Initiative Kultur- und Kreativwirtschaft der Bundesregierung zählt 247 000 Unternehmen in der Kreativwirtschaft mit einer Million Erwerbstätigen und knapp 143 Milliarden Euro Umsatz. http://www.kultur-kreativ-wirtschaft.de/, 13.5.2014.
4 http://de.statista.com/statistik/daten/studie/155779/umfrage/meinung-zum-sich-beruflich-selbststaendig-machen/, 13.5.2014.
5 Friebe, Holm; Lobo, Sascha: *Wir nennen es Arbeit. Die digtale Bohème oder Intelligentes Leben jenseits der Festanstellung.* München 2006, S. 15.
6 https://www.destatis.de/DE/ZahlenFakten/GesamtwirtschaftUmwelt/Arbeitsmarkt/Erwerbstaetigkeit/Erwerbstaetigkeit.html, 13.5.2014.
7 http://www.gallup.com/strategicconsulting/168164/pm-gallup-engagement-index-2013.aspx, 13.5.2014.
8 Statistik zu Selbständigenquoten im Ländervergleich des Statistischen Bundesamtes: https://www.destatis.de/DE/ZahlenFakten/LaenderRegionen/Internationales/Thema/Tabellen/Basistabelle_Selbststaendigenquote.html, 13.5.2014.
9 Heckel, Margaret: *Die Midlife-Boomer. Warum es nie spannender war, älter zu werden.* Hamburg 2012.
10 Schmid, Wilhelm: *Schönes Leben? Einführung in die Lebenskunst.* Frankfurt am Main 2005, S. 75.
11 Kant, Immanuel: *Was ist Aufklärung?* (1784).
12 Schmid, Wilhelm: *Schönes Leben? Einführung in die Lebenskunst.* Frankfurt am Main 2005, S. 186.
13 Miegel, Meinhard: *Hybris. Die überforderte Gesellschaft.* Berlin 2014, S. 187.
14 Langwieser, Corinna: *Health Style. Die Gesundheitswelt der Zukunft.* Hamburg 2009.
15 Nach einer Studie vom Deutschen Bundesverband Coaching arbeiten allein in Deutschland ungefähr 8000 Coaches. http://www.dbvc.de/publikationen/coaching-markt-analyse.html, 30.5.2014.

16 »Wie Eisenfeilspäne im Kraftfeld eines Magneten richten sich Menschen an vorgegebenen Denkstrukturen aus und verleihen ihnen so zunächst Verbindlichkeit und später Universalität.« Meinhard Miegel: *Hybris. Die überforderte Gesellschaft*. Berlin 2014, S. 154.

17 Studie zur Entwicklung der Selbständigkeit vom Deutschen Institut für Wirtschaftsförderung: http://www.diw.de/documents/publikationen/73/diw_01.c.391978.de/12-4.pdf, 5.4.2014.

18 Watzlawick, Paul: *Anleitung zum Unglücklichsein*. München 1983.

19 Faltin, Günter: *Kopf schlägt Kapital. Die ganz andere Art, ein Unternehmen zu gründen. Von der Lust, ein Entrepreneur zu sein*. München 2008, S. 169.

20 Horx, Matthias: *Das Buch des Wandels. Wie Menschen Zukunft gestalten*. München 2011, S. 304.

21 Jarvis, Jeff: *Was würde Google tun? Wie man von den Erfolgsstrategien des Internet-Giganten profitiert*. München 2009, S. 49.

22 Der Name »Selfie« steht für »Self Enhancing Live Feed Image Engine« und ist Wort des Jahres der Oxford-Wörterbücher 2013: http://blog.oxforddictionaries.com/press-releases/oxford-dictionaries-word-of-the-year-2013/, 30.5.2014.

23 »Nach amerikanischem Recht ist die massive Ausspähung privater Daten von nicht amerikanischen Bürgern zulässig und rechtlich erlaubt. Die Gesetze des FISA-2008 Section 702 sind ein Freibrief für das Sammeln aller Daten von Nichtamerikanern.« (Ranga Yogeshwar: »Ein gefährlicher Pakt«. In: *FAZ*, 18.3.2014, S. 12)

24 http://re-publica.de. Die re-publica wird von den Blogs Spreeblick und Netzpolitik.org organisiert. Die Veranstaltungsreihe wird vom Medienboard Berlin-Brandenburg und von der Bundeszentrale für politische Bildung gefördert.

25 Anderson, Chris: *The Long Tail. Nischenprodukte statt Massenmarkt. Das Geschäft der Zukunft*. München 2009, S. 12.

26 Nach Oscar Wilde: *Das Bildnis des Dorian Grey*, Frankfurt am Main 1978, Kapitel 2, S. 40.

27 Förster, Anja; Kreuz, Peter: *Different Thinking! So erschließen Sie Marktchancen mit coolen Produktideen und überraschenden Leistungsangeboten*. Heidelberg 2007, S. 109.

28 Fried, Jason; Hansson, David Heinemeier: *Rework. Business intelligent & einfach*. München 2010, S. 46.

29 https://www.kickstarter.com/year/2013/?ref=footer#1-people-dollars, 30.5.2014

30 Siehe auch www.Crowdfunding.de/Plattformen/

31 http://www.boersenblatt.net/373296/template/bb_tpl_branchenzahlen/, 30.5.2014.

32 http://de.wikipedia.org/wiki/Blog, 24.4.2014.

33 http://www.youtube.com/yt/press/de/statistics.html, 30.5.2014.

34 http://allfacebook.de/zahlen_fakten/infografik-facebook-2012-nutzerzahlen-fakten, 24.4.2014.

35 http://readwrite.com/2010/05/20/survey-of-500-mass-customization-startups-reveals-fascinating-trends#awesm=~oCmllKLGzWOuvv, 14.4.2014.

36 Scheer, Stefan; Turiak, Tim: *Innovation Stuntmen*. Frankfurt am Main 2013, S. 28.

37 http://www.nachhaltiges-leben.de; http://www.ecogood.de/l/co2-fussabdruck-berechnen/, 30.5.2014. Seit 2008 wird der Deutsche Nachhaltigkeitspreis vom Bundesministerium für Bildung und Forschung an Unternehmen verliehen, die besonders nachhaltig produzieren. http://www.nachhaltigkeitspreis.de/

38 http://blog.printzipia.de

39 http://www.plant-for-the-planet.org/de/

40 http://www.aero-1946.de; www.willemheeffer.nl; http://www.nachhaltigleben.de/30-wohnen-haushalt/3008-wohncontainer-silo-wohnung-studentenwohnheim-mill-junction-johannesburg, 30.5.2014.

41 http://hartzivmoebel.de/

42 »Bauhaus goes Baumarkt«. Interview mit Van Bo Le-Mentzel von Naja Martin. In: *FAZ*, 16.12.2012, Immobilien V13.

43 http://www.urban-gardening.eu/

44 http://www.tempelhoferfreiheit.de/startseite/; http://prinzessinnengarten.net/; http://www.gartendeck.de/; http://annalinde-leipzig.de/

45 http://www.uni-heidelberg.de/presse/news2013/pm20130719_hd100_II.html, 30.5.2014; http://www.gero.uni-heidelberg.de/forschung/hd100ii.html, 30.4.2014.

46 Der Eigenanteil für die Bewohner der domino-world™ Clubs beträgt 2014 beispielsweise bei Pflegestufe 1 zwischen 900 € und 1600 € monatlich und liegt damit im Durchschnitt üblicher Pflegeheime.

47 Seel, Martin: *111 Tugenden. Eine philosophische Revue*. Frankfurt am Main 2011, S. 141.

48 http://de.wikipedia.org/wiki/Ehrenamt#Umfang_des_Ehrenamts_in_Deutschland, 30.5.2014.

49 Die 1998 von dem Ehepaar Hilde und Klaus Schwab gegründete Schwab Foundation for Social Entrepreneurship veranstaltet jährlich den Wettbewerb »Social Entrepreneur of the Year«: www.schwabfound.org. Beim Entrepreneurship Summit und der 2001 gegründeten Stiftung Entrepreneurship von Professor

Günter Faltin, der mit der Gründung der Teekampagne selbst zum Social Entrepreneur geworden ist, spielt der Gedanke des Social Entrepreneurship ebenfalls eine tragende Rolle: www.entrepreneurship.de

50 www.ashoka.org

51 www.socialventurefund.com

52 http://www.bonventure.de; evpa.eu.com; https://www.kfw.de/kfw.de.html, 30.5.2014.

53 »Billion Euro Projects to Foster Societal Change« – www.globalsummerschool.org

54 www.social-startups.de

55 www.lifestraw.com

56 www.ecf-farmsystems.com

57 Ferriss, Timothy: *Die 4-Stunden Woche. Mehr Zeit, mehr Geld, mehr Leben.* Berlin 2008, S. 36.

58 Faltin, Günter: *Kopf schlägt Kapital. Die ganz andere Art, ein Unternehmen zu gründen. Von der Lust, ein Entrepreneur zu sein.* München 2008, S. 169.

59 Schmid, Wilhelm: *Schönes Leben? Einführung in die Lebenskunst.* Frankfurt am Main 2005, S. 69.